"十四五"时期国家重点出版物出版专项规划项目
新能源先进技术研究与应用系列

内流问题解析计算

Analysis and Calculation for
Internal Flow Problems

高 杰 姜玉廷 董 平 岳国强 编著

哈尔滨工业大学出版社
HARBIN INSTITUTE OF TECHNOLOGY PRESS

内 容 简 介

本书较为系统地汇集了具有教学价值和工程实际意义的内流流动典型问题解析计算方法,其中包括作者近年来面向工程实际所解决的部分问题。根据其涉及的内流流体力学知识范畴,本书将这些问题划分为6章,包括流体的力学性质相关问题、流体静力学相关问题、流体动力学相关问题、流体运动学相关问题、黏性流体运动及其阻力计算相关问题、相似原理与量纲分析相关问题。

书中各章内容以"知识要点及基本公式+典型问题及解析计算过程"的方式编排。本书既可作为高校学生学习流体力学类课程的辅导教材,也可作为高校教师讲授内流流体力学课程的案例教材,同时可作为相关专业科研及工程技术人员的常备参考书,为其解决内流流动工程实际问题提供案例参考和方法借鉴。

图书在版编目(CIP)数据

内流问题解析计算/高杰等编著. —哈尔滨:哈尔滨工业大学出版社,2025.3

(新能源先进技术研究与应用系列)

ISBN 978-7-5767-1404-3

Ⅰ.①内… Ⅱ.①高… Ⅲ.①流体力学-计算方法 Ⅳ.①O35

中国国家版本馆 CIP 数据核字(2024)第 093641 号

策划编辑	张 荣
责任编辑	马毓聪 张 荣
出版发行	哈尔滨工业大学出版社
社　　址	哈尔滨市南岗区复华四道街10号 邮编150006
传　　真	0451-86414749
网　　址	http://hitpress.hit.edu.cn
印　　刷	哈尔滨市颉升高印刷有限公司
开　　本	787 mm×1 092 mm 1/16 印张 18.5 字数 410 千字
版　　次	2025年3月第1版 2025年3月第1次印刷
书　　号	ISBN 978-7-5767-1404-3
定　　价	68.00元

(如因印装质量问题影响阅读,我社负责调换)

前　言

流体力学作为研究流体(液体、气体)运动规律及其相互作用的学科,在科学和工程领域具有不可替代的核心地位。其重要性首先体现在广泛的应用场景中:航空航天领域通过空气动力学优化飞行器设计,提升燃油效率与安全性;汽车工业借助流线型车身降低风阻;能源领域涉及风力发电叶片优化、石油管道输送及核反应堆冷却系统设计;环境工程中模拟大气环流、污染物扩散及河流治理,助力气候变化研究与生态保护。此外,流体力学在生物医学(血液流动分析)、微纳技术(芯片散热)及自然灾害预警(海啸、飓风建模)中亦发挥关键作用。从理论层面看,流体力学揭示了纳维-斯托克斯方程(Navier-Stokes equation)等复杂非线性系统的本质,推动了数学建模与计算方法的突破。其研究催生了计算流体力学(computational fluid dynamics,CFD)技术,极大降低了实验成本,加速了工程创新。作为连接基础科学与工程实践的桥梁,流体力学不仅深化了人类对自然现象的理解,更持续驱动着现代工业技术的革新,成为支撑可持续发展与科技文明进步的重要基石。

本书较为系统地汇集了具有教学价值和工程实际意义的内流流动典型问题解析计算方法,其中包括作者近年来面向工程实际所解决的部分问题。根据其涉及的内流流体力学知识范畴,本书将这些问题划分为6章,包括流体的力学性质相关问题、流体静力学相关问题、流体动力学相关问题、流体运动学相关问题、黏性流体运动及其阻力计算相关问题、相似原理与量纲分析相关问题。各章节的内容设置方面,包括基本定义、思考题、简答题、计算题和知识拓展,使读者能够更好地掌握典型内流问题的解析计算方法。

书中各章内容以"知识要点及基本公式+典型问题及解析计算过程"的方式编排。本书既可作为高校学生学习流体力学类课程的辅导教材,也可作为高校教师讲授内流流体力学课程的案例教材,同时可作为相关专业科研及工程技术人员的常备参考书,为其解决内流流动工程实际问题提供案例参考和方法借鉴。

本书由哈尔滨工程大学动力与能源工程学院高杰、姜玉廷、董平、岳国强撰写,全书由姜玉廷统稿。在本书的撰写过程中得到了多位研究生的协助,在此表示感谢。同时也参照了许多著作,已在参考文献中详细列出,其中不乏优秀和经典之作,在此对这些著作的作者表示诚挚的谢意。

由于作者水平有限,书中难免会有疏漏之处,恳请各位同行、专家、读者批评指正,以便进一步修订完善。

作　者

2025年2月

目　　录

第 1 章　流体的力学性质 ··· 1
1.1　基本定义 ·· 1
1.2　思考题 ·· 2
1.3　简答题 ·· 3
1.4　计算题 ·· 4
1.5　知识拓展 ·· 10

第 2 章　流体静力学 ··· 13
2.1　基本定义 ·· 13
2.2　思考题 ·· 13
2.3　简答题 ·· 15
2.4　计算题 ·· 18
2.5　知识拓展 ·· 51

第 3 章　流体动力学 ··· 52
3.1　基本定义 ·· 52
3.2　思考题 ·· 52
3.3　简答题 ·· 53
3.4　计算题 ·· 57
3.5　知识拓展 ·· 119

第 4 章　流体运动学 ··· 123
4.1　基本定义 ·· 123
4.2　思考题 ·· 123
4.3　简答题 ·· 125
4.4　计算题 ·· 127
4.5　知识拓展 ·· 188

第 5 章　黏性流体运动及其阻力计算 ··································· 191
5.1　基本定义 ·· 191
5.2　思考题 ·· 191

5.3	简答题	197
5.4	计算题	204
5.5	知识拓展	258

第6章 相似原理与量纲分析 …… 263
- 6.1 基本定义 …… 263
- 6.2 思考题 …… 263
- 6.3 计算题 …… 264
- 6.4 知识拓展 …… 283

参考文献 …… 287

第1章 流体的力学性质

1.1 基本定义

流体：流体是易于流动的物质,是在任何微小切力的作用下都能够发生连续变形的物质。流体包括气体、液体及分散状的固体微粒的集合体。日常生活中常见的水、空气、燃气等都是流体。

流体的易变形性：流体不同于固体的基本特征是流体的流动性。流体对剪切力没有抵抗作用,在很小的剪切力作用下就会发生连续不断的变形,流体的这种特性称为流体的易变形性。

流体的黏性：流体的黏性是指流体自身阻止其产生相对运动的性质。

(1)黏性是流体的主要物理性质,它是抵抗剪切变形的一种性质,不同的流体的黏性用动力黏度 μ 或运动黏度 ν 来反映。

(2)温度是黏度的重要影响因素:随温度升高,气体黏度上升、液体黏度下降。

(3) $\mu = 0$ 为理想流体; $\mu \neq 0$ 为黏性流体。

黏度：流体的黏度是表示流体黏性大小的一种度量,是流体的一种固有属性,它与流体的物理状态(温度、压力)有关。

理想流体假定：黏度等于零的流体称为理想流体。理想流体就是无黏性流体,即切应力为零的流体。

流体的可压缩性：在外界压力变化的条件下,流体的体积会发生相应的变化(膨胀或压缩),这种性质即流体的可压缩性。在通常条件下,在压力变化不是很大的情况下,水或其他液体可被认为是不可压缩介质。

表面张力：自由表面上分子的内聚力不平衡,从而产生分子的内压力,这个力有使其表面缩小的趋势,结果使自由表面受到张紧的力,即表面张力。从分子力学观点来看,表面张力的产生是由于液体表面层内分子间相互作用与液体内部分子间相互作用不同。

牛顿内摩擦定律：公式: $\tau = \mu \dfrac{\mathrm{d}u}{\mathrm{d}y} = \mu \dfrac{\mathrm{d}\theta}{\mathrm{d}t}$ 。

牛顿内摩擦定律表明流体的切应力大小与速度梯度或者角变形速率或剪切变形速率成正比,这是流体区别于固体(其切应力与剪切变形大小成正比)的一个重要特性。根据是否遵循牛顿内摩擦定律,可将流体分为**牛顿流体**和**非牛顿流体**。

牛顿流体：切应力与速度梯度之间呈线性关系,即动力黏度为常数的流体,如水、大部分轻油、气体等。

非牛顿流体：切应力在变形速率保持恒定时随时间发生变化的流体。

连续介质模型:在流体力学的研究中,将实际由分子组成的结构用流体微元代替。流体微元中有足够数量的分子,连续充满它所占据的空间,这就是连续介质模型。

连续介质假设:不考虑流体的离散分子结构状态,而把流体当作连续介质来处理,即把离散分子构成的实际流体看作无数流体质点没有空隙连续分布而构成的。

注意:引入连续介质假设可将流体的各物理量看作空间坐标(x,y,z)和时间 t 的连续函数,从而可以用连续函数的解析方法等数学工具来研究流体的平衡和运动规律。连续介质完全是在宏观意义下的概念,它有应用范围的限制。例如,红血球直径为 8×10^{-4} cm,动脉直径为 0.5 cm,微血管直径可达 10^{-4} cm 的量级,则红血球在动脉中为连续介质流体,在微血管中为非连续介质流体;高空、外层空间的稀薄气体为非连续介质流体。

动力黏度:简称黏度,单位速度梯度时内摩擦力的大小,计算式为 $\mu = \dfrac{\tau}{\dfrac{dv}{dy}}$。

运动黏度:动力黏度和流体密度的比值,计算式为 $\nu = \dfrac{\mu}{\rho}$。

不可压缩液体:在运动过程中密度不发生变化的液体。

1.2 思 考 题

1.2.1 我们身边的非牛顿流体有哪些?

答:鲜奶油、软膏、牙齿抛光膏、鞋油、豆沙等,属于宾厄姆流体,对于广义宾厄姆流体,当施加的剪切应力小于屈服值时,它具有固体的性质。当剪切应力超过屈服值后,流体流动呈非线性变化规律。生鸡蛋、鳗鱼黏液、水溶淀粉、血液,均是假塑性溶剂,搅拌得越快,其黏度就会越小。

1.2.2 人在游自由泳时,是怎样通过下肢获得前进动力的?鱼呢?

答:牛顿第三运动定律表明作用力与反作用力大小相等且方向相反。人在游自由泳时,假设下肢在某一时刻的动作是右脚向下打水,左脚向上打水。由于双脚与水的作用面是倾斜的,因此双脚所受的反作用力是斜向前的(水所受的作用力是向斜向后的),这就是下肢获得的推进力。同样,鱼类在水中左右摆尾,却获得向前的推进力,也是由向前的分力所致。

1.2.3 帆船怎样逆风行驶?

答:逆风时,应该把船头斜对风吹来的方向,然后调整帆的角度,使风吹到帆上,产生一个斜着向前的力,船也就斜着向前行驶了。过一会儿,再把船头掉转,使船的另一侧斜对着风向,帆船就会朝另一个方向斜着向前行驶。帆船就是这样,一会儿向左,一会儿向右,逆风向前航行。这种行驶方法也称为迎风行驶。

1.2.4 不打开鸡蛋,怎样区分生鸡蛋和熟鸡蛋?

答:用手晃动一下鸡蛋,鸡蛋有晃动感的话,说明为生鸡蛋,否则说明为熟鸡蛋。

1.2.5 下水管的水封(水塞子)有什么作用?

答:水封是利用一定高度的静水压力来抵抗排水管内的气压变化,从而防止管内的气体进入室内的一种措施。

1.2.6 为什么说流体黏性引起的摩擦力是内摩擦力?它与固体运动的摩擦力有何不同?

答:流体黏性可以理解为产生于流体内部质点之间的摩擦力,而固体运动的摩擦力产生于两个固体间的接触面上,对固体来说可以理解为外力。

1.2.7 在 20 ℃时,空气的运动黏度 $\nu_{空气}$(15.7×10⁻⁶ m²/s) 比水的运动黏度 $\nu_{水}$(1.1×10⁻⁶ m²/s) 大十几倍,故空气的黏性比水的黏性大,对吗?为什么?

答:不对。因为流体黏性可以理解为产生于流体内部质点之间的摩擦力,动力黏度是流体黏性大小的度量。

1.2.8 牛顿内摩擦定律 $\tau = \mu \dfrac{du}{dy}$ 可适用于所有的运动流体吗?

答:牛顿内摩擦定律只适用于层流流动状态,不适用于湍流流动状态;只适用于牛顿流体,不适用于非牛顿流体。

1.2.9 查表得到空气的黏度,并结合牛顿内摩擦定律 $\tau = \mu \dfrac{du}{dy}$,讨论为什么我们通常感觉不到空气具有黏性。

答:查表可得空气在 20 ℃时的动力黏度为 1.81×10⁻⁵ Pa·s,结合牛顿内摩擦定律可知牛顿黏性切应力较小,所以我们通常感觉不到空气具有黏性。

1.3 简 答 题

1.3.1 考虑机翼上方的空气流动,此流动是内流还是外流?喷射发动机中的气体流动是内流还是外流?

答:外流;内流。

1.3.2 在高原上煮鸡蛋为什么必须给锅加盖?

答:高原上,压强低,水不到 100 ℃就会沸腾,鸡蛋煮不熟,所以必须加盖。

1.3.3 为什么水通常被视为不可压缩流体?自来水水龙头突然开启或关闭时,水是否为不可压缩流体?为什么?

答:因为水的体积弹性模量很大,水的体积变化很小,可忽略不计,所以通常可把水视为不可压缩流体。

自来水水龙头突然开启或关闭时,水要被看成可压缩流体。因为此时水引起水龙头附近处的压强变化,且变化幅度很大。

1.3.4 理想流体有无能量损失?为什么?

答:无。因为理想流体动力黏度 $\mu = 0$,没有切应力。

1.3.5 能否用运动黏度比较两种流体黏度的大小?

答:不能。流体的黏度取决于它的动力黏度。

1.3.6 为什么测压管的管径通常不能小于 1 cm?

答:如管的内径过小,就会引起毛细现象,毛细管内液面上升或下降的高度较大,从而引起过大的误差。

1.3.7 已知液体中的流速分布 u-y 如图 1-1 所示,共有 3 种情况:①均匀分布;②线性分布;③抛物线形分布。试定性画出各种情况下的切应力分布 τ-y 图。

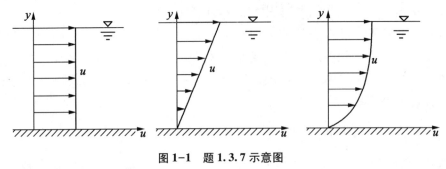

图 1-1 题 1.3.7 示意图

答:各种情况下的切应力分布 t-y 图如图 1-2 所示。

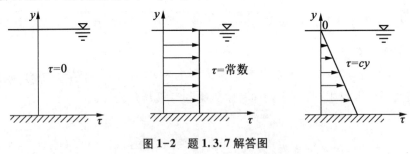

图 1-2 题 1.3.7 解答图

1.4 计 算 题

1.4.1 如图 1-3 所示,在相距 $h=0.06$ m 的两个固定平行平板中间放置另一块薄板,在薄板的上下分别放有不同黏度的油并且一种油的黏度是另一种油的黏度的 2 倍。当薄板以匀速 $v=0.3$ m/s 被拖动时,每平方米的水受合力 $F=29$ N,求两种油的黏度各是多少。

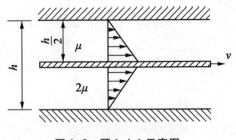

图 1-3 题 1.4.1 示意图

第1章 流体的力学性质

解:设薄板上层油的黏度为μ,则下层油的黏度为2μ,并假定缝隙中的速度按线性分布,薄板与流体接触的面积为A。

由牛顿内摩擦定律可知,上部流体对板的作用力为

$$F_1 = \mu A \frac{\mathrm{d}u}{\mathrm{d}y} = \mu A \frac{v}{\frac{h}{2}}$$

其作用方向与薄板的运动方向相反。

下部流体对板的作用力为

$$F_2 = 2\mu A \frac{\mathrm{d}v}{\mathrm{d}n} = 2\mu A \frac{v}{\frac{h}{2}}$$

其作用方向仍与薄板的运动方向相反。

薄板匀速运动,受力处于平衡状态,必有

$$F = F_1 + F_2$$

即

$$\mu A \frac{\mathrm{d}v}{\mathrm{d}n} + 2\mu A \frac{v}{\frac{h}{2}} = F$$

或

$$\mu = \frac{h}{6v} \cdot \frac{F}{h}$$

代入相关数据得$\mu = 0.97$ Pa·s,这是薄板上层油的黏度。薄板下层油的黏度$2\mu = 1.94$ Pa·s。

1.4.2 圆柱容器中的某种可压缩流体,当压强为1 MPa时体积为1 000 cm³,将压强升高到2 MPa时体积为995 cm³,试求它的压缩率κ。

解:由压缩率定义

$$\kappa = -\frac{1}{V_1} \cdot \frac{\Delta V}{\Delta p}$$

本题中,当$p_1 = 1 \times 10^6$ Pa时,$V_1 = 1\,000$ cm³;当$p_2 = 2 \times 10^6$ Pa时,$V_2 = 995$ cm³。

所以

$$\Delta p = p_2 - p_1 = 1 \times 10^6 \text{ Pa}$$
$$\Delta V = V_2 - V_1 = -5 \times 10^{-6} \text{ m}^3$$

其压缩率为

$$\kappa = 5 \times 10^{-9} \text{ Pa}^{-1}$$

1.4.3 流体的膨胀性可用体积膨胀系数$\alpha_V = \dfrac{\dfrac{dV}{V}}{dT}$来度量,其中,$V$为流体的体积,$T$为温度。图1-4所示为一水暖系统,为了防止水温升高时体积膨胀使水管胀裂,拟在系

统顶部设一膨胀水箱。若系统内水的总体积为 8 m³，加温前后温差为 51 ℃，在其温度范围内水的体积膨胀系数 $\alpha_V = 5 \times 10^{-4}$ ℃$^{-1}$，试求膨胀水箱的最小容积。

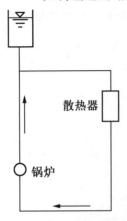

图 1-4 题 1.4.3 示意图

解：由 $\alpha_V = \dfrac{\dfrac{\mathrm{d}V}{V}}{\mathrm{d}T}$ 得膨胀水箱的最小容积为

$$V_{\min} = \mathrm{d}V = \alpha_V V \mathrm{d}T = 5 \times 10^{-4} \times 8 \times 51 = 0.204 \ (\mathrm{m}^3)$$

1.4.4 汽车上路时，轮胎内空气的温度为 20 ℃，绝对压强为 395 kPa。行驶后，轮胎内空气温度上升到 50 ℃，试求这时的压强。

解：由理想气体状态方程可知，由于轮胎的容积不变，因此空气的密度 ρ 不变，则

$$\frac{p_0}{T_0} = \frac{p}{T}$$

其中

$$p_0 = 395 \ \mathrm{kPa}$$
$$T_0 = 20 + 273 = 293 \ (\mathrm{K})$$
$$T = 50 + 273 = 323 \ (\mathrm{K})$$

故

$$p = \frac{395 \times 323}{293} = 435.4 \ (\mathrm{kPa})$$

1.4.5 图 1-5 所示为压力表校正器。校正器内充满压缩系数为 $k = 4.75 \times 10^{-10} \ \mathrm{m^2/N}$ 的油液。当校正器内压强为 10^5 Pa 时，油液的体积为 200 mL。现用手轮丝杆和活塞加压，活塞直径为 1 cm，丝杆螺距为 2 mm，当压强升高至 20 MPa 时，需将手轮摇多少转？

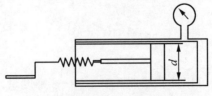

图 1-5 题 1.4.5 示意图

解：由液体压缩系数定义

$$k = \frac{\dfrac{\mathrm{d}\rho}{\rho}}{\mathrm{d}p}$$

设

$$\rho = \frac{m}{V}$$

$$\mathrm{d}\rho = \frac{m}{V - \Delta V} - \frac{m}{V}$$

得

$$\frac{\mathrm{d}\rho}{\rho} = \frac{\Delta V}{V - \Delta V}$$

其中，手轮转动 n 转后，体积的变化为

$$\Delta V = \frac{\pi}{4} d^2 H n$$

式中，d 为活塞直径，H 为螺距。

即

$$k \mathrm{d}p = \frac{\dfrac{\pi}{4} d^2 H n}{V - \dfrac{\pi}{4} d^2 H n}$$

其中，$k = 4.75 \times 10^{-10}$ m^2/N，$\mathrm{d}p = (20 \times 10^6 - 10^5)$ Pa。

得

$$k \mathrm{d}p = 4.75 \times 10^{-10} \times (20 \times 10^6 - 10^5) = \frac{\dfrac{\pi}{4} \times 0.01^2 \times 2 \times 10^{-3} \times n}{200 \times 10^{-3} \times 10^{-3} - \dfrac{\pi}{4} \times 0.01^2 \times 2 \times 10^{-3} \times n}$$

故 $n = 12$。

1.4.6　一采暖系统，考虑到水温升高会引起水的体积膨胀，为防止管道及暖气片胀裂，特在系统顶部设置一个膨胀水箱，使水的体积有自由膨胀的余地。若系统内水的总体积 $V_0 = 8$ m^3，加热前后温差 $t = 50$ ℃，水的体积膨胀系数 $\alpha_V = 0.0005$ K^{-1}，试求膨胀水箱的最小容积 $V_{\min}$。

解：液体的膨胀性，一般以体积膨胀系数 α_V 来度量。设液体体积为 V，温度增加 $\mathrm{d}T$ 后，体积增大 $\mathrm{d}V$，则体积膨胀系数 α_V 为

$$\alpha_V = \frac{\dfrac{\mathrm{d}V}{V}}{\mathrm{d}T}$$

$$\frac{\mathrm{d}V}{V} = \alpha_V \mathrm{d}T$$

对上式积分得
$$\ln V - \ln V_0 = \alpha_V(T-T_0)$$
$$V = V_0 e^{\alpha_V(T-T_0)} = 8 \times e^{0.0005 \times 50} = 8.20 \text{ (m}^3\text{)}$$
$$V_{\min} = V - V_0 = 8.20 - 8 = 0.20 \text{ (m}^3\text{)}$$

1.4.7 如图1-6所示,发动机冷却水系统的总容量(包括水箱、水泵、管道、气缸水套等)为200 L。20 ℃的冷却水经过发动机后变为80 ℃,假如没有风扇降温,试问水箱上部需要空出多大容积才能保证水不外溢(已知水的体积膨胀系数的平均值为 $\alpha_V = 5 \times 10^{-4} \text{ ℃}^{-1}$)?

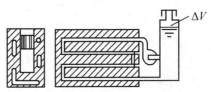

图1-6 题1.4.7示意图

解:
$$\alpha_V = \frac{1}{V} \frac{\Delta V}{\Delta t}$$
$$\Delta V = \alpha_V V \Delta t = \alpha_V (V_0 - \Delta V) \Delta t$$
$$\Delta V = \alpha_V V_0 \Delta t - \alpha_V \Delta V \Delta t$$
$$\Delta V = \frac{\alpha_V V_0 \Delta t}{1 + \alpha_V \Delta t} = \frac{5 \times 10^{-4} \times 0.2 \times 60}{1 + 5 \times 10^{-4} \times 60} = 5.825 \times 10^{-3} \text{ (m}^3\text{)} = 5.825 \text{ (L)}$$

1.4.8 如图1-7所示,为了检查液压油缸的密封性,需要进行水压试验,试验前先将 $l = 1.5$ m, $d = 0.2$ m 的油缸用水全部充满,然后再开动试压泵向油缸供水加压,直到压强增加20 MPa,不出故障为止。假定水的压缩率的平均值 $\kappa = 0.5 \times 10^{-9} \text{ Pa}^{-1}$,忽略油缸变形,试问试验过程中通过试压泵向油缸又供应了多少水?

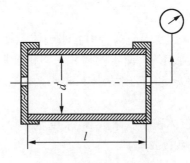

图1-7 题1.4.8示意图

解:$\kappa = \dfrac{1}{V} \dfrac{\Delta V}{\Delta p}$;原体积 $V = V_0 + \Delta V$;$V_0 = \dfrac{\pi d^2}{4} l = 0.047 \text{ m}^3$。
$$\Delta V = \kappa V \Delta p = \kappa \Delta p (V_0 + \Delta V) = \kappa \Delta p V_0 + \kappa \Delta p \Delta V$$

$$\Delta V = \frac{\kappa \Delta p V_0}{1 - \kappa \Delta p} = \frac{0.5 \times 10^{-9} \times 20 \times 10^6 \times 0.047}{1 - 0.5 \times 10^{-9} \times 20 \times 10^6} = \frac{0.047 \times 10^{-2}}{1 - 0.01}$$
$$= 0.475 \times 10^{-3} (\mathrm{m}^3) = 0.475 (\mathrm{L})$$

1.4.9 如图 1-8 所示，一重力循环室内采暖系统。膨胀水箱用于容纳由于温度升高而膨胀出的多余水。若系统内水的总体积 $V = 10 \mathrm{~m}^3$，水的温度最大升高 55 ℃，水的体积膨胀系数 $\alpha_V = 0.0005 \mathrm{~K}^{-1}$，求膨胀水箱的最小容积。

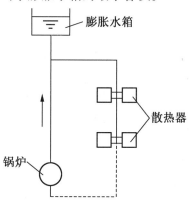

图 1-8 题 1.4.9 示意图

解：由

$$\alpha_V = \lim_{\Delta T \to 0} \frac{\frac{\Delta V}{V}}{\Delta T}$$

有

$$\Delta V = \alpha_V V \Delta T = 0.0005 \times 10 \times 55 = 0.275 (\mathrm{m}^3)$$

所以膨胀水箱的最小容积为 0.275 m³。

1.4.10 用压缩机将初始温度为 20 ℃ 的空气从绝对压力 1 atm(1 atm = 101 325 Pa) 压缩到 6 atm。等温压缩、等熵压缩（可逆绝热过程）及压缩终温为 78 ℃ 这三种情况下，空气的体积压缩率各为多少？压缩终温为 78 ℃ 这一过程指数 n 为多少？并解释三个过程终点温度不一样的原因。

解：根据 $\dfrac{V_1 - V_2}{V_1} = 1 - \left(\dfrac{p_1}{p_2}\right)^{1/n}$，理想气体体积压缩率（用 Δ_V 表示）为

$$\Delta_V = 1 - \frac{V_2}{V_1} = 1 - \left(\frac{p_1}{p_2}\right)^{1/n}$$

等温过程 $n = 1$，故

$$\Delta_V = 1 - \frac{1}{6} = 83.33\%$$

等熵过程 $n = k = 1.4$，故

$$\Delta_V = 1 - \left(\frac{1}{6}\right)^{1/1.4} = 72.19\%$$

等熵过程终点温度 T_2 可根据 $\dfrac{V_1-V_2}{V_1}=1-\dfrac{p_1 T_2}{p_2 T_1}$ 确定，即

$$T_2=T_1(1-\Delta_V)\left(\dfrac{p_2}{p_1}\right)=293\times(1-0.721\,9)\times\left(\dfrac{1}{6}\right)\approx 489(\mathrm{K})$$

压缩终温为 78 ℃的过程，即

$$\Delta_V=1-\dfrac{V_2}{V_1}=1-\dfrac{p_1 T_2}{p_2 T_1}=1-\dfrac{1\times 351}{6\times 293}=80.03\%$$

该过程的过程指数为

$$n=\dfrac{\ln\dfrac{p_1}{p_2}}{\ln(1-\Delta_V)}=\dfrac{\ln\dfrac{1}{6}}{\ln(1-0.800\,3)}\approx 1.11$$

以上三个过程具有相同的起始压力和终端压力。其中，等温压缩过程所生产的热量随时被取走，故得以保持等温 293 K，且压缩率最大（83.33%）；等熵压缩过程所产生的热量全部存储于气体中，故终点温度最高（489 K），压缩率最小（72.19%）；第三个过程 $n=1.11$，只有部分热量取走，故终点温度（351 K）介于前两个过程之间，压缩率（80.03%）也介于二者之间。

1.5　知识拓展

1.5.1　射流泵又称引射器，它由一个收缩的喷管和一个具有细径的收缩扩散管及真空室所组成，如图 1-9 所示。自喷管射出的液流经收缩扩散管的细径处，流速急剧增大，结果使该处的压强小于大气压强而造成真空。如果在该处连一管道通至有液体的容器，则液体就能被吸入泵内，与射流液体一起流出。若已知真空室中产生的真空度为 p_z，管径为 D，喷管直径为 d，出口断面中心与喷管中心线的高度差为 H_2，就能求出箱体的安装高度 H_1。

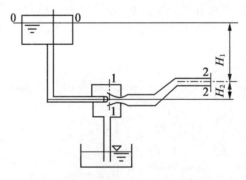

图 1-9　题 1.5.1 示意图

解：在真空室中，取喷管出口断面 1—1 及管出口断面 2—2（此处压力为 P_a）两缓变过流断面，列出伯努利方程，暂不计能量损失，取 $\alpha_1=\alpha_2=1$，并设 1—1 断面处流体的绝对压强为 p_1，则

$$\frac{p_1}{\rho g}+\frac{V_1^2}{2g}=H_2+\frac{p_a}{\rho g}+\frac{V_2^2}{2g}$$

由连续性方程可得

$$V_2=\left(\frac{d}{D}\right)^2 V_1$$

以上两式整理可得

$$\frac{V_1^2}{2g}=\frac{H_2+\dfrac{p_a-p_1}{\rho g}}{1-\left(\dfrac{d}{D}\right)^4}$$

再列写 0—0 断面和 1—1 断面的伯努利方程,得

$$\frac{p_a}{\rho g}+H_1+H_2=\frac{p_1}{\rho g}+\frac{V_1^2}{2g}$$

以上两式整理可得

$$H_1=\frac{1}{\left(\dfrac{D}{d}\right)^4-1}\left(H_2+\frac{p_z}{\rho g}\right)$$

式中,$p_z=p_a+p_1$。

上述计算中没有计入管道中的能量损失,所以实际使用射流泵来产生上述真空时,箱体应放得更高。

1.5.2 流体的黏度是如何测定的?

答:直接测定法:借助于黏性流动理论中的基本公式。

间接测定法:恩氏黏度计如图 1-10 所示。待测流体在温度 t(单位 ℃)下流出体积 V 所需时间为 T_1。测蒸馏水在 20 ℃下流出 V 所需时间为 T_2。比值 $\dfrac{T_1}{T_2}=°E$ 称为待测流体在温度 t 时的恩氏度。利用恩氏黏度计的经验公式,求出流体在温度 t 时的运动黏度和动力黏度为

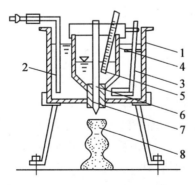

图 1-10 题 1.5.2 解答图

1—外容器;2—加热器;3—搅拌棒;4—内容器;5—温度计;6—柱塞;7—标准白金孔口;8—接收瓶

$$v = \left(7.31°E - \frac{6.31}{°E}\right) \times 10^{-6} (\text{m}^2/\text{s})$$

$$\mu = \left(7.31°E - \frac{6.31}{°E}\right) \times 10^{-3} (\text{Pa} \cdot \text{s})$$

1.5.3 在表面张力的影响下,不需要输入任何外部能量即可使水上升 5 cm。有人由此设想,如果在管子水位下方钻一个孔,水溢出管子进入水轮机,这样就可以发电(图 1-11)。对此想法进一步挖掘后,此人认为,为实现这个目标,可以采用一系列管排,并采用阶梯式排列,从而获得实际可行的流速和高度差。求证该想法是否可行。

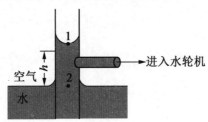

图 1-11 题 1.5.3 示意图

解:问题:在毛细现象作用下,水在管中上升,将水引入水轮机,则可用来发电。评估此提议的正确性。

分析:此提议独具一格,因为常用的水电站只是靠利用高处水的势能来发电,而毛细现象可以将水升到任何所需高度,且不需要任何能量输入。

从热力学的观点来看,该系统毫无疑问可划定为永动机,因为它能够不断产生电能且不需要输入任何能量。也就是说,此系统能凭空产生能量,这明显违反了热力学第一定律或能量守恒定律,因此它不值得任何进一步的思考。但是,基本的能量守恒定律无法阻止一些人梦想成为第一个挑出自然系统错误,并永久解决世界能源问题的人。因此,需要证明该系统的不可能性。

静止流体的压强只在竖直方向上有变化,且随着深度的增加而线性增加。那么,管中 5 cm 高水柱所产生的压差为

$$\Delta P_{\text{water column in tube}} = P_2 - P_1 = \rho_{\text{water}} g h$$

$$= (1\,000 \text{ kg/m}^2)(9.81 \text{ m/s}^2)(0.05 \text{ m})\left(\frac{1 \text{ kN}}{1\,000 \text{ kg} \cdot \text{m/s}^2}\right)$$

$$= 0.49 \text{ kN/m}^2 (\approx 0.005 \text{ atm})$$

也就是说,管内水柱液面顶部的压强要比底部小 0.005 atm。应注意,水柱底部的压强是大气压强(因为它与杯子的表面在同一水平线上),管内液面任何地方的压强均小于大气压强,在顶部压差达到最大,为 0.005 atm。因此,如果在管上某个高度钻一个孔,管内水柱液面的顶部将下降,直到其高度与孔的高度相同。

第 2 章　流体静力学

2.1　基本定义

质量力：作用在流体某体积内所有流体质点上并与这一体积的流体质量成正比的力，又称体积力。其特点为，非接触力，与流体质量成正比。例如：重力、惯性力、磁力等。

表面力：流体通过接触面作用在研究对象上的力，大小与作用面积成正比。其特点为，通过接触面作用，与接触面面积成正比。例如：压力、黏性力等。

等压面：流体中压强相等各点所组成的平面或曲面。

绝对压强：以绝对真空或完全真空为基准计算的压强。

相对压强：以大气压强为基准计算的压强。

真空度：如果某点的压强小于大气压强，说明该点有真空存在，该点压强小于大气压强的数值称为真空度。

静力学基本方程：$z+\dfrac{p}{\rho g}=C$。其是流体力学基本方程的一种形式，即静止流体中，不论在哪一点，$z+\dfrac{p}{\rho g}$ 总是一个常数。该方程中，z 为该点位置相对于基准面的高度，称为**位置水头**；$\dfrac{p}{\rho g}$ 为该点在压强作用下沿测压管能上升的高度，称为**压强水头**；$z+\dfrac{p}{\rho g}$ 为测压管水面相对于基准面的高度，称为**测压管水头**。

2.2　思　考　题

2.2.1　在设计茶壶时，为何壶嘴的高度必须略高于壶口？

答：壶嘴和壶口互相连通构成连通器，由静止液体压强的性质可知，在茶水不流动时连通器内各容器的液面总是保持在同一水平面上，为了能够将茶壶灌满，壶嘴的高度必须略高于壶口。

2.2.2　在如图 2-1 所示的结构中，水箱的侧壁上装有一个表面完全光滑的圆柱，此圆柱位于水箱内的一半受到浮力作用，此浮力对圆心产生力矩，使圆柱在浮力的作用下自动旋转起来。以上描述能实现吗？为什么？（这个问题又称为茹科夫斯基疑题。）

答：当水平圆柱体受到浮力的作用时，它将会处于平衡状态。也就是说，浮力会产生一个与圆柱体的重力大小相等的力，使得圆柱体在水中处于浮力平衡状态，不会使圆柱在浮力的作用下自动旋转起来。

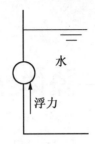

图 2-1　题 2.2.2 示意图

2.2.3　一个潜水员打算戴上一个连接有"通气管"的面具,只要把通气管的上端露出水面,就能在水下任一深度处得到呼吸所需的空气。这样做是否可能? 为什么?

答:不可能。因为随着深度的增加,通气管所受到的压力增大,最终可能将通气管压坏而导致无法供气。

2.2.4　为什么加压容器(例如蒸汽锅炉、管道氮气罐、空气罐、氧气罐等)的压力测试,施加高压是采用液体工质(例如水或液压油等流体)实现的。

答:水或液压油等流体是不可压缩的,气体是可压缩的。用水或液压油等流体做试验,一旦发生爆裂,水或液压油等流体四下飞溅,但是并不会有爆炸效果;用气体做试验的话,一旦发生爆裂,会有很强的爆炸效果。

2.2.5　什么是流体静压强? 流体静压强有哪些特性?

答:作用在单位面积上的流体静压力称为流体静压强。流体静压强具有两个重要的基本特性:①流体静压强的方向与作用面垂直,其方向指向作用面;②静止流体内任意一点上各方向的流体静压强均相等。

2.2.6　欧拉平衡微分方程的适用条件是什么?

答:静止或相对静止的可压缩或不可压缩流体都适用。

2.2.7　平衡流体在哪个方向上有质量力分力? 流体静压强沿该方向是否必然发生变化?

答:竖直方向。是。

2.2.8　静止液体作用在曲面上的总压力是如何计算的?

答:

$$\begin{cases} F_x = -\iint\limits_A (p_a + \rho g h)\, dA_x \\ F_y = -\iint\limits_A (p_a + \rho g h)\, dA_y \\ F_z = -\iint\limits_A (p_a + \rho g h)\, dA_z \end{cases}$$

2.2.9　图 2-2 所示的 4 个容器底面上的总压力有何不同? 其中虚线是以容器底为边的矩形。

答:相等。

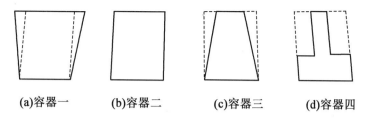

(a)容器一　　　(b)容器二　　　(c)容器三　　　(d)容器四

图 2-2　题 2.2.9 示意图

2.2.10　同一水头作用下,出流直径相同的管嘴与孔口,为什么管嘴出流流量大于孔口出流流量?

答:孔口出流的水流收缩断面上的压强是大气压,而管嘴的收缩断面上的压强小于大气压(存在真空度),因此管嘴的作用水头相比于孔口增加了(增加了一个真空水头),所以管嘴出流流量大于孔口出流流量。

2.3　简　答　题

2.3.1　静止流体 $\tau=0$,则静止流体是理想流体,对吗?

答:不对。对于静止流体,由于流场的速度为 0,即 $\dfrac{du}{dy}=0$,因此 $\tau=\mu\dfrac{du}{dy}=0$;而对理想流体,由于 $\mu=0$,因此 $\tau=\mu\dfrac{du}{dy}=0$。理想流体不存在黏性,而静止流体有黏性,只是静止流体的黏性没有表现出来。

2.3.2　测压计上的读数是绝对压强还是相对压强?

答:相对压强。

2.3.3　若人所能承受的最大压力为 1.274 MPa(相对压强),则潜水员的极限潜水深度应为多少?

答:130 m。

2.3.4　在传统实验中,为什么常用水银做 U 形测压管的工作流体?

答:水银压缩性小、汽化压强低、密度大。

2.3.5　图 2-3 所示的连通器上部盛油,下部盛水。点 1 和点 2 的高程相同。试问哪一点的压强较大?为什么?

解:点 2 压强较大。

假设点 1 到液面的距离为 h_1,点 2 到水面的距离为 h_2。

则
$$p_1=\rho_{油}gh_1$$
$$p_2=\rho_{油}g(h_1-h_2)+\rho gh_2$$
$$p_1-p_2=\rho_{油}gh_1-\rho_{油}g(h_1-h_2)-\rho gh_2=(\rho_{油}-\rho)gh_2<0$$
$$\rho_{油}<\rho$$

所以

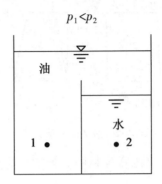

图 2-3 题 2.3.5 示意图

2.3.6 一盛有液体的开口容器在重力作用下沿斜面自由下滑,试证明当容器内液体不溢出时,其液面与斜面平行。

解:单位质量流体所受到的质量力分量为

$$f_x = 0$$
$$f_y = 0$$
$$f_z = -g\cos\alpha$$

代入等压面微分方程 $f_x\mathrm{d}x + f_y\mathrm{d}y + f_z\mathrm{d}z = 0$ 得

$$-g\cos\alpha \mathrm{d}z = 0$$

积分得

$$z = C$$

所以液面平行于斜面。

2.3.7 如图 2-4 所示,开敞容器盛有两种液体, $\rho_2 > \rho_1$。1、2 两测压管中的液面哪个高些?哪个和容器的液面同高?

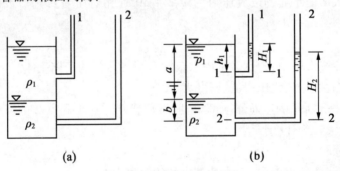

图 2-4 题 2.3.7 示意图

解:因为

$$p_1 = \rho_1 g h_1$$

又有

$$p_1 = \rho_1 g H_1$$

所以

$$h_1 = H_1$$

即测压管 1 的液面与容器的液面等高。

因为
$$\rho_2 > \rho_1$$
所以
$$p_2 = \rho_1 ga + \rho_2 gb < \rho_2 ga + \rho_2 gb = \rho_2 g(a+b)$$
又有
$$p_2 = \rho_2 g H_2$$
比较得
$$H_2 < (a+b)$$

即测压管 2 的液面低于容器的液面,也就是低于测压管 1 的液面。

因此,测压管 1 的液面高于测压管 2 的液面;测压管 1 的液面与容器的液面等高。

2.3.8 如图 2-5 所示,封闭水箱 2 中的水面高程与筒 1、管 3、管 4 中的水面同高,筒 1 可以升降,借以调节箱中水面压强。假设两种情况:①筒 1 上升一定高度;②筒 1 下降一定高度。试分别说明各液面高程哪些最高,哪些最低,哪些同高。

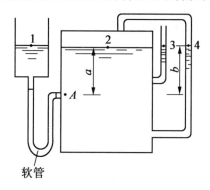

图 2-5 题 2.3.8 示意图

解:显然,在升降前
$$p_2 = p_4 = p_a$$
在升降前后,均有
$$\nabla_1 \equiv \nabla_3$$
$$\nabla_2 \equiv \nabla_4$$

(1) 筒 1 上升一定高度,筒中水势必流向水箱,以保持 $\nabla_1 \equiv \nabla_3$。此时液面 2、3、4 均将升高,而液面 1 升高的距离将与液面 3 上升的高度相同,但小于筒 1 提升的高度。

由于液面上升,水箱内空气将被压缩,故
$$p_2 > p_a = 0$$
$$\begin{cases} p_A = p_2 + \rho g a \\ p_A = 0 + \rho g b = \rho g b \end{cases}$$

$$\begin{cases} \dfrac{p_A}{\rho g} = \dfrac{p_z}{\rho g} + a \\ \dfrac{p_A}{\rho g} = b \end{cases}$$

因为 $p_2 > 0$，比较得 $b > a$，$\nabla_3 > \nabla_2$。即液面 3 高于液面 2。图 2-7 中 b 为管 3 液面至点 A 的距离。

(2) 筒 1 下降一定高度。同理可证，$b < a$，$\nabla_3 < \nabla_2$。

液面 3 低于液面 2。

答：(1) $\nabla_1 = \nabla_3 > \nabla_2 = \nabla_4$；(2) $\nabla_1 = \nabla_3 < \nabla_2 = \nabla_4$。

2.4 计 算 题

2.4.1 成人的正常血压为收缩压 $100 \sim 125$ mmHg，舒张压 $60 \sim 90$ mmHg。试分别将其表示为国际单位制（水银密度 $\rho = 13.6 \times 10^3$ kg/m³）。

解：

收缩压
$$p_1 = \rho g h = 13.6 \times 10^3 \times 9.8 \times 100 \times 10^{-3} = 13\,328(\text{Pa})$$
$$p_2 = 13.6 \times 10^3 \times 9.8 \times 125 \times 10^{-3} = 16\,660(\text{Pa})$$

舒张压
$$p_3 = 13.6 \times 10^3 \times 9.8 \times 60 \times 10^{-3} = 7\,996.8(\text{Pa})$$
$$p_4 = 13.6 \times 10^3 \times 9.8 \times 90 \times 10^{-3} = 11\,995.2(\text{Pa})$$

2.4.2 图 2-6 所示为压力计的标定装置。在圆筒和管中注满油，向圆筒施加一定的荷重，以此来调整压力计的指针。活塞和重锤的质量和为 10 kg 时，压力计所表示的相对压力数值是多少？设油的比重为 $s = 0.935$，重力加速度为 $g = 9.81$ m/s²。

解：施加荷重后的圆筒内的压力为 p_s，则

$$p_s = 10 \text{ kg} \times 9.81 \text{ m/s}^2 / \left[\left(\dfrac{\pi}{4} \right) \times (0.1 \text{ m})^2 \right]$$
$$= 12\,500 \text{ N/m}^2$$

压力计所表示的相对压力为 p_A，则有

$$p_A = p_s - \rho g (0.5 - 0.2) = 12\,500 - 0.935 \times 1\,000 \times 9.81 \times (0.5 - 0.2)$$
$$= 9\,750(\text{Pa}) = 9.75(\text{kPa})$$

2.4.3 一密闭容器中，上部装有相对密度 $d_1 = 0.8$ 的油，下部为水（其密度 $\rho = 1\,000$ kg/m³），如图 2-7 所示。已知 $h_1 = 0.3$ m，$h_2 = 0.5$ m，测压管中水银（相对密度 $d = 13.6$）液面读数 $h = 0.4$ m。求密闭容器中油面上的压强 p_0。

解：压强分布公式 $p = p_0 + \rho g h$ 只能在同种类连续介质中应用，对于多种流体系统可依据流体分界面分步应用 $p = p_0 + \rho g h$。

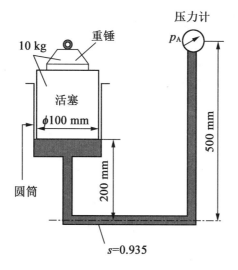

图 2-6　题 2.4.2 示意图

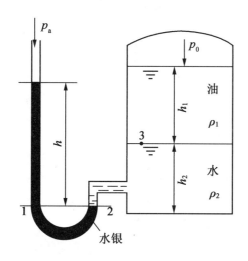

图 2-7　题 2.4.3 示意图

按表压强计算，$p_a=0$。

1、2 点在同一等压面上，$p_1=p_2$，而

$$p_1 = p_a + \rho g h = \rho g h$$
$$p_2 = p_3 + \rho_2 g h_2$$
$$p_3 = p_0 + \rho_1 g h_1$$

所以

$$\rho g h = p_0 + \rho_1 g h_1 + \rho_2 g h_2$$

于是

$$p_0 = \rho g h - \rho_1 g h_1 - \rho_2 g h_2$$
$$= 13.6 \times 1\,000 \times 9.81 \times 0.4 - 0.8 \times 1\,000 \times 9.81 \times 0.3 - 1 \times 1\,000 \times 9.81 \times 0.5$$
$$= 4.61 \times 10^4 (\text{Pa}) = 46.1 (\text{kPa})$$

2.4.4 如图 2-8 所示的锅炉烟囱,燃烧时烟气将在烟囱中自由流动排出。已知烟囱高 $h = 30$ m,烟囱内烟气的平均温度为 $t = 300$ ℃,烟气的密度 $\rho_s = (1.27 - 0.002\,75t)$(单位为 kg/m³),当时空气的密度 $\rho_a = 1.29$ kg/m³。试确定引起烟气自由流动的压差。

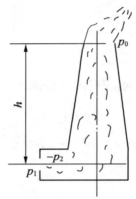

图 2-8 题 2.4.4 示意图

解:不计烟气流动产生的效应,认为温度处处相等。令烟囱出口处的压强为 p_0,炉门内、外的压强分别为 p_2 和 p_1。p_1 是由高 h 空气柱所引起的压强,p_2 是由高 h 烟气柱所引起的压强,即

$$p_1 = p_0 + \rho_a g h$$
$$p_2 = p_0 + \rho_s g h$$

因为 $\rho_a > \rho_s$,所以在炉门内外产生压差 Δp,这就是引起烟气自由流动的压差。

$$\Delta p = p_1 - p_2 = h(\rho_a - \rho_s)g \approx 248.4(\text{Pa})$$

由此可见,烟囱越高,烟气流动情况越好。

2.4.5 设两盛有水的密闭容器,其间连以空气压差计,如图 2-9(a)所示。已知点 A、B 位于同一水平面,压差计左右两管水面铅垂高差为 h,空气质量可略去不计。试以计算式表示 A、B 两点的压强差值。

若为了提高精度,将上述压差计以角度 $\theta = 30°$ 倾斜放置,如图 2-9(b)所示。试以计算式表示压差计左右两管水面的距离 l。

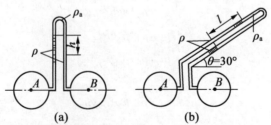

图 2-9 题 2.4.5 示意图

解:空气变量略去,即 $\rho_a gh$ 略去。
因为
$$p_A - p_B = \rho g h$$
$$\sin\theta = \frac{h}{l}$$
所以
$$l = \frac{h}{\sin 30°} = 2h$$

2.4.6　一直立煤气管,如图 2-10 所示。在底部测压管中测得水柱差 $h_1 = 100$ mm,在 $H = 20$ m 高度处的测压管中测得水柱差 $h_2 = 115$ mm,管外空气密度 $\rho_a = 1.29$ kg/m³,水的密度 $\rho = 1\,000$ kg/m³,求管中静止煤气的密度 ρ_c(考虑大气和煤气中高差 20 m 两点间的静压强差值,测压管中的则忽略不计)。

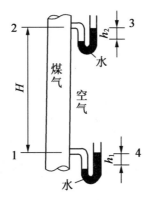

图 2-10　题 2.4.6 示意图

解:考虑煤气、空气中的压强都沿高程变化,即
$$p_1 = p_2 + \rho_c g H$$
$$p_4 = p_3 + \rho_a g H$$
由测压管中读数可得
$$p_1 = p_4 + \rho g h_1$$
$$p_2 = p_3 + \rho g h_2$$
所以
$$p_4 + \rho g h_1 = p_3 + \rho g h_2 + \rho_c g H$$
$$\rho_c = \frac{p_4 - p_3 + \rho g(h_1 - h_2)}{gH} = \frac{\rho_a g H + \rho g(h_1 - h_2)}{gH}$$
$$= 1.29 + \frac{9.8 \times 10^3 \times (0.10 - 0.115)}{9.8 \times 20} = 0.54 \text{ (kg/m}^3)$$

2.4.7　为了测定运动物体的加速度,在运动物体上装一直径为 d 的 U 形管,如图 2-11 所示。现测得管中液面差 $h = 0.05$ m,两管的水平距离 $L = 0.3$ m,求加速度 a。

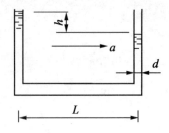

图 2-11 题 2.4.7 示意图

解：

$$f_x\mathrm{d}x+f_y\mathrm{d}y+f_z\mathrm{d}z=0$$

因为 $f_x=-a, f_y=0, f_z=-g$，所以

$$-a\mathrm{d}x-g\mathrm{d}z=0$$

$$\frac{\mathrm{d}z}{\mathrm{d}x}=-\frac{a}{g}$$

$$\frac{\mathrm{d}z}{\mathrm{d}x}=-\frac{h}{L}$$

$$a=\frac{h}{L}g=\frac{0.05}{0.3}\times 9.8=1.63(\mathrm{m/s^2})$$

2.4.8 如图 2-12 所示，油罐车内装着 $\rho=10^3$ kg/m³ 的液体，以水平直线速度 $u=10$ m/s 行驶。油罐车的尺寸为直径 $D=2$ m，$h=0.3$ m，$L=4$ m。其在某一时刻开始减速运动，经 100 m 距离后完全停下。若为均匀制动，求作用在侧面 A 上的作用力。

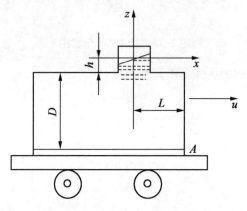

图 2-12 题 2.4.8 示意图

解：根据等加速直线运动的运动学公式有

$$\begin{cases}V=V_0+at\\S=V_0t+\dfrac{1}{2}at^2\end{cases}$$

式中，$V_0=u=10$ m/s；当 $S=100$ m 时，$V=0, t=t_1$。由题意可知 a 为负值，联立求解可得

$$a=-0.5 \text{ m/s}^2$$

· 22 ·

根据等加速直线运动的压强分布公式有
$$p=\rho g\left(-\frac{a}{g}x-z\right)$$
在侧面 A，$x=L$，其所受液体的作用力
$$p=p_c A$$
式中，p_c 为侧面 A 的形心的压强；A 为侧面 A 的面积。

形心 c 的坐标 $x=L$，$z=-\left(h+\dfrac{D}{2}\right)$，所以
$$p_c=\rho g\left[-\frac{a}{g}L+\left(h+\frac{D}{2}\right)\right]=10^3\times 9.807\times\left(\frac{0.5}{9.807}\times 4+0.3+1\right)=14.749(\text{kN/m}^2)$$
$$p=p_c\cdot\frac{\pi D^2}{4}=14.749\times\frac{\pi\times 2^2}{4}=46.34(\text{kN})$$

作用在侧面上 A 上的作用力为 46.34 kN。

2.4.9 油罐发油装置如图 2-13 所示，将直径为 d 的圆管伸进罐内，端部切成 45°角，用盖板盖住，盖板可绕管端上面的铰链旋转，借助系绳来开启。已知油深 $H=5$ m，圆管直径 $d=600$ mm，油的相对密度为 0.85。不计盖板质量及铰链的摩擦力，求提升此盖板所需的力 T 的大小。

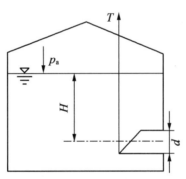

图 2-13 题 2.4.9 示意图

解：长半轴 $a=\dfrac{\sqrt{2}}{2}d=\dfrac{\sqrt{2}}{2}\times 0.6=0.424(\text{m})$，短半轴 $b=\dfrac{d}{2}=\dfrac{0.6}{2}=0.3(\text{m})$。

以盖板上的铰链为支点，根据力矩平衡，即拉力和液体总压力对铰链的力矩平衡知
$$Td=PL$$
其中
$$P=\rho g HA=\rho g H\pi ab=850g\times 5\times\pi\times 0.424\times 0.3=16\,635.3(\text{N})$$
$$L=y_D-y_C+a=\frac{I_C}{y_C A}+a=\frac{\frac{\pi}{4}ba^3}{\sqrt{2}H\times\pi ab}+a=\frac{\frac{\pi}{4}\times 0.3\times 0.424^3}{\sqrt{2}\times 5\times\pi\times 0.3\times 0.424}+0.424=0.430(\text{m})$$
则

$$T=\frac{PL}{d}=\frac{16\ 635.3\times0.424}{0.6}=11\ 766.8(\text{N})$$

2.4.10 如图 2-14 所示，盛水容器以转速 $n=450$ r/min 绕垂直轴旋转。容器尺寸 $D=400$ mm，$d=200$ mm，$h_2=350$ mm，水面高 $h_1+h_2=520$ mm，活塞质量 $m=50$ kg。不计活塞与侧壁的摩擦，求螺栓组 A，B 所受的力。

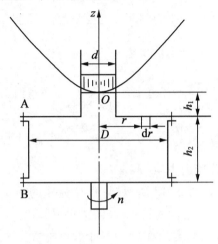

图 2-14 题 2.4.10 示意图

解：将坐标原点 O 取在液面处，如图 2-14 所示，则液面方程为

$$Z=\frac{\omega^2 r^2}{2g}$$

设液面上 O 点处压强为 p_0，则

$$\int_0^{\frac{d}{2}}\left(p_0+\frac{\rho\omega^2 r^2}{2}\right)2\pi r\mathrm{d}r=mg$$

解得

$$p_0=\frac{4mg-\pi\rho\omega^2\left(\dfrac{d}{2}\right)^4}{\pi d^2}$$

(1) 求螺栓组 A 受力。

在上盖半径为 r 处取宽度为 $\mathrm{d}r$ 的环形面积，该处压强为

$$p=p_0+\left(h_1+\frac{\omega^2 r^2}{2g}\right)\rho g$$

上盖所受总压力为

$$F_{P1} = \int_{\frac{d}{2}}^{\frac{D}{2}} p \cdot 2\pi r \mathrm{d}r$$

$$= \int_{\frac{d}{2}}^{\frac{D}{2}} \left[p_0 + \left(h_1 + \frac{\omega^2 r^2}{2g} \right) \rho g \right] 2\pi r \mathrm{d}r$$

$$= \frac{\pi}{4}(D^2 + d^2)(p_0 + \rho g h_1) + \frac{\pi \rho \omega^2}{64}(D^4 + d^4)$$

$$\approx 3\,723(\mathrm{N})$$

此力方向垂直向上,即为螺栓组 A 所受的力。

(2) 求螺栓组 B 受力。

在容器底距 z 轴 r 处压强为

$$p = p_0 + \left(h_1 + h_2 + \frac{\omega^2 r^2}{2g} \right) \rho g$$

因此,容器底受总作用力为

$$F_{P2} = \int_0^{\frac{D}{2}} p \cdot 2\pi r \mathrm{d}r$$

$$= \int_0^{\frac{D}{2}} \left[p_0 + \left(h_1 + h_2 + \frac{\omega^2 r^2}{2g} \right) \rho g \right] 2\pi r \mathrm{d}r$$

$$= \frac{\pi}{4} D^2 [p_0 + (h_1 + h_2) \rho g] + \frac{\pi \rho \omega^2}{64} D^4$$

$$\approx 4\,697(\mathrm{N})$$

此即螺栓组 B 所受之力。

2.4.11 如图 2-15 所示,密闭立方体容器中盛水。侧面开有 0.5 m×0.6 m 的矩形孔,孔的上缘距水面 0.8 m,水面绝对压强 $p_0 = 117.6$ kPa,当地大气压 $p_\mathrm{a} = 98$ kPa。求作用于矩形孔盖板上的静水总压力的大小及其作用点。

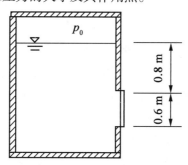

图 2-15 题 2.4.11 示意图

解:水面相对压强

$$p = p_0 - p_\mathrm{a} = 117.6 - 98 = 19.6(\mathrm{kPa})$$

水面相对压强以水柱高表示

$$h=\frac{p}{\rho g}=\frac{19.6}{1\times 9.8}=2(\mathrm{m})$$

静水总压力

$$F=(p+\rho g h')A=[19.6+1\times 9.8\times(0.8+0.3)]\times 0.5\times 0.6=9.114(\mathrm{N})$$

$$y_C=h+h'=0.8+\frac{0.6}{2}=1.1(\mathrm{m})$$

作用点

$$y_D=y_C+\frac{I_C}{y_C A}=1.1+\frac{\frac{1}{12}\times 0.5\times 0.6^3}{1.1\times 0.5\times 0.6}=1.13(\mathrm{m})$$

2.4.12 如图2-16所示,有一圆柱扇形闸门,圆柱的半径 $R=6$ m,闸门宽度 $B=6$ m,闸门关闭时水深 $H=5.196$ m,$\alpha=60°$,求作用在闸门曲面 ab 上的总压力。

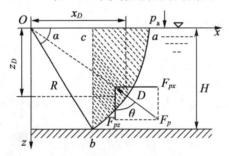

图 2-16 题 2.4.12 示意图

解:如图2-16所示,将圆柱扇形闸门垂直于母线的后侧面取作 Oxz 坐标平面,y 轴向前。已知闸门淹没部分在 Oyz 坐标面上的投影面积 $A_x=BH$,其形心的淹深 $h_c=H/2$,代入 $F_{px}=\rho g h_c A_x$ 得

$$F_{px}=\rho g h_c A_x=\frac{1}{2}\rho g B H^2$$

$$=\frac{1}{2}\times 1\,000\times 9.807\times 6\times 5.196^2=794\,320(\mathrm{N})$$

由于曲面 ab 上的压力 $V_p=BA_{abc}$,而面积 A_{abc} 为扇形面积 $A_{abc}=\frac{\pi \alpha R^2}{360°}$ 与三角形面积 $A_{\triangle abc}=\frac{H^2}{2\tan\alpha}$ 之差,代入式 $F_{pz}=\rho g V_p$ 得

$$F_{pz}=\rho g V_p=\rho g B A_{abc}=\rho g B\left(\frac{\pi \alpha R^2}{360°}-\frac{H^2}{2\tan\alpha}\right)$$

$$=1\,000\times 9.807\times 6\left(\frac{\pi\times 60°}{360°}\times 6^2-\frac{5.196^2}{2\tan 60°}\right)=650\,544(\mathrm{N})$$

故总压力的大小、方向为

$$F_p=(F_{px}^2+F_{pz}^2)^{1/2}=(794\,320^2+650\,544^2)^{1/2}=1\,026\,719(\mathrm{N})$$

$$\tan\theta = \frac{F_{px}}{F_{pz}} = \frac{794\ 320}{650\ 544} = 1.221$$

$$\theta = 50.68° = 50°41'$$

由于作用在闸门上水的压强都垂直于圆柱壁面,指向通过坐标原点的母线,因此总压力的作用线也必指向它。总压力在壁面上作用点 D 的坐标为

$$x_D = R\sin\theta = 6 \times \sin 50.68° = 6 \times 0.773\ 6 = 4.642(\text{m})$$

$$y_D = \frac{B}{2} = \frac{6}{2} = 3(\text{m})$$

$$z_D = R\cos\theta = 6 \times \cos 50.68° = 6 \times 0.633\ 7 = 3.802(\text{m})$$

2.4.13　如图 2-17 所示,利用浮力的原理测量液体比重的仪器被称作波美比重计。在底部呈球状的中空玻璃筒的底部装入铅,将其置入要测量的液体之中,比重计浮起,读取液面上筒的刻度即可得知液体比重。比重计浮在某种液体内,相对于浮在水中时,圆筒向上方浮动了 $h=30$ mm,该液体的比重 s 是多少?设比重计的质量 $m=3.0$ g,筒的直径 $d=4.0$ mm,水的密度 $\rho_\text{W}=1\ 000$ kg/m³。

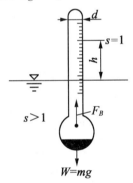

图 2-17　题 2.4.13 示意图

解:比重计浮在水中时,设水柱的体积为 V,根据 $F_B=\rho gV$ 可得浮力 F_B 为 $F_B=\rho_\text{W}gV$。此时浮力 F_B 和重力 $W=mg$ 平衡,即

$$W = mg = \rho_\text{W}gV$$

因此

$$V = \frac{m}{\rho_\text{W}} = \frac{3.0 \times 10^{-3}}{1\ 000} = 3.0 \times 10^{-6}(\text{m}^3)$$

当比重计浮在要测量的液体之中时,根据力的平衡有

$$W = \rho_\text{W}gV = s\rho_\text{W}g\left(V - \frac{\pi}{4}d^2h\right)$$

因此

$$s = \cfrac{1}{1-\left(\cfrac{\pi}{4}d^2\cfrac{h}{V}\right)}$$

$$= \cfrac{1}{1-\left[\cfrac{\cfrac{\pi}{4}\times(4.0\times10^{-3})^2\times30\times10^{-3}}{3.0\times10^{-6}}\right]}$$

$$= 1.14$$

2.4.14 如图 2-18 所示，液体转速计由直径为 d_1 的中心圆筒和重力为 W 的活塞及与其联通的两根直径为 d_2 的细管组成，内装水银。细管中心线距圆筒中心轴的距离为 R。当转速计的转速变化时，活塞带动指针上下移动。试推导活塞位移 h 与转速 n 之间的关系式。

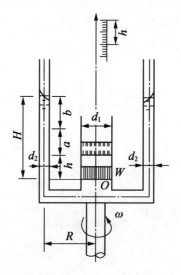

图 2-18 题 2.4.14 示意图

解：(1) 转速计静止不动时，细管与圆筒的液位差 a 是由活塞的重力所致的，即

$$W = \rho g \frac{\pi}{4}d_1^2 a$$

$$a = \frac{W}{\rho g \frac{\pi}{4}d_1^2} \tag{1}$$

(2) 当转速计以角速度 ω 旋转时，活塞带动指针下降 h，两细管液面上升 b，根据圆筒中下降的液体体积与两细管中上升的液体体积相等，得

$$\frac{\pi}{4}d_2^2 \cdot 2b = \frac{\pi}{4}d_1^2 h$$

$$b = \frac{d_1^2}{2d_2^2}h \tag{2}$$

(3)取活塞底面中心为坐标原点，z 轴向上。根据等角速度旋转容器中压强分布公式 $p=\rho g\left(\dfrac{\omega^2 r^2}{2g}-z\right)+C$，当 $r=R, z=H$ 时，$p_e=0$（计示压强），$C=\rho g\left[H-\dfrac{\omega^2 R^2}{2g}\right]$，故有

$$p_e = \rho g\left[\dfrac{\omega^2(r^2-R^2)}{2g}+H-z\right]$$

这时，活塞的重力应与水银作用在活塞底面上的压强的合力相等，故有

$$W = \int_0^{\frac{d_1}{2}} p_e \cdot 2\pi r \mathrm{d}r = 2\pi\rho g \int_0^{\frac{d_1}{2}} \left[\dfrac{\omega^2}{2g}(r^2-R^2)+H\right] r \mathrm{d}r$$

$$= \dfrac{\pi d_1^2}{4}\rho g\left[\dfrac{\omega^2}{2g}\left(\dfrac{d_1^2}{8}-R^2\right)+H\right]$$

或

$$\dfrac{W}{\dfrac{\pi}{4}d_1^2 \rho g} = \dfrac{\omega^2}{2g}\left(\dfrac{d_1^2}{8}-R^2\right)+H = \dfrac{\omega^2}{2g}\left(\dfrac{d_1^2}{8}-R^2\right)+a+b+h$$

将式(1)、式(2)代入上式，得

$$h = \dfrac{1}{2g}\dfrac{R^2-\dfrac{d_1^2}{8}}{1+\dfrac{d_1^2}{2d_2^2}}\omega^2$$

而 $\omega=\dfrac{\pi n}{30}$，故有

$$n = \dfrac{30}{\pi}\left\{\dfrac{2gh\left[1+\dfrac{d_1^2}{2d_2^2}\right]}{R^2-\dfrac{d_1^2}{8}}\right\}^{\frac{1}{2}}$$

2.4.15 如图 2-19 所示，一封闭容器水面的绝对压强 $p_0=85$ kPa，中间玻璃管两端是开口的。试求当既无空气通过玻璃管进入容器，又无水进入玻璃管时，玻璃管应该伸入水面下的深度 h。

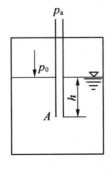

图 2-19 题 2.4.15 示意图

解:根据题意,管下端压强
$$p_A = p_a = 1 \text{ atm} = 101\,325 \text{ N/m}^2$$
又有
$$p_A = p_0 + \rho g h$$
可得
$$h = \frac{p_A - p_0}{\rho g} = \frac{101\,325 - 85\,000}{1\,000 \times 9.807} = 1.66(\text{mm})$$

因此,$p_a = 1$ atm 时,$h = 1.66$ m。

2.4.16 U形管角速度测量仪如图 2-20 所示,两竖管与旋转轴距离分别为 R_1 和 R_2,二者液面高差为 Δh,试求 ω 的表达式。若 $R_1 = 0.08$ m,$R_2 = 0.20$ m,$\Delta h = 0.06$ m,求 ω 的值。

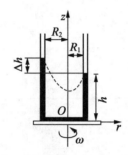

图 2-20 题 2.4.16 示意图

解:两竖管液面(看成点)位于压强为大气压的等压面上,坐标系选取如图 2-20 所示,可设右侧竖管液面到横管的距离为 h。

液面方程为
$$z = \frac{\omega^2 r^2}{2g} + c$$

对于右侧竖管液面,$r = R_1$,$z = h$,代入上式得
$$h = \frac{\omega^2 R_1^2}{2g} + c \tag{1}$$

同理,对于左侧竖管液面,$r = R_2$,$z = h + \Delta h$,有
$$h + \Delta h = \frac{\omega^2 R_2^2}{2g} + c \tag{2}$$

式(2)减去式(1),得
$$\omega = \sqrt{\frac{2g \Delta h}{R_2^2 - R_1^2}} \tag{3}$$

若 $R_1 = 0.08$ m,$R_2 = 0.20$ m,$\Delta h = 0.06$ m,则
$$\omega = \sqrt{\frac{2 \times 9.807 \times 0.06}{0.20^2 - 0.08^2}} = 5.918(\text{rad/s})$$

因此，$\omega = \sqrt{\dfrac{2g\Delta h}{R_2^2 - R_1^2}}$，$\omega = 5.918$ rad/s。

2.4.17 汽车修理厂使用的液压千斤顶如图 2-21 所示。两个活塞的面积分别为 $A_1 = 0.8$ cm²，$A_2 = 0.04$ m²。当左侧的小活塞被上下推动时，比重为 0.870 的液压油被泵入，慢慢提升右侧的大活塞。一辆重达 13 000 N 的汽车将被顶起。

(1) 开始时，当两个活塞处于同一高度（$h=0$）时，计算大活塞顶起汽车所需的力 F_1。

(2) 在汽车上升 2 m（$h=2$ m）后重新计算大活塞顶起汽车所需的力 F_1，并与前一问求得的结果进行比较和讨论。

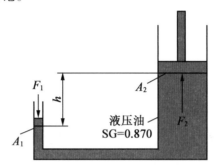

图 2-21 题 2.4.17 示意图

解：(1) 当 $h=0$ 时，每个活塞底部的压强必须相同。因此

$$P_1 = \frac{F_1}{A_1} = P_2 = \frac{F_2}{A_2} \to F_2 \frac{A_1}{A_2} = (13\ 000\ \text{N})\frac{0.8\ \text{cm}^2}{0.040\ 0\ \text{m}^2}\left(\frac{1\ \text{m}}{100\ \text{cm}}\right) = 26.0\ \text{N}$$

所以开始时，当 $h=0$ 时，所需的力 $F_1 = 26.0$ N。

(2) 当 $h \neq 0$ 时，必须考虑由高差引起的静水压力，即

$$P_1 = \frac{F_1}{A_1} = P_2 + \rho g h = \frac{F_2}{A_2} + \rho g h$$

$$F_1 = F_2 \frac{A_1}{A_2} + \rho g h A_1$$

$$= (13\ 000\ \text{N})\left(\frac{0.000\ 08\ \text{m}^2}{0.04\ \text{m}^2}\right) + (870\ \text{kg/m}^3)(9.807\ \text{m/s}^2)(2.00\ \text{m}) \times$$

$$(0.000\ 08\ \text{m}^2)\left(\frac{1\ \text{N}}{1\ \text{kg} \cdot \text{m/s}^2}\right)$$

$$= 27.4\ \text{N}$$

因此，在汽车上升 2 m 后，所需的力为 27.4 N。

2.4.18 静脉输液常常通过在一定高度的位置悬挂输液瓶来抵消静脉内的血压，从而将药水注入人体内（图 2-22）。输液瓶悬挂得越高，液体流动得越快。

(1) 当输液瓶的高度高于手臂 1.2 m 时，观察到液体和静脉内的血压两者平衡，试确定静脉内的血液的表压。

(2) 若要保证足够的流量，液体表压需要达到 20 kPa，试确定输液瓶要放置的高度。

液体的密度为 1 020 kg/m³。

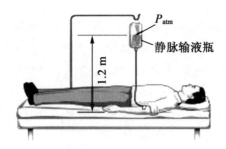

图 2-22 题 2.4.18 示意图

解：(1)可注意到当输液瓶与手臂高度差 $h_{\text{arm-bottle}}$ 为 1.2 m 时，液体和静脉内的血液两者压强平衡，表压相同。

$$P_{\text{gage, arm}} = P_{\text{abs}} - P_{\text{atte}} = \rho g h_{\text{arm-bottle}}$$

$$= (1\ 020\ \text{kg/m}^3)(9.81\ \text{m/s}^2)(1.20\ \text{m})\left(\frac{1\ \text{kN}}{1\ 000\ \text{kg} \cdot \text{m/s}^2}\right)\left(\frac{1\ \text{kPa}}{1\ \text{kN/m}^2}\right)$$

$$= 12.0\ \text{kPa}$$

(2)为了提供 20 kPa 的表压，输液瓶中液面在手臂上方的高度为

$$h_{\text{arm-bottle}} = \frac{P_{\text{gage, arm}}}{\rho g}$$

$$= \frac{20\ \text{kPa}}{(1\ 020\ \text{kg/m}^3)(9.81\ \text{m/s}^2)}\left(\frac{1\ 000\ \text{kg} \cdot \text{m/s}^2}{1\ \text{kN}}\right)\left(\frac{1\ \text{kN/m}^2}{1\ \text{kPa}}\right)$$

$$= 2.00\ \text{m}$$

2.4.19 一辆汽车坠入湖中，4 个车轮触底（图 2-23）。车门高 1.2 m、宽 1 m，车门顶边距自由水面的距离为 8 m。试求作用在车门上的静压和压力中心的位置。

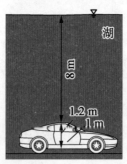

图 2-23 题 2.4.19 示意图

解：作用在车门上的平均压强等于车门几何中心处的压强，平均压强为

$$P_{\text{avg}} = P_C = \rho g h_C = \rho g \left(s + \frac{b}{2}\right)$$

$$= (1\,000 \text{ kg/m}^3)(9.81 \text{ m/s}^2)\left(8 \text{ m} + \frac{1.2 \text{ m}}{2}\right)\left(\frac{1 \text{ kN}}{1\,000 \text{ kg}\cdot\text{m/s}^2}\right)$$

$$= 84.4 \text{ kN/m}^2$$

作用在车门上的静压合力为

$$F_R = P_{\text{avg}} A = (84.4 \text{ kN/m}^2)(1 \text{ m} \times 1.2 \text{ m}) = 101.3 \text{ kN}$$

压力中心 P 位于车门几何中心的正下方，可由

$$y_P = s + \frac{b}{2} + \frac{\dfrac{ab^3}{12}}{\left[s + \dfrac{b}{2} + \dfrac{P_0}{\rho g \sin\theta}\right]ab}$$

$$= s + \frac{b}{2} + \frac{b^2}{12\left[s + \dfrac{b}{2} + \dfrac{P_0}{\rho g \sin\theta}\right]}$$

求出压力中心到湖面的距离，取湖面处的压力 $P_0 = 0$，可得

$$y_P = s + \frac{b}{2} + \frac{b^2}{12\left(s + \dfrac{b}{2}\right)} = 8 + \frac{1.2}{2} + \frac{1.2^2}{12\left(8 + \dfrac{1.2}{2}\right)} = 8.61 \text{ (m)}$$

2.4.20 一个长的实心圆柱形自动闸门，半径为 0.8 m，点 A 处为铰链，如图 2-24 所示。当水面达到 5 m 深时，闸门将会打开，试求：

(1) 当闸门打开时作用在圆柱体上的力和力的作用线；

(2) 每米长度圆柱体的重力。

解：(1) 考虑被圆柱体的圆弧侧面及其在水平和竖直方向的投影面所封闭的这部分液体的受力图。作用在水平面和竖直面上的力和液体块的重力计算如下。

作用在竖直面上的水平分力：

$$F_H = F_x = P_{\text{avg}} A = \rho g h_C A = \rho g \left(s + \frac{R}{2}\right) A$$

$$= (1\,000 \text{ kg/m}^3)(9.81 \text{ m/s}^2)\left(4.2 \text{ m} + \frac{0.8 \text{ m}}{2}\right)(0.8 \text{ m} \times 1 \text{ m})\left(\frac{1 \text{ kN}}{1\,000 \text{ kg}\cdot\text{m/s}^2}\right)$$

$$= 36.1 \text{ kN}$$

作用在水平面上的竖直分力（方向向上）：

$$F_V = F_y = P_{\text{avg}} A = \rho g h_C A = \rho g h_{\text{bottom}} A$$

$$= (1\,000 \text{ kg/m}^3)(9.81 \text{ m/s}^2)(5 \text{ m})(0.8 \text{ m} \times 1 \text{ m})\left(\frac{1 \text{ kN}}{1\,000 \text{ kg}\cdot\text{m/s}^2}\right)$$

$$= 39.2 \text{ kN}$$

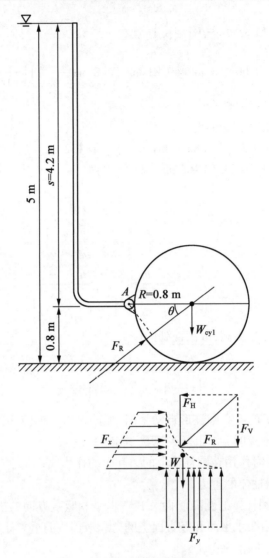

图 2-24 题 2.4.20 示意图

沿纸面方向宽度为 1 m 的液柱的重力(竖直向下):

$$W = mg = \rho g V = \rho g \left(R^2 - \frac{\pi R^2}{4}\right)(1 \text{ m})$$

$$= (1\,000 \text{ kg/m}^3)(9.81 \text{ m/s}^2)(0.8 \text{ m})^2\left(1-\frac{\pi}{4}\right)(1 \text{ m})\left(\frac{1 \text{ kN}}{1\,000 \text{ kg} \cdot \text{m/s}^2}\right)$$

$$= 1.3 \text{ kN}$$

因此,竖直方向的合力为

$$F_V = F_y - W = 39.2 - 1.3 = 37.9 (\text{kN})$$

于是作用在每米长度圆柱体表面上合力的大小及方向为

$$F_R = \sqrt{F_H^2 + F_V^2} = \sqrt{36.1^2 + 37.9^2} = 52.3 (\text{kN})$$

$$\tan\theta = \frac{F_V}{F_H} = \frac{37.9}{36.1} = 1.05$$

$$\theta = 46.4°$$

因此,作用在每米长度圆柱体上的合力为 52.3 kN,合力作用线通过圆柱体的圆心,与水平方向的夹角为 46.4°。

(2)当水面高 5 m 时,闸门将会打开,因为不考虑铰链的摩擦,所以作用在圆柱体上的力只有通过其重心的自身重力和水作用在圆柱体表面上的力,根据对铰链处点 A 的合力矩为 0 列方程:

$$F_R R\sin\theta - W_{cyl}R = 0$$

$$W_{cyl} = F_R\sin\theta = (52.3\text{ kN})\sin 46.4° = 37.9\text{ kN}$$

2.4.21 假设有一个海水水族箱,可以采用一个底部装有铅块的圆柱形玻璃管来测量海水的盐度,测量方法十分简单,只需要观察管子下沉的深度即可,如图 2-25 所示。这类可以竖直漂浮在液体中的用来测量液体比重的装置称为比重计。比重计上端露在液体表面上方,可以从上面的刻度直接读出比重。比重计可在纯水中进行校准,在空气和水的交界面位置读数应恰好为 1.0。

(1)推导液体比重和距离 Δz 的关系,Δz 是液体对应的刻度和纯水标注刻度的距离;

(2)若要让直径为 1 cm、长度为 20 cm 的比重计在纯水中浸没位置刚好达到一半(10 cm 刻度处),求铅块的质量。

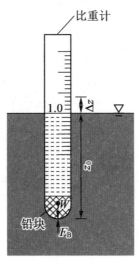

图 2-25 题 2.4.21 示意图

解:(1)比重计处于平衡状态,液体产生的浮力 F_B 和比重计的重力 W_{hydro} 必然相等,在纯水中(下标 w),比重计底部和自由液面之间的距离为 z_0,由 $F_{B,w} = W_{hydro}$ 可得

$$W_{hydro} = F_{B,w} = \rho_w g V_{sub} = \rho_w g A z_0 \tag{1}$$

式中,A 为玻璃管的横截面面积;ρ_w 为纯水的密度。

在比水轻的液体中($\rho_f < \rho_w$),比重计会下沉得更多,液面会在 z_0 上方 Δz 处,则

$$W_{hydro} = F_{B,f} = \rho_f g V_{sub} = \rho_f g A(z_0 + \Delta z) \tag{2}$$

这个关系对于比水重的液体同样成立,此时 Δz 为负值。因为比重计的重力恒定,将式(1)和式(2)联立求解,整理可得

$$\rho_w g A z_0 = \rho_f g A(z_0 + \Delta z) \rightarrow SG_f = \frac{\rho_f}{\rho_w} = \frac{z_0}{z_0 + \Delta z}$$

这就是液体比重和 Δz 的关系。注意:对于指定比重计而言,z_0 为常数;对于比水重的液体,Δz 为负数。

(2) 忽略玻璃管的重力,则管内铅块的重力和浮力相等。当比重计一半浸没在水中时,作用在比重计上的浮力为

$$F_B = \rho_w g V_{sub}$$

浮力和铅块的重力相等,即

$$W = mg = \rho_w g V_{sub}$$

解得 m,然后代入数值可以得到铅块的质量为

$$m = \rho_w V_{sub} = \rho_w (\pi R^2 h_{sub}) = (1\,000 \text{ kg/m}^3)[\pi(0.005 \text{ m})^2(0.1 \text{ m})] = 0.007\,85 \text{ kg}$$

2.4.22 一个漂浮在海水中的立方体冰块如图 2-26 所示。冰和海水的比重分别为 0.92 和 1.025。如果冰块的顶面露出水面 25 cm,计算冰块在水面之下的高度。

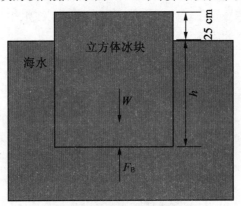

图 2-26 题 2.4.22 示意图

解:漂浮在流体中的物体的重力等于作用在其上的浮力(来自静态平衡的竖直力平衡的结果)。因此,

$$W = F_B \rightarrow \rho_{body} g V_{total} = \rho_{fluid} g V_{submerged}$$

$$\frac{V_{submerged}}{V_{total}} = \frac{\rho_{body}}{\rho_{fluid}}$$

立方体冰块的横截面面积是恒定的,因此"体积比"可以用"高度比"代替,那么

$$\frac{h_{submerged}}{h_{total}} = \frac{\rho_{body}}{\rho_{fluid}} \rightarrow \frac{h}{h+0.25} = \frac{\rho_{ice}}{\rho_{water}}$$

式中,h 为冰块位于水面下方的高度,可解出

$$h = \frac{(920 \text{ kg/m}^3)(0.25 \text{ m})}{(1\,025-920) \text{ kg/m}^3} = 2.19 \text{ m}$$

2.4.23 车辆运输一个 80 cm 高的装鱼的水箱，水箱横截面尺寸为 2 m×0.6 m，装有部分水（图 2-27），车辆从静止加速到 90 km/h 用了 10 s，如果要求在加速过程中不能有水洒出，求允许水箱装水的最大高度，以及水箱的长边还是短边应与运动方向一致。

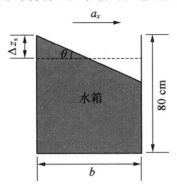

图 2-27 题 2.4.23 示意图

解：设 x 轴为运动方向，z 轴的正向为竖直向上，坐标原点位于水箱左下角。车辆在 10 s 内从静止加速到 90 km/h，加速度为

$$a_x = \frac{\Delta V}{\Delta t} = \frac{(90-0) \text{ km/h}}{10 \text{ s}} \left(\frac{1 \text{ m/s}}{3.6 \text{ km/h}} \right) = 2.5 \text{ m/s}^2$$

自由液面与水平方向夹角为

$$\tan \theta = \frac{a_x}{g+a_z} = \frac{2.5}{9.81+0} = 0.255$$

$$\theta = 14.3°$$

自由液面在竖直方向升高最多的位置位于水箱的后部，竖直中心面在加速过程中没有变化，因为它是对称面。水箱后部相对竖直中心面上升的高度按下面两种情况进行计算。

情况 1：长边平行于运动方向。

$$\Delta z_{s1} = \left(\frac{b_1}{2} \right) \tan \theta = \frac{2 \text{ m}}{2} \times 0.255 = 0.255 \text{ m} = 25.5 \text{ cm}$$

情况 2：短边平行于运动方向。

$$\Delta z_{s2} = \left(\frac{b_2}{2} \right) \tan \theta = \frac{0.6 \text{ m}}{2} \times 0.255 = 0.076 \text{ m} = 7.6 \text{ cm}$$

因此，假设水箱不会侧翻，水箱的短边应该和运动方向平行放置，水箱上方只需要留出 7.6 cm 的距离就可以保证水不会在加速过程中溢出。

2.4.24 如图 2-28 所示，一个直径为 20 cm、高为 60 cm 的竖直圆柱形容器中，装有 50 cm 高的液体，液体密度为 850 kg/m³。现容器以恒定的速度旋转，试求旋转速度达到多少时流体将会从容器边缘溢出。

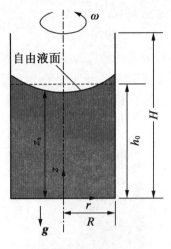

图 2-28 题 2.4.24 示意图

解:取底部表面中心为坐标原点($r=0,z=0$),自由液面的方程为

$$z_s = h_0 - \frac{\omega^2}{4g}(R^2 - 2r^2)$$

容器边缘处 $r=R$ 的竖直高度为

$$z_s(R) = h_0 + \frac{\omega^2 R^2}{4g}$$

式中,$h_0 = 0.5$ m 为液体在旋转之前的原始高度。在液体即将溢出时,液体边缘处的高度和容器的高度一样,因此 $z_s(R) = H = 0.6$ m。解方程得 ω,代入数值,求得容器的最大的旋转角度为

$$\omega = \sqrt{\frac{4g(H-h_0)}{R^2}} = \sqrt{\frac{4(9.81 \text{ m/s}^2)[(0.6-0.5)\text{m}]}{(0.1 \text{ m})^2}} = 19.8 \text{ rad/s}$$

旋转一圈所对应的弧度为 2π rad,以转速(单位 r/min)来表示容器的旋转速度为

$$\dot{n} = \frac{\omega}{2\pi} = \frac{19.8 \text{ rad/s}}{2\pi \text{ rad/r}} \left(\frac{60 \text{ s}}{1 \text{ min}}\right) = 189 \text{ r/min}$$

因此,为了防止由于离心力而导致液体溢出,容器的旋转速度应该限制在 189 r/min 以下。

2.4.25 如图 2-29 所示,汽油箱底部有锥阀,其尺寸为 $d_1 = 100$ mm,$d_2 = 50$ mm,$d_3 = 25$ mm,$a = 100$ mm,$b = 50$ mm,汽油密度 $\rho = 830$ kg/m³,忽略阀芯自重和运动时的摩擦阻力。试确定:

(1)当压强表读数为 9.806×10^3 Pa 时,提升阀芯所需的初始力 F;

(2)$F=0$ 时箱中空气的计示压强 p_e。

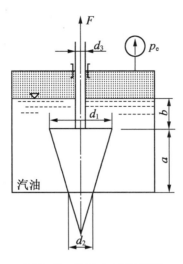

图 2-29 题 2.4.25 示意图

解：(1) 阀门口至锥尖的高度为 h，$\dfrac{a}{h}=\dfrac{d_1-d_2}{d_2}$，则 $h=0.1$ m。

自由液面高：

$$H=b+\dfrac{p_e}{\rho g}=0.05+\dfrac{9.806\times 10^3}{1\,000\times 9.8}=1.05(\text{m})$$

上面压力体：

$$V_{p1}=\left[\pi\left(\dfrac{d_1}{2}\right)^2-\pi\left(\dfrac{d_3}{2}\right)^2\right]H$$

$$=\dfrac{1}{4}\pi(0.1^2-0.025^2)\times 1.05$$

$$=7.727\times 10^{-3}(\text{m}^3)$$

下面压力体：

$$V_{p2}=\dfrac{1}{3}\pi\left(\dfrac{d_1}{2}\right)^2(a+h)-\dfrac{1}{3}\pi\left(\dfrac{d_2}{2}\right)^2 h-\pi\left(\dfrac{d_2}{2}\right)^2 a+\left[\pi\left(\dfrac{d_1}{2}\right)^2-\pi\left(\dfrac{d_2}{2}\right)^2\right]H$$

$$=\pi\left(\dfrac{0.1^2\times 0.1}{12}+\dfrac{0.1^2\times 0.1}{12}-\dfrac{0.05^2\times 0.1}{12}-\dfrac{0.05^2\times 0.1}{4}\right)+\dfrac{1}{4}\pi(0.1^2-0.05^2)\times 1.05$$

$$=6.443\,4\times 10^{-3}(\text{m}^3)$$

$$F=\rho g V_{p1}-\rho g V_{p2}$$

$$=1\,000\times 9.8\times(7.727\times 10^{-3}-6.443\,4\times 10^{-3})$$

$$=12.579(\text{N})$$

(2) $F=0$，则有 $V_{p1}=V_{p2}$。

$$\left[\pi\left(\dfrac{d_1}{2}\right)^2-\pi\left(\dfrac{d_3}{2}\right)^2\right]H=\dfrac{1}{3}\pi\left(\dfrac{d_1}{2}\right)^2(a+h)-\dfrac{1}{3}\pi\left(\dfrac{d_2}{2}\right)^2 h-\pi\left(\dfrac{d_2}{2}\right)^2 a+\left[\pi\left(\dfrac{d_1}{2}\right)^2-\pi\left(\dfrac{d_2}{2}\right)^2\right]H$$

$$\frac{1}{4}\pi(0.1^2-0.025^2)H = \pi\left(\frac{0.1^2\times 0.1}{12}+\frac{0.1^2\times 0.1}{12}-\frac{0.05^2\times 0.1}{12}-\frac{0.05^2\times 0.1}{4}\right)+$$

$$\frac{1}{4}\pi(0.1^2-0.05^2)H(0.05^2-0.025^2)H$$

$$=\frac{0.1^3}{3}$$

$$H = 0.177\,7(\text{m})$$

$$p_e = \rho g(H-b) = 1\,000\times 9.8\times(0.177\,7-0.05) = 1\,251.46(\text{Pa})$$

2.4.26 如图 2-30 所示,水力变压器大活塞直径为 D,小活塞直径为 d,两个测压管直径相同,其中的液体均为水。活塞处于平衡状态时,左测压管液面与活塞连杆高差为 H,左右测压管液面高差为 h,试求 h 和 H 的关系。此时,如果将体积为 V 的水加入左测压管内,试求活塞向右移动的距离 x。

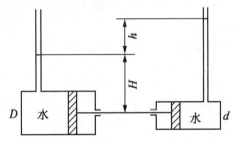

图 2-30 题 2.4.26 示意图

解:初始时,$\rho g H \dfrac{\pi D^2}{4} = \rho g(H+h)\dfrac{\pi d^2}{4}$;加入液体后,左测压管液面升高 Δh_1,右测压管液面升高 Δh_2,活塞向右移动 x,设左、右测压管半径为 r,则

$$V = \pi r^2 \Delta h_1 + \frac{\pi D^2}{4}x$$

$$\pi r^2 \Delta h_2 = \frac{\pi d^2}{4}x$$

$$\rho g(H+\Delta h_1)\frac{\pi D^2}{4} = \rho g(H+h+\Delta h_2)\frac{\pi d^2}{4}$$

得

$$x = V\frac{1}{\dfrac{\left[1+\left(\dfrac{d}{D}\right)^4\right]\pi D^2}{4}}$$

2.4.27 如图 2-31 所示,飞机油箱的尺寸为高 $h=0.4$ m,长 $l=0.6$ m,宽 $b=0.4$ m,箱内装油占油箱体积的 1/3,出油口在底部中心处,试求使油面处于出油口中心时的水平飞行的极限加速度 $a_{\max}$(此时箱内油量仍为 1/3)。

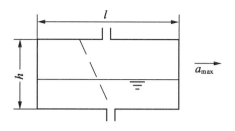

图 2-31 题 2.4.27 示意图

解：飞机水平加速时，自由面倾斜。当自由表面处于出油口中心时，无法供油，此时的加速度视为水平加速度的极限值 a_{max}。其有两种情况，一种是油面最高点在顶盖上，形成一个梯形；另一种是形成一个三角形，最高点在侧壁上。

（1）形成三角形，体积为

$$V_{\triangle max} = \frac{1}{2} \times \frac{l}{2} hb = \frac{1}{4} lhb < \frac{1}{3} lhb$$

最高点不可能在侧壁上。

（2）形成梯形，设梯形上边长为 c，体积为

$$V_{梯形} = \frac{1}{2}\left(c + \frac{l}{2}\right) hb = \frac{1}{3} lhb$$

$$c = \frac{l}{6}$$

$$\tan \theta = \frac{a_{max}}{g} = \frac{h}{\frac{l}{2} - \frac{l}{6}} = \frac{3h}{l}$$

θ 为倾斜油面与水平面夹角。

所以

$$a_{max} = \frac{3hg}{l} = \frac{3 \times 0.4 \times 9.81}{0.6} = 19.62 \ (\text{m/s}^2)$$

2.4.28 旋风除尘器如图 2-32 所示，其下端出灰管长 H，部分插入水中，使除尘器内部与外界大气隔开，称为水封。现要求在实现水封的同时，出灰管内部液面不得高于出灰管上部法兰位置。设除尘器内操作压力（表压）p 为 $-1.2 \sim 1.2$ kPa。

（1）出灰管长度 H 至少为多少？

（2）若 $H = 300$ mm，其中插入水中的部分 h 应在什么范围（水的密度 $\rho = 1\,000$ kg/m³）？

解：设水池较大，其液面位置不因出灰管内的液面波动而变化。

（1）正压操作时，出灰管内液面低于管外液面，设其高差为 h_1，则根据静压分布方程有

$$h_1 = \frac{p}{\rho g} = \frac{1\,200}{1\,000 \times 9.81} = 0.122\ (\text{m}) = 122\ (\text{mm})$$

为实现水封，出灰管插入深度 h 必须大于此高差，即 $h > h_1$。

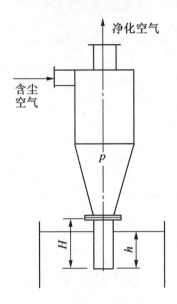

图 2-32 题 2.4.28 示意图

负压操作时,出灰管内液面高于管外液面,设其高差为 h_2,则

$$h_2 = -\frac{p}{\rho g} = -\frac{-1\,200}{1\,000 \times 9.81} = 0.122(\text{m}) = 122(\text{mm})$$

要使出灰管内液面低于法兰位置,则未插入水中的管段长度必须大于 h_2,即

$$H - h > h_2$$

因此,结合正、负压操作时的要求有

$$H > h + h_2 > h_1 + h_2$$

取 $H = 244$ mm。

(2) 根据以上不等式可知,取 $H = 300$ mm,则 h 的范围为 $H - h_2 > h > h_1$,即

$$178 \text{ mm} > h > 122 \text{ mm}$$

2.4.29 利用小管吹送少量空气以确定水槽液位的方法如图 2-33 所示。已知小管出口端距离水槽底部 0.8 m,小管上的压力表读数为 30 kPa。试估计水槽液位 h。设水槽中的液体密度 $\rho = 980$ kg/m³。

解:利用小管的目的是便于空气将管内液体排挤出去,吹送少量空气的目的是减小气体在出口处对水槽液体的干扰,使之保持静力学状态,这样小管出口处的压力可按静压分布方程计算,或者说,出口处压力可表示为

$$p - p_0 = \rho g (h - 0.8)$$

或

$$h = \frac{p - p_0}{\rho g} + 0.8$$

忽略气体重力及摩擦,压力表读数 30 kPa 亦代表管口表压力,故此时水槽液位为

$$h = \frac{30\,000}{(980 \times 9.81)} + 0.8 = 3.921(\text{m})$$

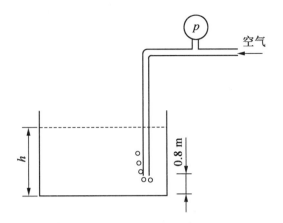

图 2-33 题 2.4.29 示意图

2.4.30 如图 2-34 所示，两水池间的隔板底端有一圆柱体闸门，闸门对称于隔板并分割左右水池，圆柱体与隔板和水池底部光滑接触（无泄漏、无摩擦），且此时圆柱体水平方向所受合力为 0。已知：圆柱体直径 $D=1$ m，长 $L=1$ m；水的密度 $\rho=1\,000$ kg/m³，U 形管内指示剂密度 $\rho_m=13\,600$ kg/m³。试求：

(1) 此时测压管读数 Δh；
(2) 液体静压在竖直方向作用于圆柱体的总力。

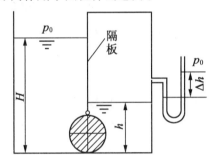

图 2-34 题 2.4.30 示意图

解：(1) 圆柱体水平方向合力为 0 意味着圆柱体两侧壁面水平方向的受力相等。设此时密封室内表压力为 p_1，则根据弯曲表面水平方向受力的计算方法及 $F_x=\rho g h_a A+\rho g h_c A$ 有

$$\rho g(H-D)(DL)+\rho g\frac{D}{2}(DL)=p_1(DL)+\rho g(h-D)(DL)+\rho g\frac{D}{2}(DL)$$

由此可得

$$p_1=\rho g(H-h)$$

该结果表明，密封室内表压力 p_1 等于该空间再增加深度为 $(H-h)$ 的液体施加的静压。

因为 U 形管一端接大气时高差 Δh 表示的是密封室内的表压，所以

$$\Delta h = \frac{p_1}{\rho_m g} = \frac{\rho}{\rho_m}(H-h) = 0.331 \text{ m} = 331 \text{ mm}$$

（2）因为此时圆柱体左右两侧液体静压相同（相当于圆柱体浸没于非隔离的同一流体中），所以其竖直方向的液体静压总力 F_y 等于其浮力，即

$$F_y = \rho g \frac{\pi D^2}{4} L = 7696.9 \text{ N}$$

2.4.31 图 2-35 所示为一竖直平板安全闸门，闸门垂直于图面方向宽度 $L=0.6$ m，孔口高度 $h_1=1$ m，支撑铰链安装在距底部 $h_2=0.4$ m 处（c 点），闸门只能绕 c 点顺时针转动。试求闸门自动打开所需的水深 h。

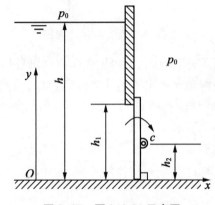

图 2-35 题 2.4.31 示意图

解：闸门自动开启的条件是闸门水平方向合力 F_x 的作用线位于 c 点之上，或 F_x 对 c 点的矩 M_c 的方向为顺时针。

简易解法如下。闸门为矩形竖直平壁，根据竖直平板受力公式 $F_x = \rho g h_a A + \rho g h_c A$，其水平方向合力 F_x 为

$$F_x = F_{x1} + F_{x2}$$

且

$$F_{x1} = \rho g (h - h_1) h_1 L$$

$$F_{x2} = \rho g \left(\frac{h_1^2}{2}\right) L$$

F_{x1} 是孔口顶部以上液层静压均匀作用于闸门的合力，其作用线与底部的距离为

$$y_1 = \frac{h_1}{2}, \quad y_1 > h_2$$

F_{x2} 是孔口顶部以下液层静压均匀作用于闸门的合力，其作用线与底部的距离为

$$y_2 = \frac{h_1}{3}, \quad y_2 < h_2$$

因此，F_{x1}, F_{x2} 对 c 点的力矩之和 M_c 为（约定逆时针转矩为正）

$$M_c = F_{x1}(h_2 - y_1) + F_{x2}(h_2 - y_2) = \rho g (h - h_1) h_1 L \left(h_2 - \frac{h_1}{2}\right) + \rho g \frac{L h_1^2}{2}\left(h_2 - \frac{h_1}{3}\right)$$

整理后得

$$M_c = -\rho g L\left[\frac{hh_1}{2}(h_1-2h_2)-\frac{h_1^2}{6}(2h_1-3h_2)\right]$$

此外,也可根据合力与分力分别对坐标原点 O 取矩,得到合力作用线的 y 轴坐标,即

$$F_x y = F_{x1}y_1 + F_{x2}y_2 \rightarrow y = \frac{h_1(3h-2h_1)}{3(2h-h_1)}$$

根据闸门开启的条件 $M_c \leqslant 0$ 或 $y \geqslant h_2$,均可得到闸门自动打开所需水深为

$$h \geqslant \frac{h_1}{3}\frac{(2h_1-3h_2)}{(h_1-2h_2)} \rightarrow h = \frac{2\times 1 - 3\times 0.4}{3\times(1-2\times 0.4)} = \frac{4}{3}(\text{m})$$

2.4.32 图 2-36(a)所示为一液体转速计,由直径为 d_1 的中心圆筒、重力大小为 W 的活塞,以及两支直径为 d_2 的有机玻璃管组成。玻璃管距轴线的距离为 R,系统中盛有汞液,密度为 ρ。静止状态时,$\omega=0, h=0$;工作时转速计下端连接被测转动系统(转速 ω)。试确定指针下降距离 h 与转速 ω 的关系。设活塞壁无摩擦。

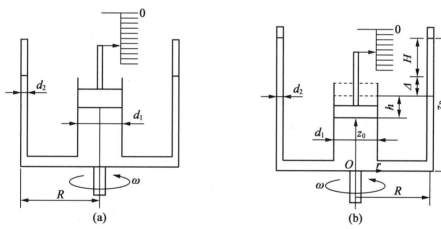

图 2-36 题 2.4.32 示意图

解:(1)首先确定转速计的液位关系。如图 2-36(b)所示,设静止状态下(不转动)玻璃管中液面与活塞底部平面的高差为 Δ,该高差由静压平衡确定,即

$$\frac{W}{\frac{\pi d_1^2}{4}} = \rho g \Delta \rightarrow \Delta = \frac{W}{\rho g \frac{\pi d_1^2}{4}}$$

转速计工作时,活塞下降 h,导致玻璃管液面上升 H,两者关系由体积相等确定,即

$$h\frac{\pi d_1^2}{4} = 2H\frac{\pi d_2^2}{4} \rightarrow H = h\frac{d_1^2}{2d_2^2}$$

此时,玻璃管液面与活塞底面高差为

$$z_R - z_0 = h + \Delta + H$$

或

$$z_R - z_0 = \frac{W}{\rho g \frac{\pi d_1^2}{4}} + h\left(1 + \frac{d_1^2}{2d_2^2}\right)$$

(2)压力分布方程应用。匀速转动系统压力分布一般方程为

$$p = \rho\left(\frac{\omega^2 r^2}{2} - gz\right) + c$$

设转速计工作时活塞底面中心点压力为 p_c,则本问题的特定条件可表示为 $r=0, z=z_0, p=p_c$,由此确定常数 c,可得图示系统的压力分布方程为

$$p = p_c + \rho\frac{\omega^2 r^2}{2} - \rho g(z - z_0)$$

将该方程应用于玻璃管上部液面时, $r=R, z=z_R, p=p_0$,可得

$$p_c - p_0 = \rho g(z_R - z_0) - \frac{\rho \omega^2}{2} R^2$$

进一步将前面的 $z_R - z_0$ 关系代入可得活塞底部中心点压力方程,即

$$p_c - p_0 = \frac{W}{\frac{\pi d_1^2}{4}} + \rho g h\left(1 + \frac{d_1^2}{2d_2^2}\right) - \frac{\rho \omega^2}{2} R^2$$

(3)确定指针下降距离 h 有两种方法:近似方法和精确方法。

近似方法:认为 d_1 较小,活塞底部平均液压为 $p_c - p_0$,且根据活塞受力平衡有

$$p_c - p_0 = \frac{W}{\left(\frac{\pi d_1^2}{4}\right)}$$

将此代入活塞底部中心点压力方程,可得 $h-\omega$ 关系为

$$h = \frac{\omega^2 R^2}{g\left[2 + \left(\frac{d_1}{d_2}\right)^2\right]}$$

精确方法:实际上活塞底部液压是沿 r 变化的,即活塞底部总压力应由底部液压积分确定。

活塞底部 $z = z_0$,将此代入压力分布方程,可得活塞底部压力 p_1 与 r 的关系为

$$p_1 = p_c + \frac{\rho \omega^2 r^2}{2}$$

于是根据活塞重力等于液压总力有

$$W = \int_0^{\frac{d_1}{2}} (p_1 - p_0) 2\pi r \mathrm{d}r = 2\pi \int_0^{\frac{d_1}{2}} \left(p_c - p_0 + \rho \frac{\omega^2 r^2}{2}\right) r \mathrm{d}r$$

结果为

$$W = (p_c - p_0)\frac{\pi d_1^2}{4} + \rho \omega^2 \frac{\pi d_1^4}{64}$$

或

$$p_c - p_0 = \frac{W}{\dfrac{\pi d_1^2}{4}} - \rho \frac{\omega^2 d_1^2}{16}$$

将此代入活塞底部中心点压力方程,可得 h-ω 关系为

$$h = \frac{\omega^2 R^2}{g\left[2+\left(\dfrac{d_1}{d_2}\right)^2\right]}\left(1-\frac{1}{8}\frac{d_1^2}{R^2}\right)$$

由此可见,前面的近似解适用于 d_1 相对于 R 较小的情况。

2.4.33 如图 2-37 所示,一个有盖的圆柱形容器,底半径 $R=2$ m,容器内充满水,在顶盖上距中心 r_0 处开一个小孔通大气。容器绕其主轴做等角速度旋转。试问:当 r_0 为多少时,顶盖所受的水的总压力为零?

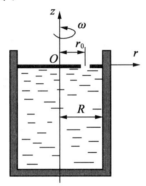

图 2-37 题 2.4.33 示意图

解:采用如图所示的坐标系。当容器做等角速度旋转时,容器内流体的压强分布为

$$p = \gamma\left(\frac{\omega^2 r^2}{2g} - z\right) + C$$

式中,$\gamma = \rho g$。

当 $r = r_0$, $z = 0$ 时,按题意 $p = 0$,故

$$C = -\gamma \frac{\omega^2 r_0^2}{2g}$$

p 分布为

$$p = \gamma\left[\frac{\omega^2}{2g}(r^2 - r_0^2) - z\right]$$

在顶盖的下表面,由于 $z = 0$,压强

$$p = \frac{1}{2}\rho\omega^2(r^2 - r_0^2)$$

要使顶盖所受水的总压力为零,则

$$\int_0^R p \cdot 2\pi r \, dr = \frac{1}{2}\rho\omega^2 \cdot 2\pi \int_0^R (r^2 - r_0^2) r \, dr = 0$$

即
$$\int_0^R r^3 \mathrm{d}r - r_0^2 \int_0^R r \mathrm{d}r = 0$$

积分上式,即
$$\frac{R^4}{4} - r_0^2 \frac{R^2}{2} = 0$$

故解得
$$r_0 = \frac{R}{\sqrt{2}} = \frac{2}{\sqrt{2}} = \sqrt{2}(\mathrm{m})$$

2.4.34 设有一容器盛有两种液体(油和水),如图 2-38(a)所示。已知 $h_1 = 0.6$ m, $h_2 = 1.0$ m, $\alpha = 60°$,油的密度 $\rho_0 = 800$ kg/m³。试绘出容器壁 AB 上的静压强分布图,并求出作用在侧壁 AB 单位宽度($b = 1$ m)上静止液体的总压力。

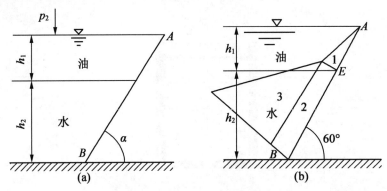

图 2-38 题 2.4.34 示意图

解:设油和水在闸门 AB 上的分界点为 E,则油和水在闸门上静压力分布如图 2-38(b)所示。现将压力 F 分解成 F_1, F_2, F_3 三部分。

$$\begin{aligned} F &= F_1 + F_2 + F_3 \\ &= \frac{1}{2}\rho_{\text{oil}} g h_1 y b + \rho_{\text{oil}} g h_1 y_1 b + \frac{1}{2}\rho_w g h_2 y_1 b \\ &= \frac{1}{2}\rho_{\text{oil}} g h_1 \frac{h_1}{\sin 60°} b + \rho_{\text{oil}} g h_1 \frac{h_2}{\sin 60°} b + \frac{1}{2}\rho_w g h_2 \frac{h_2}{\sin 60°} b \\ &= \frac{1}{2} \times 800 \times 9.8 \times 0.6 \times \frac{0.6}{\sin 60°} \times 1 + 800 \times 9.8 \times 0.6 \times \frac{1}{\sin 60°} \times 1 + \frac{1}{2} \times \\ &\quad 1\,000 \times 9.8 \times 1 \times \frac{1}{\sin 60°} \times 1 \\ &= 12.72 \times 10^3 (\mathrm{N}) \end{aligned}$$

2.4.35 比重计由带有刻度的空心圆柱玻璃管和充以铅丸的玻璃圆球组成,如图 2-39 所示。已知管外径 $d = 0.025$ m,球外径 $D = 0.03$ m,比重计重力大小 $G = 0.19$ N。如果比重计浸入某液体内的浸没深度 $h = 0.10$ m,试求该液体的密度 ρ。

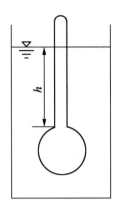

图 2-39　题 2.4.35 示意图

解:由于 $F_B = G$,即

$$G = \rho g V_{排} = \rho g\left(\frac{1}{6}\pi D^3 + \frac{1}{4}\pi d^2 h\right)$$

则

$$\rho = \frac{G}{g\left(\frac{1}{6}\pi D^3 + \frac{1}{4}\pi d^2 h\right)}$$

$$= \frac{0.49}{9.8\times\left(\frac{1}{6}\times 3.14\times 0.03^3 + \frac{1}{4}\times 3.14\times 0.025^2\times 0.1\right)}$$

$$= 791.23(\text{kg/m}^3)$$

2.4.36 设涵洞入口处装设一圆形盖门(上缘 A 点有一铰链,下缘 B 点有一铁索),如图 2-40 所示。已知盖门直径 $d = 1$ m,与水平面有一夹角 $\alpha = 45°$,盖门中心位置到水面的铅垂距离 $h_C = 2$ m。试求开启盖门所需施于铁索上的拉力 F_L(铰链处摩擦力和盖门、铁索等自重略去不计)。

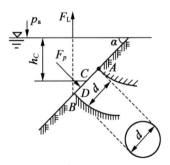

图 2-40　题 2.4.36 示意图

解:作用在盖门上的静水总压力 F_p 为

$$F_p = \rho g h_C A = 9.8\times 10^3\times 2\times\frac{\pi}{4}\times 1^2 = 15.39\times 10^3(\text{N})$$

$$\overline{CD}=y_D-y_C=\frac{I_C}{y_C A}=\frac{\frac{\pi d^4}{64}}{\left(\frac{h_C}{\sin\alpha}\times\frac{\pi}{4}d^2\right)}=\frac{d^2\sin\alpha}{16h_C}=\frac{1\times\sin 45°}{16\times 2}=0.022(\mathrm{m})$$

则

$$\overline{AD}=\overline{AC}+\overline{CD}=\frac{1}{2}d+\overline{CD}=\frac{1}{2}\times 1+0.022=0.522(\mathrm{m})$$

根据力矩方程式可得

$$F_L=\frac{F_p\times\overline{AD}}{\overline{AB}\times\cos\alpha}=\frac{15.39\times 10^3\times 0.522}{1\times\cos 45°}=11.36\times 10^3(\mathrm{N})$$

所以,当拉力 F_L 大于 11.36×10^3 N 时,盖门即可开启。

2.4.37 如图2-41所示,有一容器底部圆孔用一锥形塞子塞住,$H=4r$,$h=3r$,若将重度为 γ_1 的锥形塞提起,需要多大力(容器内液体的重度为 γ)?

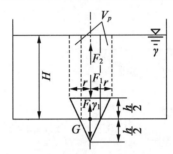

图 2-41 题 2.4.37 示意图

解:塞子上顶所受静水压力为

$$F_1=\left(H-\frac{h}{2}\right)\gamma\pi r^2=(4r-1.5r)\gamma\pi r^2=2.5\pi\gamma r^3(方向\downarrow)$$

塞子侧面所受铅垂方向压力为

$$F_2=\gamma V_p$$

式中

$$V_p=\left(\pi r^2-\frac{1}{4}\pi r^2\right)\left(H-\frac{h}{2}\right)+\frac{\pi}{3}\frac{h}{2}\left(r^2+\frac{r^2}{4}+\frac{1}{2}rr\right)-\frac{1}{4}\pi r^2\frac{h}{2}=2.375\pi r^3$$

$$F_2=2.375\pi\gamma r^3(方向\uparrow)$$

塞子自重为

$$G=\frac{\pi}{3}r^2 h\gamma_1=\pi r^3\gamma_1(方向\downarrow)$$

故若要提起塞子,所需的力为

$$F=F_1+G-F_2=2.5\pi\gamma r^3+\pi r^3\gamma_1-2.375\pi\gamma r^3=\pi r^3(0.125\gamma+\gamma_1)$$

注:锥形塞子进入容器的部分为一个圆台,圆台体积为

$$V=\frac{\pi}{3}h(R^2+r^2+Rr)$$

式中,h 为圆台高;r 和 R 为上下底半径。

2.4.38 某空载船由内河出海时,吃水减少了 20 cm,接着在港口装了一些货物,吃水增加了 15 cm。设最初船的空载排水量为 1 000 t。该船在港口装了多少货物?设吃水线附近船的侧面为直壁,海水的密度为 $\rho = 1\ 026\ \text{kg/m}^3$。

解:由于船的最初排水量为 1 000 t,即它的排水体积为 1 000 m³,它未装货时,在海水中的排水体积

$$V=\frac{1\ 000}{1.026}=974.66(\text{m}^3)$$

按题意,在吃水线附近船的侧壁为直壁,则吃水线附近的水线面积

$$S=\frac{1\ 000-974.66}{0.20}=126.7(\text{m}^2)$$

故载货量为

$$W=126.7\times0.15\times1\ 026=19.50(\text{t})=191.3(\text{kN})$$

2.5 知 识 拓 展

自重测试仪是一种机械式压强测量装置,主要用来校准和测量极高的压强(图 2-42)。顾名思义,自重测试仪通过直接测量重物的重力来测量压力,重力提供单位面积上的力,也就是压强。自重测试仪由充满流体(通常是油)的腔体、密封连接的活塞、油柄、柱塞组成。置于活塞顶部的重物会给腔体内的油施加一定的压力,作用在活塞-油界面上的合力 F 等于活塞的重力加上重物的重力。因为活塞的横截面面积 A_e 已知,压强可由 $P=\dfrac{F}{A_e}$ 计算。该装置的主要误差是活塞和腔体壁面之间的静摩擦,但该误差通常很小可忽略不计。参考压力端口一般和待测的未知压强相连,或者和需要校准的压力传感器相连。

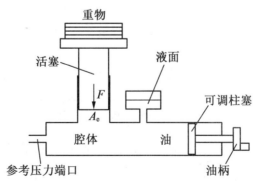

图 2-42 自重测试仪

第3章 流体动力学

3.1 基本定义

不可压缩流体的连续性方程：$\frac{\partial u_x}{\partial x}+\frac{\partial u_y}{\partial y}+\frac{\partial u_z}{\partial z}=0$。其物理意义为在同一时间内通过流场中任一封闭表面的体积流量等于零，也就是说，在同一时间内流入的体积流量与流出的体积流量相等。

定常流动：流体质点的运动要素只是坐标的函数而与时间无关。

非定常均匀流动：流动随时间变化（非定常），但各个时刻与位置无关，在同一方向以相同速度流动（均一）。例如，流场整体进行均一往复运动的情况等。

流面：通过不处于同一流线上的线段的各点作出流线，形成的由流线组成的一个面。

流管：在运动流体空间内作一微小的闭合曲线，通过该闭合曲线上各点的流线围成的细管。流管内的流线群称为**流束**。

3.2 思 考 题

3.2.1 一辆行驶中的汽车的玻璃上破了一个洞，设汽车其他门窗等处都密封完好，试分析在洞口处空气是流进来还是流出去，分前窗、侧窗、后窗讨论。

答：针对前窗，由于空气在该处会发生气流的滞止，气流静压高于汽车内的静压，空气是流进车内；针对侧窗，气流静压等于汽车内的静压，空气不会流进车内且车内的空气也不会流出；针对后窗，由于气流发生分离，车外空气的静压小于汽车内的静压，汽车内空气会流出去。

3.2.2 无动力滑翔机水平飞过，它经过的路径上原本静止的空气在受到飞机影响之后的总体运动趋势是什么样的？如果是有动力的飞机匀速水平飞过呢？

答：无动力滑翔机水平飞过，它经过的路径上原本静止的空气在受到飞机影响之后的总体运动趋势是和滑翔机同向运动，这主要是受气流剪切力作用的效果。如果是有动力的飞机匀速水平飞过，则气体在发动机排气的引射作用下有向飞机后方运动的趋势。

3.2.3 伯努利方程中的 $\frac{1}{2}$ 是怎么得来的，代表了怎样的物理意义或物理过程？

答：是由速度的积分得出的，代表了单位质量流体的动能。

3.2.4 伯努利方程的限定条件中没有绝热，这说明与外界的换热不影响气流的总压。这种说法对吗？

答:伯努利方程是机械能守恒方程,不需要绝热条件,所以该说法不对。

3.2.5 发动机排气管道冒黑烟,设想通过安装一个缩放管道,将外界清新空气引入并与烟气混合,达到降低排烟浓度的效果,如图3-1所示。这样的设计可行吗?

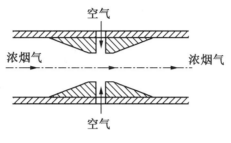

图 3-1 题 3.2.5 示意图

答:该设计是可行的,原理同引射器。

3.2.6 船上安装水泵从船外吸入河水,经水泵再喷出船外,这种装置是否能推动该船前进?为什么?

答:这种装置在进水速度较低而喷水速度较大时能够推动该船前进,这种推进方式称为喷水推进。

3.2.7 由螺旋桨推进的飞机,桨前方的空气速度(相对于飞机)和桨后方的空气速度(相对于飞机)应有什么关系?

答:桨前方的空气速度(相对于飞机)小于桨后方的空气速度(相对于飞机),由动量定理可知,螺旋桨能够推进飞机运动。

3.2.8 如何利用皮托管测量飞机的飞行速度?

答:皮托管的工作原理是将动压和静压的差值转化为空速。当空气流过管子时,动压会使管子内的压力增加,而小孔处的静压不变。因此,管子内的压力会高于小孔处的压力。这个压力差就是动静压差,它与空气速度成正比。皮托管内部的压力差会被传递到飞机的仪表系统中,从而测量出飞机的空速。

3.3 简 答 题

3.3.1 恒定流的流线与迹线完全重合,但在推导理想流体恒定元流的伯努利方程时,为什么只强调"沿流线积分"而不提"沿迹线积分"?

答:推导理想流体恒定元流的伯努利方程时采用的是欧拉法,所以强调是"沿流线积分",而迹线是拉格朗日法的概念。

3.3.2 在河道中,自由航行的船只为什么总是被迫向水流较急的一侧河岸靠拢?

答:由伯努利方程可知,水流较急的一侧压力较低,所以自由航行的船只会在压差的作用下向水流较急的一侧河岸靠拢。

3.3.3 飞机为什么能飞起来?

答:飞机机翼曲率变化较大的上表面(吸力面)速度较大,下表面(压力面)速度较小,由伯努利方程可知,飞机机翼下表面压力大于上表面,提供飞机起飞的升力。

3.3.4 运动着的轮船或火车旁为什么具有吸引力?

答:运动着的轮船或火车会带动流体流动,由伯努利方程可知,周围静止流体的压力大于运动的流体,所以形成压差进而产生吸引力。

3.3.5 平行运动的两只船为何可能相撞?

答:平行运动的两只船之间的流体由于速度较大,由伯努利方程可知,会形成压力差使两只船相互靠近,因而有可能相撞。

3.3.6 从两张纸中间吹气,纸张是合拢还是分开?

答:合拢。因为从两张纸中间吹气气流速度高于纸外侧,由伯努利方程可知,会形成压力差使两张纸合拢。

3.3.7 如图3-2所示,在水箱侧壁同一铅垂线上开了上下两个小孔,若两股射流在 O 点相交,试证明 $h_1 z_1 = h_2 z_2$。

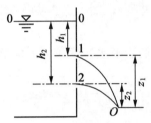

图3-2 题3.3.7示意图

答:列出容器自由液面0—0至小孔1及2流线的伯努利方程,可得小孔处出流速度 $v = \sqrt{2gh}$。此式称为托里拆利(Torricelli)公式,它在形式上与初始速度为零的自由落体运动一样,这是不考虑流体黏性的结果。

由 $z = \frac{1}{2}gt^2$,分别算出流体下落 z_1 和 z_2 距离所需的时间,即

$$t_1 = \sqrt{\frac{2z_1}{g}}$$

$$t_2 = \sqrt{\frac{2z_2}{g}}$$

经过 t_1 及 t_2 时间后,两孔射流在某处相交,它们的水平距离相等,即

$$v_1 t_1 = v_2 t_2$$

其中

$$v_1 = \sqrt{2gh_1}$$
$$v_2 = \sqrt{2gh_2}$$

因此

$$\sqrt{2gh_1}\sqrt{\frac{2z_1}{g}} = \sqrt{2gh_2}\sqrt{\frac{2z_2}{g}}$$

即
$$h_1 z_1 = h_2 z_2$$

3.3.8 设一均匀直线流绕一圆柱体,如图 3-3 所示。已知圆柱表面上的流速分布为 $u_\varphi = -2u\sin\varphi$,轴向速度 $u_\rho = 0$,u 是均匀直线流速度。试证明作用于圆柱表面上的压强在 x 轴及 y 轴方向的合力都等于零。

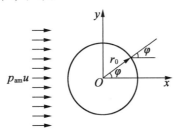

图 3-3 题 3.3.8 示意图

答:由伯努利方程可得
$$\frac{p_\infty}{\rho_F g} + \frac{u^2}{2g} = \frac{p}{\rho_F g} + \frac{u_\varphi^2}{2g} = C$$

或
$$p_\infty + \frac{\rho_F}{2} u^2 = p + 2\rho_F u^2 \sin^2\varphi = C$$

式中,p_∞ 为来流压力;ρ_F 为来流密度。则
$$p = C - 2\rho_F u^2 \sin^2\varphi$$

在圆柱上取 $ds = \rho_0 d\varphi$,$\rho_0 = r_0$,作用于此微端上的压力 $dF = pds = p\rho_0 d\varphi$,在 x、y 轴的分量分别为
$$dF_x = -p\rho_0 \cos\varphi d\varphi$$
$$dF_y = -p\rho_0 \sin\varphi d\varphi$$

对以上两式积分,分别为
$$F_x = -\int_0^{2\pi} p\rho_0 \cos\varphi d\varphi = -\int_0^{2\pi} (C - 2\rho_F u^2 \sin^2\varphi)\rho_0 \cos\varphi d\varphi = 0$$
$$F_y = -\int_0^{2\pi} p\rho_0 \sin\varphi d\varphi = -\int_0^{2\pi} (C - 2\rho_F u^2 \sin^2\varphi)\rho_0 \sin\varphi d\varphi = 0$$

因为
$$\int_0^{2\pi} \cos\varphi d\varphi = 0$$
$$\int_0^{2\pi} \sin^2\varphi \cos\varphi d\varphi = 0$$
$$\int_0^{2\pi} \sin\varphi d\varphi = 0$$
$$\int_0^{2\pi} \sin^3\varphi d\varphi = 0$$

即证明之。

3.3.9 设有两艘靠得很近的小船,在河流中等速并列向前行驶,其平面位置如图 3-4(a)所示。

(1)两艘小船是越行驶越靠近,甚至相碰撞,还是越行驶越分离? 为什么?

(2)设小船靠岸时,等速沿直线岸平行行驶,小船是越行驶越靠近还是越远离岸? 为什么?

(3)设有一圆筒在水流中,其平面位置如图 3-4(b)所示。当圆筒按图示方向(即顺时针方向)做等角速度旋转时,圆筒越来越靠近 D 侧还是 C 侧? 为什么?

图 3-4 题 3.3.9 示意图

答:(1)取一通过两艘小船的过流断面,它与自由表面的交线上各点的 $z+\dfrac{p}{\rho g}+\dfrac{u^2}{2g}$ 应相等。现两船间的流线较密,速度要大些,压强要小些,而两艘小船外侧的压强相对要大一些,将两艘小船推进,越行驶越靠近,甚至可能要相碰撞。

(2)小船靠岸时,越行驶越靠近岸,理由基本上和问题(1)相同。

(3)因水具有黏性,圆筒旋转后使靠 D 侧流速增大,压强减小,致使圆筒越来越靠近 D 侧。

3.3.10 两个大水箱如图 3-5 所示。水箱 A 距液面下 H 处接一个直径为 d 的管子,水自管中喷出后冲击水箱 B 壁面处的平板,使平板将水箱 B 壁面上直径为 d 的小孔挡住而没有泄漏。现自水箱 B 右下的小孔向水箱 B 内缓慢注水。水箱 B 内液面高 h 为多大时才能把挡板推开,并使水箱 B 中的水泄漏出来? 假设水箱 A 的液面高 H 不变,不计一切流动损失。

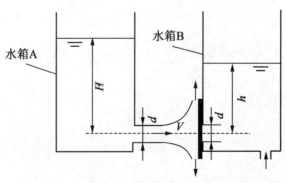

图 3-5 题 3.3.10 示意图

答:首先,由伯努利方程可知,水箱 A 中水自管道流出的速度为 $V=\sqrt{2gH}$。

水流冲击平板的力为

$$R = \rho Q V = \frac{\pi d^2}{4}\rho V^2 = \frac{\pi d^2}{4}\rho 2gH$$

水箱 B 中液体处于静止状态,对平板的静压力为

$$P = \frac{\pi d^2}{4}\rho g h$$

当 $P=R$ 时,平板处于即将打开状态,此时有

$$h = 2H$$

3.3.11 水在倾斜管中流动,用 U 形水银测压计测定 A 点压强。测压计所指示的读数如图 3-6 所示,求 A 点压强。图中 E、D 点压强是否与 A 点压强相同?

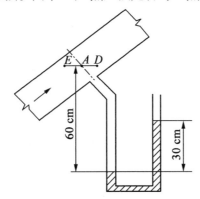

图 3-6 题 3.3.11 示意图

答:
$$p_A = \rho_{Hg}g \times 0.3 - \rho_w g \times 0.6 = 13.6 \times 9.8 \times 0.3 - 1 \times 9.8 \times 0.6 = 34.1(\text{kPa})$$

不计水头损失时,有

$$p_E = p_A = p_D$$

考虑水头损失时,有

$$p_E > p_A > p_D$$

3.4 计 算 题

3.4.1 如图 3-7 所示,由消防水枪喷嘴射出速度 $v=7$ m/s 的自由射流,欲达到 $H=2$ m 处的火源,试求喷嘴轴线的倾角 α。

解:在垂直方向上的分速度满足如下关系:

$$(v\sin\alpha)^2 = 2gH$$

求得

$$\sin\alpha = \frac{\sqrt{2gH}}{v} = 0.8947$$

所以

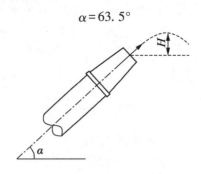

图 3-7 题 3.4.1 示意图

3.4.2 一水枪以仰角 α 将水连续喷出,如图 3-8 所示,水流出口速度 v_1。按理想流体考虑并忽略空气摩擦阻力,试求水流的轨迹方程。

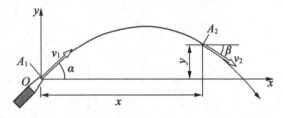

图 3-8 题 3.4.2 示意图

解:本问题系理想不可压缩流体稳态流动问题,无热量和轴功交换。取喷枪出口截面 A_1 与 x 处水流截面 A_2 为控制体进出口截面,并用 v_2 和 $β$ 表示 A_2 处的水流速度及其与水平线的夹角。

(1)由质量守恒方程有

$$v_1 A_1 = v_2 A_2 \rightarrow v_2 = v_1 \frac{A_1}{A_2} \tag{1}$$

(2)因为进出口截面均处于大气压力下,即 $p_1 = p_2 = p_0$,所以根据伯努利方程有

$$\frac{v_2^2}{2} + gy + \frac{p_0}{\rho} = \frac{v_1^2}{2} + 0 + \frac{p_0}{\rho} \rightarrow y = \frac{1}{2g}(v_1^2 - v_2^2) = \frac{v_1^2}{2g}\left[1 - \left(\frac{A_1}{A_2}\right)^2\right] \tag{2}$$

(3)设 A_1 和 A_2 截面之间的水流质量为 m,且考虑到 $q_{m1} = q_{m2} = q_m$,则根据控制体动量守恒方程

$$\begin{cases} \sum F_x = v_{2x} q_{m2} - v_{1x} q_{m1} \\ \sum F_y = v_{2y} q_{m2} - v_{1y} q_{m1} \\ \sum F_z = v_{2z} q_{m2} - v_{1z} q_{m1} \end{cases}$$

有

$$F_x = v_{2x} q_{m2} - v_{1x} q_{m1} \rightarrow 0 = (v_2 \cos β - v_1 \cos α) q_m \tag{3}$$

$$F_y = v_{2y} q_{m2} - v_{1y} q_{m1} \rightarrow -mg = (-v_2 \sin β - v_1 \sin α) q_m \tag{4}$$

根据式(3)有 $v_2 \cos β = v_1 \cos α =$ 水流在 x 方向的分速度,表明水流在 x 方向是匀速的

（水流在 x 方向受力为零）。由此可知，水流从喷枪出口 A_1 截面到 A_2 截面（水平距离 x）经历的时间为 $t=\dfrac{x}{v_1\cos\alpha}$，而 A_1 截面和 A_2 截面之间的水流质量为

$$m=q_{m1}t=q_m\left(\dfrac{x}{v_1\cos\alpha}\right)$$

解出 m 代入式（4）并考虑到 $v_2A_2=v_1A_1$，$\sin\beta=\sqrt{1-\cos^2\beta}$，$v_2\cos\beta=v_1\cos\alpha$，可得

$$\left(\dfrac{A_1}{A_2}\right)^2=1+\dfrac{2g}{v_1^2}\left(\dfrac{gx^2}{2v_1^2\cos^2\alpha}-x\tan\alpha\right)$$

该式为喷射水流的截面变化关系，将其代入式（2）可得喷射水流轨迹方程为

$$y=x\tan\alpha-x^2\dfrac{g}{2v_1^2\cos^2\alpha}$$

射流轨迹最高点横坐标位置及高度为

$$x=\dfrac{v_1^2}{g}\sin\alpha\cos\alpha$$

$$y_{\max}=\dfrac{v_1^2}{2g}\sin^2\alpha$$

3.4.3 试推导如图 3-9 所示平面流动问题在极坐标系 (r,θ) 下的可压缩流体和不可压缩流体的连续性微分方程。

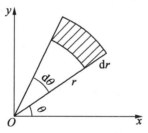

图 3-9 题 3.4.3 示意图

解：设流体质点的径向速度为 u_r，圆周切向速度 u_θ，密度为 ρ。在 dt 时间内通过控制面流入的流体质量为 $\rho u_r r d\theta dt$，$\rho u_\theta dr dt$。在 dt 时间内通过控制面流出的流体质量为 $\left[\rho u_r+\dfrac{\partial(\rho u_r)}{\partial r}dr\right](r+dr)d\theta dt$，$\left[\rho u_\theta+\dfrac{\partial(\rho u_\theta)}{\partial \theta}d\theta\right]dr dt$。

在 dt 时间内流入、流出控制面的流体质量之差为

$$\rho u_r r d\theta dt+\rho u_\theta dr dt-\left[\rho u_r+\dfrac{\partial(\rho u_r)}{\partial r}dr\right](r+dr)d\theta dt-\left[\rho u_\theta+\dfrac{\partial(\rho u_\theta)}{\partial \theta}d\theta\right]dr dt$$

$$=-\rho u_r dr d\theta dt-\dfrac{\partial(\rho u_r)}{\partial r}r dr d\theta dt-\dfrac{\partial(\rho u_\theta)}{\partial \theta}dr d\theta dt$$

控制面内流体由密度变化所引起的质量增量为 $\dfrac{\partial\rho}{\partial t}r dr d\theta dt$。

因流体是连续介质，根据质量守恒定律，在 dt 时间内流入、流出控制面的流体质量之

差应等于控制面内流体由密度变化所引起的质量增量,则可压缩流体的连续性微分方程为

$$-\rho u_r \mathrm{d}r\mathrm{d}\theta\mathrm{d}t - \frac{\partial(\rho u_r)}{\partial r}r\mathrm{d}r\mathrm{d}\theta\mathrm{d}t - \frac{\partial(\rho u_\theta)}{\partial \theta}\mathrm{d}r\mathrm{d}\theta\mathrm{d}t = \frac{\partial \rho}{\partial t}r\mathrm{d}r\mathrm{d}\theta\mathrm{d}t$$

化简得

$$\frac{\partial \rho}{\partial t} + \frac{\rho u_r}{r} + \frac{\partial(\rho u_r)}{\partial r} + \frac{\partial(\rho u_\theta)}{r\partial \theta} = 0$$

或

$$\frac{\partial \rho}{\partial t} + \frac{1}{r}\frac{\partial(\rho u_r r)}{\partial r} + \frac{1}{r}\frac{\partial(\rho u_\theta)}{\partial \theta} = 0$$

对于恒定不可压缩流体,ρ=常数,则

$$\frac{u_r}{r} + \frac{\partial(u_r)}{\partial r} + \frac{\partial(u_\theta)}{r\partial \theta} = 0$$

或

$$\frac{\partial(\rho u_r r)}{\partial r} + \frac{\partial(\rho u_\theta)}{\partial \theta} = 0$$

3.4.4 在水平面内以一定角速度旋转的洒水器,如图 3-10 所示,从洒水器中洒出的水的体积流量为 12 L/min,该洒水器顶端的两个喷嘴出口内径为 5 mm,位于距旋转轴 0.2 m 的位置上,并且喷嘴中心轴在圆周方向上偏斜30°。水是沿着旋转轴在铅垂方向上供给的,喷嘴出口处水的流速只有在水平面内的分量。洒水器受到的来自旋转轴承的摩擦力矩为 0.15 N·m,作用方向与旋转方向相反。已知水的密度为 1 000 kg/m³,试求洒水器的旋转角速度。

解:认为绝对(静止)坐标系下时间平均的流动为定常流动,选定在绝对坐标系下位置固定且包括旋转洒水器的控制体。喷嘴出口处流出水的速度向量在绝对坐标系下记为 $\boldsymbol{v}$,而在与洒水器一同旋转的相对坐标系下记为 $\boldsymbol{v}_{\mathrm{rel}}$,如图 3-10(c)所示,二者有如下关系:

$$\boldsymbol{v} = \boldsymbol{v}_{\mathrm{rel}} + \boldsymbol{u}$$

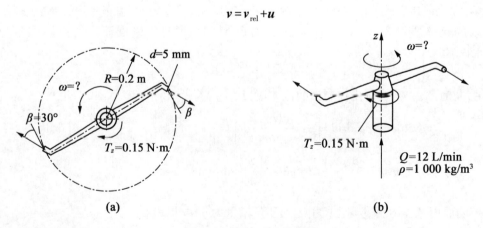

图 3-10 题 3.4.4 示意图

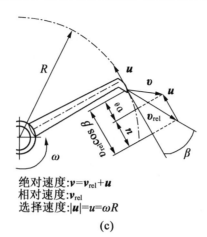

绝对速度：$v=v_{rel}+u$
相对速度：v_{rel}
选择速度：$|u|=u=\omega R$

(c)

续图 3-10

这里，u 为绝对坐标系下记录下来的喷嘴出口处旋转速度向量。由连续性方程可得

$$|v_{rel}|=v_{rel}=\frac{\dfrac{Q}{2}}{\dfrac{\pi d^2}{4}}=\frac{\dfrac{12\times 10^{-3}}{60}}{\dfrac{\pi(5\times 10^{-3})^2}{4}}=5.09(\text{m/s})$$

绝对速度向量在圆周方向的分量 v_θ 可由图 3-10(c)所示的关系求得

$$v_\theta=v_{rel}\cos\beta-\omega R$$

因此，由作用在控制体上绕旋转轴(z 轴)动量距方程可得

$$-Rv_\theta\rho Q=-T_z$$

由上述各式可求得洒水器的旋转角速度为

$$\omega=\left(v_{rel}\cos\beta-\frac{T_z}{\rho QR}\right)\frac{1}{R}$$

$$=\left(5.09\times\cos 30°-\frac{0.15}{1\,000\times\left(\dfrac{12\times 10^{-3}}{60}\right)\times 0.2}\right)\times\frac{1}{0.2}$$

$$=3.29(\text{rad/s})=\frac{3.29}{2\pi}\times 60=31.4(\text{r/min})$$

3.4.5 两个半圆筒由螺栓连接组成圆筒密闭容器，如图 3-11 所示。圆筒外径 $D=3$ m，高 $H=10$ m，两边各有 10 个螺栓相连。风沿 x 方向垂直于圆筒吹过，速度为 $v_\infty=10$ m/s。若容器内气体的压力 $p_w=50$ kPa(表压)，每个螺栓的横截面积 $A=75$ mm^2，试求每个螺栓所受的拉应力。取空气的密度为 1.225 kg/m^3。

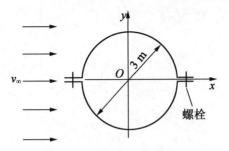

图 3-11 题 3.4.5 示意图

解:将流动简化成绕圆柱体的无环量流动,柱体表面压力分布为

$$p = p_0 + \frac{\rho v_\infty^2}{2}(1 - 4\sin^2\theta)$$

由流动的对称性可知,容器上半圆表面的压力在 x 方向的合力为 0,y 方向的合力为

$$F_y = p_w HD - \int_0^\pi (p - p_0)\sin\theta \frac{HD}{2}\mathrm{d}\theta = p_w HD - \frac{\rho v_\infty^2}{4} HD \int_0^\pi (1 - 4\sin^2\theta)\sin\theta \mathrm{d}\theta$$

$$= \left(p_w + \frac{5}{6}\rho v_\infty^2\right) HD = \left(200 + \frac{5}{6} \times 1.225 \times 10^2\right) \times 10 \times 3 = 9\,062.5(\text{N})$$

该合力即为螺栓所受到的总拉力。因此,每个螺栓所承受的拉应力为

$$\sigma = \frac{F_y}{20A} = \frac{9\,062.5}{20 \times 75 \times 10^{-6}} = 6.04 \times 10^6(\text{Pa})$$

3.4.6 如图 3-12 所示,水流在平板上运动,板壁附近的流速呈抛物线形分布,E 点为抛物线端点,E 点处 $\frac{\mathrm{d}u}{\mathrm{d}y}=0$,水的运动黏度 $\nu = 1.0 \times 10^{-6}\ \text{m}^2/\text{s}$。试求 y 为 0 cm,2 cm,4 cm 处的切应力。

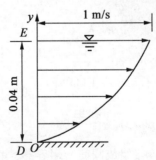

图 3-12 题 3.4.6 示意图

解:设速度分布为 $u = ay^2 + by + c$。

当 $y = 0$ 时,$u = 0$;当 $y = 0.04$ m 时,$u = 1$ m/s,$\frac{\mathrm{d}u}{\mathrm{d}y} = 0$。

则

$$\begin{cases} c=0 \\ 1=0.04^2 a+0.04b+c \\ 0=2\times0.04a+b \end{cases}$$

$$\begin{cases} a=-625 \\ b=50 \\ c=0 \end{cases}$$

得速度分布为
$$u=-625y^2+50y$$

所以
$$\frac{\mathrm{d}u}{\mathrm{d}y}=-625\times2y+50$$

又
$$\mu=\rho\nu=1\,000\times1.0\times10^{-6}=1.0\times10^{-3}(\mathrm{Pa\cdot s})$$

由牛顿内摩擦定律得
$$\tau=\mu\frac{\mathrm{d}u}{\mathrm{d}y}=1.0\times10^{-3}\times(-625\times2y+50)=-1.25y+0.05$$

则 y 为 0 cm,2 cm,4 cm 处的切应力分别为
$$\tau_{0\,\mathrm{cm}}=-1.25\times0+0.05=0.05(\mathrm{Pa})$$
$$\tau_{2\,\mathrm{cm}}=-1.25\times2\times10^{-2}+0.05=0.025(\mathrm{Pa})$$
$$\tau_{4\,\mathrm{cm}}=-1.25\times4\times10^{-2}+0.05=0(\mathrm{Pa})$$

3.4.7 用水银比压计量测管中水流,某流线上流速 u 如图 3-13 所示。该流线上 A 点的比压计读数 $\Delta h=60$ mmHg。

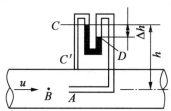

图 3-13 题 3.4.7 示意图

(1)求流速 u;
(2)若管中流体是密度为 0.8 g/cm³ 的油,Δh 仍不变,该点流速为多少? 不计损失。

解:取该流线为高程基准线。在流线上测管进口 A 点附近的上游 B 点和 A 点建立元流能量方程,因为不计损失,略流动损失项。

$$z_B+\frac{p_B}{\rho g}+\frac{u_B^2}{2g}=z_A+\frac{p_A}{\rho g}+\frac{u_A^2}{2g}$$

式中,$u_B=u$,$z_B=z_A=0$。于是有
$$u=u_B=\sqrt{2g\times\frac{p_A-p_B}{\rho g}} \tag{1}$$

根据压强分布公式
$$p_B = p_C + \rho g h$$
$$p_A = p_D + \rho g(h - \Delta h)$$
$$p_D = p_C + \rho_{Hg} g \Delta h$$

联立以上三式,解得

$$p_A - p_B = (\rho_{Hg} - \rho) g \Delta h \tag{2}$$

将式(2)代入式(1),得

$$u = \sqrt{2g\left(\frac{\rho_{Hg}}{\rho} - 1\right)\Delta h} = \sqrt{2 \times 9.807 \times \left(\frac{13\,600}{1\,000} - 1\right) \times 0.060} = 3.85\,(\text{m/s})$$

因此,当管中流体为水时,$u = 3.85$ m/s。当管中流体为油时,只需将密度 ρ 用油的密度代替,解略。

3.4.8 如图 3-14 所示,水由管中铅直流出,求流量及测压计读数。不计损失。

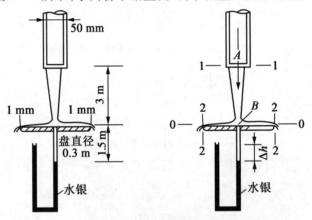

图 3-14 题 3.4.8 示意图

解:在管出口断面 1—1 和板边缘处水流断面 2—2 建立(总流)能量方程,取板平面为基准面,有

$$\begin{cases} z_1 + \dfrac{p_1}{\rho g} + \dfrac{v_1^2}{2g} = z_2 + \dfrac{p_2}{\rho g} + \dfrac{v_2^2}{2g} \\ 3 + 0 + \dfrac{v_1^2}{2g} = 0 + 0 + \dfrac{v_2^2}{2g} \end{cases} \tag{1}$$

由连续性方程 $v_1 A_1 = v_2 A_2$ 得

$$v_2 = \frac{A_1}{A_2} v_1 = \frac{\frac{\pi}{4} \times 0.050^8}{\pi \times 0.3 \times 1 \times 10^{-3}} v_1 = 2.08 v_1 \tag{2}$$

联立式(1)和式(2),解得

$$v_1 = 4.2 \text{ m/s}$$

流量为

$$Q = v_1 A_1 = 4.2 \times \frac{\pi}{4} \times 0.050^2 = 0.00825 \, (\text{m}^3/\text{s})$$

在管出口断面中心 A 点和板面中心 B 点建立元流（流线）能量方程，且近似替代 $u_A = v_1 = 4.2$ m/s，有

$$z_A + \frac{p_A}{\rho g} + \frac{u_A^2}{2g} = z_B + \frac{p_B}{\rho g} + \frac{u_B^2}{2g}$$

$$3 + 0 + \frac{4.2^2}{2g} = 0 + \frac{p_B}{\rho g} + 0$$

解得

$$p_B = 38.2 \times 10^3 \, \text{Pa}$$

由静压强分布公式得

$$p_B + \rho g \times 1.5 = \rho_{\text{Hg}} g \Delta h$$

测压计读数为

$$\Delta h = \frac{38.2 \times 10^3 + 10^3 \times 9.807 \times 1.5}{10^3 \times 13.6 \times 9.807}$$
$$= 0.397 \, (\text{m})$$
$$= 397 \, (\text{mm})$$

因此，$Q = 0.00825$ m^3/s，$\Delta h = 397$ mm。

3.4.9 如图 3-15 所示，一压缩空气罐与文丘里式的引射管连接，d_1, d_2, h 均为已知。气罐压强 p_0 多大时才能将水池中水抽出？

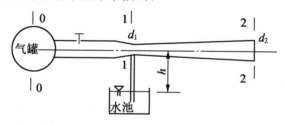

图 3-15 题 3.4.9 示意图

解：由静压强分布公式，水池中水被抽出的必要条件是

$$p_1 + \rho' g h \leq 0$$

即

$$p_1 \leq -\rho' g h$$

在气罐内断面 0—0 和引射管喉部断面 1—1 建立能量方程

$$p_0 = p_1 + \frac{\rho v_1^2}{2} \tag{1}$$

在断面 1—1 和出口断面 2—2 建立能量方程

$$p_1 + \frac{\rho v_1^2}{2} = p_2 + \frac{\rho v_2^2}{2}$$

先令

$$p_1 = -\rho' g h \tag{2}$$

考虑到连续性方程

$$v_2 = \frac{A_1}{A_2} v_1 = \left(\frac{d_1}{d_2}\right)^2 v_1$$

则有

$$-\rho' g h + \frac{\rho v_1^2}{2} = 0 + \frac{\rho}{2}\left(\frac{d_1}{d_2}\right)^4 v_1^2$$

$$\frac{\rho}{2} v_1^2 = \frac{\rho' g h}{1 - \left(\frac{d_1}{d_2}\right)^4} \tag{3}$$

将式(2)和式(3)代入式(1),得

$$p_0 = -\rho' g h + \frac{\rho' g h}{1 - \left(\frac{d_1}{d_2}\right)^4} = \frac{\rho' g h}{\left(\frac{d_2}{d_1}\right)^4 - 1}$$

由此可见,当 $p_1 \leqslant -\rho' g h$ 时,p_0 应满足

$$p_0 \geqslant \frac{\rho' g h}{\left(\frac{d_2}{d_1}\right)^4 - 1}$$

因此,$p_0 \geqslant \dfrac{\rho' g h}{\left[\left(\dfrac{d_2}{d_1}\right)^4 - 1\right]}$ 时才能将水池中水抽出。

3.4.10 有一滑艇 AB 与水平线呈倾斜角 $\alpha = 30°$,水流从远处以水平速度 $v = 5$ m/s 朝着滑艇流动。滑艇前水流宽度 $\Delta h = 1$ m,以速度 v_1 沿艇首流出;另一部分水深 h 并以速度 v_2 向艇尾流去。流线如图 3-16 所示。假若忽略阻力和液体的自重,并认为水流为平面流动,试确定在艇单位宽度(垂直于纸面,$b = 1$ m)上水流作用于滑艇上的力。

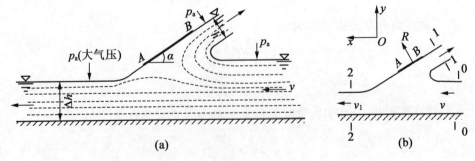

图 3-16 题 3.4.10 示意图

解:取控制体和坐标系如图 3-16(b)所示。

建立 x 方向的动量方程投影式

$$\sum F_x = \rho Q_1 v_1 - \rho Q_2 v_2 \cos 30° - \rho Q_0 v_0 \tag{1}$$

分别在断面 0—0 和 1—1 及断面 0—0 和 2—2 建立能量方程。因为忽略阻力和液体的自重,易得

$$v_1 = v_2 = v$$

同样地,由于忽略液体的自重,根据渐变流过流断面压强分布规律,易得在断面 0—0、断面 1—1、断面 2—2 上,有

$$p_1 = p_2 = p_0 \equiv 0$$

因此,3 个断面上的表面力

$$P_1 = P_2 = P_0 = 0$$

在水底平面上,由于忽略阻力,因此水底对控制体内流体作用力的水平分力为零。

设 R 为滑艇对水体的作用力,因为忽略阻力,R 垂直于滑艇 AB。则有

$$\sum F_x = R_x$$

由连续性方程 $Q_0 = Q_1 + Q_2$ 及 $v_1 = v_2 = v$,可得 $h_0 = h + \Delta h$。

将以上分析结果代入式(1),得

$$R_x = \rho v_1 \times h \times 1 \times v_1 - \rho v_2 \times \Delta h \times 1 \times v_2 \cos 30° - \rho v \times (h + \Delta h) \times 1 \times v$$

$$= -\rho v^2 (1 + \cos 30°) \Delta h$$

$$= -10^3 \times 5^2 \times (1 + 0.866) \times 1 = -46.65 \text{(kN)}$$

$$R = \frac{R_x}{\cos 30°} = \frac{-46.65}{0.5} = -93.3 \text{(kN)}$$

其方向沿 AB 的内法线方向。

水流对滑艇的作用力为

$$F = -R = 93.3 \text{ kN}$$

其方向沿 AB 的外法线方向。

因此,水流对滑艇的作用力大小 $F = 93.3$ kN,方向沿滑艇 AB 的外法线方向。

3.4.11 已知图 3-17 中旋转水力机械 $d = 25$ mm,$R = 0.6$ m,单个喷嘴流量 $Q = 7$ L/s,转速 $\omega = 100$ r/min,求功率 P。

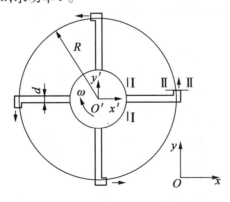

图 3-17 题 3.4.11 示意图

解:喷嘴在以转速 ω 等速旋转时,所受外力在单位时间内所做的功,即功率 P,根据理论力学,等于外力对转轴的矩——外力矩 m 与转速 ω 的乘积,即 $P=M\omega$。喷嘴所受的外力是由管内流体施加的(不考虑机械摩擦),因此,可以运用不可压缩流体恒定流的动量矩定理解出外力矩,进一步求出功率。

由于对称性,先考虑单个喷管。

选择控制体:喷嘴进口断面 I—I 和出口断面 II—II 之间管内空间。

选择坐标系如图 3-17 所示:惯性系 Oxy;非惯性系 $O'x'y'$,固连在旋转喷嘴上。

令 m 为单个喷嘴对水流的作用力对转轴之矩。

断面 I—I 上的压力作用线与转轴相交;断面 II—II 的压强 $p \equiv 0$;管内流体的重力平行于转轴。因此,以上两个表面力和质量力对转轴的矩均为零。

由于断面 I—I 的流速作用线与转轴相交,其相应的动量矩等于零;断面 II—II 的流速方向沿圆周切向,大小(令逆时针指向为正)为

$$v_2 = v_r + v_e = \frac{Q}{A_2} - \omega R$$

式中,v_r 为相对速度;v_e 为牵连速度。

建立单个喷嘴(控制体)内流体对转轴的动量矩方程

$$M = R \cdot \rho Q v_2 - 0 = R\rho Q \left(\frac{Q}{A} - \omega R \right)$$

因此,4 个喷嘴受力做功的总功率 P 为

$$P = 4M\omega = 4\omega \rho QR \left(\frac{Q}{A} - \omega R \right)$$

$$= 4 \times \frac{100 \times 2\pi}{60} \times 10^3 \times (7 \times 10^{-3}) \times 0.6 \times \left(\frac{7 \times 10^{-3}}{\frac{\pi}{4} \times 0.025^2} - \frac{100 \times 2\pi}{60} \times 0.6 \right)$$

$$= 1\ 405 (\text{N} \cdot \text{m/s})$$

因此,旋转水力机械功率为 1 405 N·m/s。

3.4.12 如图 3-18 所示,密度为 ρ 的流体均匀来流平行地流过一水平放置的平板,平板宽为 b,板出口处边界层厚度为 h,边界层内横向速度分布假设为线性。试确定流体作用于板面上的力。

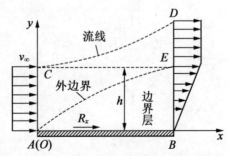

图 3-18 题 3.4.12 示意图

解:过平板出口 B 点作平板垂线与边界层外边界交 AE 于 E 点,过 E 点作水平线与过平板入口 A 点的平板垂线交于 C 点,过 C 点作流线与 BE 延长线交于 D 点。

控制体:周界 $ABEDCA$ 所围的空间体积。

坐标系:如图 3-18 所示。

设 R 为平板作用于液体的力。

流线 CD 位于边界层外的理想流体流动中,切应力为零。

根据平板绕流边界层理论及边界层厚度是很小的量,在控制体内忽略重力影响,可认为在控制体表面各点的压强(正应力)为常量,$p=\text{const}$,因此由曲面积分的高斯公式可导得作用在整个控制面 S 上的正应力(矢量)之和为零,即

$$\int_s p\boldsymbol{n}\mathrm{d}S = 0$$

这样,作用在控制面 S 上的 x 方向的力投影仅剩平板对液体的阻力 R_x。

因为 CD 为流线(面),AB 为固壁(也是流线),其上均无流体进出。

控制面 AC 流进的流量为

$$Q_{AC} = v_\infty hb$$

控制面 BE 流速分布和流出的流量分别为

$$u = \frac{v_\infty}{h}y$$

$$Q_{BE} = \int_0^h \frac{v_\infty}{h}y \cdot b\mathrm{d}y = \frac{1}{2}v_\infty hb$$

根据连续性方程,控制面 ED 流出的流量为

$$Q_{ED} = Q_{AC} - Q_{BE} = v_\infty hb - \frac{1}{2}v_\infty hb = \frac{1}{2}v_\infty hb$$

从控制面 AC、BE、ED 流进或流出的动量分别为

$$E_{AC} = (\rho v_\infty h \cdot b)v_\infty = \rho hb v_\infty^2$$

$$E_{BE} = \int_0^h \left(\rho \frac{v_\infty}{h}y\mathrm{d}y \cdot b\right)\frac{v_\infty}{h}y = \frac{1}{3}\rho hb v_\infty^2$$

$$E_{ED} = \left(\rho \cdot \frac{1}{2}v_\infty hb\right)v_\infty = \frac{1}{2}\rho hb v_\infty^2$$

建立动量方程的 x 方向投影式

$$\sum F_x = R_x = (E_{BE} + E_{ED}) - E_{AC}$$

$$= \frac{1}{3}\rho hb v_\infty^2 + \frac{1}{2}\rho hb v_\infty^2 - \rho hb v_\infty^2$$

$$= \frac{1}{6}\rho hb v_\infty^2$$

负号表示沿 x 轴负方向。

因此,流体作用于板面上的摩擦力 $F_x = -R_x = \frac{1}{6}\rho hb v_\infty^2$,方向沿 x 轴正向。

3.4.13 如图 3-19 所示,试求二维固定平行板之间不可压缩定常黏性流动(略去质量力)的下列参数:

(1)速度 v 和最大流速 $v_{x\max}$;

(2)一段长度 L 上的压强降 Δp;

(3)断面平均流速 $\bar{v}_x$;

(4)壁面切应力 τ_0 和总摩擦力 F。

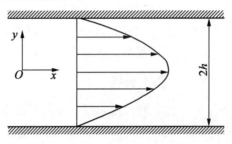

图 3-19 题 3.4.13 示意图

解:(1)求速度 v。如图 3-19 所示,坐标系选择 x 轴与流动方向一致,不可压缩二维连续方程为

$$\frac{\partial v_x}{\partial x} + \frac{\partial v_y}{\partial y} = 0$$

二维定常流动 N-S 方程为

$$v_x \frac{\partial v_x}{\partial x} + v_y \frac{\partial v_x}{\partial y} = -\frac{1}{\rho}\frac{\partial p}{\partial x} + \frac{\mu}{\rho}\left(\frac{\partial^2 v_x}{\partial x^2} + \frac{\partial^2 v_x}{\partial y^2}\right) \tag{1}$$

$$v_x \frac{\partial v_y}{\partial x} + v_y \frac{\partial v_y}{\partial y} = -\frac{1}{\rho}\frac{\partial p}{\partial y} + \frac{\mu}{\rho}\left(\frac{\partial^2 v_y}{\partial x^2} + \frac{\partial^2 v_y}{\partial y^2}\right) \tag{2}$$

因为 $v_x = v(y)$,$v_y = 0$,式(2)变为

$$\frac{\partial p}{\partial y} = 0$$

这说明压强 p 不是 y 的函数,即压强在流动的横截面上是不变的;因为流动必须满足连续性方程,所以 $\frac{\partial v_x}{\partial x} = 0$,$\frac{\partial^2 v_x}{\partial x^2} = 0$,则式(1)变为

$$\mu \frac{\partial^2 v_x}{\partial y^2} = \frac{\partial p}{\partial x} \tag{3}$$

将式(3)对 y 积分,由于 $\frac{\partial p}{\partial x}$ 不是 y 的函数,可将其提到积分符号外,得

$$v_x = \frac{1}{\mu}\left(\frac{\partial p}{\partial x}\right)\left(\frac{y^2}{2} + c_1 y + c_2\right) \tag{4}$$

式中,c_1,c_2 为积分常数,由边界条件确定:在 $y = \pm h$ 处,$v_x = 0$,得 $c_1 = 0$,$c_2 = -\frac{h^2}{2}$。

于是速度分布为

$$v_x = -\frac{1}{2\mu}\frac{\partial p}{\partial x}(h^2 - y^2) \tag{5}$$

式(5)说明在流动横截面上，v_x 在 y 方向呈抛物线分布。横截面上的流速以中心点为最大：$v_{x\max} = -\frac{1}{2\mu}\frac{\partial p}{\partial x}h^2$（负号说明速度增加方向与 $|y|$ 增加方向相反）。最大速度表达式说明沿 x 轴方向，$\frac{\partial p}{\partial x}$ 是负值，即压强沿流程是逐渐下降的，其压降梯度是负常数。

（2）求一段长度 L 上的压强降。由 $v_{x\max} = -\frac{1}{2\mu}\frac{\partial p}{\partial x}h^2$，有

$$\frac{\partial p}{\partial x} = -\frac{2\mu v_{x\max}}{h^2}$$

$$\Delta p = \int_0^L \mathrm{d}p \mathrm{d}x = -\int_0^L \left(\frac{2\mu v_{x\max}}{h^2}\right)\mathrm{d}x = -\frac{2\mu v_{x\max}L}{h^2}$$

这种流动，沿程各截面的流速分布都相同，只是下游压强低于上游压强。之所以如此，是因为这个压强降用于克服沿程壁面摩擦阻力。

（3）求断面平均流速 $\bar{v}_x$。由断面平均流速的定义（横截面积的流量除以横截面积则得断面平均流速），得

$$\bar{v}_x = \frac{1}{h}\int_0^h v_x \mathrm{d}y = \frac{1}{h}\int_0^h -\frac{1}{2\mu}\frac{\partial p}{\partial x}(h^2 - y^2)\,\mathrm{d}y = -\frac{1}{3\mu}\frac{\partial p_x}{\partial x} = \frac{2}{3}v_{x\max}$$

（4）求壁面切应力 τ_0 和总摩擦力 F。

$$\tau_0 = \mp \mu \left(\frac{\partial v_x}{\partial y}\right)_{\pm h} = -\frac{\partial p_p}{\partial x}h$$

垂直纸面单位宽度一段长度 L 上的总摩擦力为

$$F' = \tau_0 A = \tau_0(L \times 1) = L\tau_0$$

两侧壁面上的总摩擦力 F 为

$$F = 2L\tau_0 = 2\left(-\frac{\partial p}{\partial x}\right)hL$$

摩擦力 F 和压强降 Δp 乘通道横截面积（$2h \times 1$）是相等的。这进一步说明，流动的损失全部消耗于克服壁面摩擦。

3.4.14 图 3-20 所示为水塔供水管道系统，$h_1 = 9$ m，$h_2 = 0.7$ m。当阀门打开时，管道中水的平均流速 $v = 4$ m/s，总能量损失 $h_w = 13$ mH$_2$O（1 mH$_2$O $= 9.80665 \times 10^3$ Pa）。试确定水塔的水面高度 H。

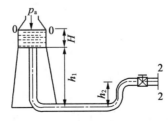

图 3-20　题 3.4.14 示意图

解:水塔供水管道系统处于大气环境中,压强项可用计示压强;水塔的横截面面积比管道出口截面面积大得多,其液面下降速度可以忽略不计。现以水平管轴为基准,对水塔自由液面 0—0 和管道出口截面 2—2 列伯努利方程:

$$(H+h_1) = h_2 + \alpha_2 \frac{v_2^2}{2g} + h_w$$

因为水塔压强水头较大,管内流动比较紊乱,可取 $\alpha_2 = 1$,故有

$$H = \frac{v_2^2}{2g} + h_w + h_2 - h_1 = \frac{4^2}{2 \times 9.807} + 13 + 0.7 - 9 = 5.52(\text{m})$$

3.4.15 如图 3-21 所示,边长 $b = 30$ cm 的正方形铁板闸门,上边用铰链连接于 O,其重力大小为 $W = 117.7$ N,水射流(直径 $d = 2$ cm)的中心线通过闸板中心 C,射流速度 $v = 15$ m/s。问:

(1)为使闸门保持垂直位置,在其下边应加多大的力 F?
(2)撤销力 F 后,闸门倾斜角是多少?忽略铰链摩擦。

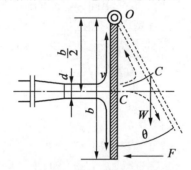

图 3-21 题 3.4.15 示意图

解:(1)射流对闸门作用力 $F' = \rho q_v v$。

$$F' = \rho \cdot \frac{\pi}{4} d^2 v^2 = 10^3 \times \frac{\pi}{4} \times 0.02^2 \times 15^2 = 70.686(\text{N})$$

闸门在垂直位置平衡时,$F' \frac{b}{2} = Fb$,代入已知参数 $b = 30$ cm,得

$$F = \frac{1}{2} F' = 35.343 \text{ N}$$

(2)闸门在倾斜位置平衡时,$F' \frac{b}{2} = W \cdot \frac{b}{2} \sin\theta$,故

$$\theta = \arcsin \frac{F'}{W} = \arcsin \frac{70.686}{117.7} = 36.91°$$

3.4.16 水流经图 3-22 所示弯曲喷管排放于大气环境,喷管平面位于 xy 平面。已知喷管进口截面积 $A_1 = 78$ cm^2,平均流速 $v_1 = 2$ m/s,压力 $p_1 = 2.98 \times 10^5$ Pa(绝对压力);出口截面积 $A_2 = 7.8$ cm^2,出口角 $\beta = 45°$,环境压力 $p_0 = 10^5$ Pa;喷管进出口中心垂直高差 $a = 18$ cm,水平距离 $b = 36$ cm;喷管内流体重力 $G = 15.7$ N,G 指向 $-y$ 方向,其作用线至法兰

端面水平距离 $c=13.5$ cm,水的密度 $\rho=1\,000$ kg/m³。

(1)试确定喷管内水流受到的合力 $\sum F_x$、$\sum F_y$,以及水流对喷管的作用力 F_x、F_y。

(2)试确定喷管内水流所受合力相对于端面 O 点的合力矩 $\sum M_z$,以及喷管受力 F_x、F_y 相对于端面 O 点的合力矩 $\sum M_z$。

(3)若采用直喷管($a=0,\beta=0$,且 $c=14.8$ cm),其余参数不变,则 F_x、F_y、M_z 又为多少?

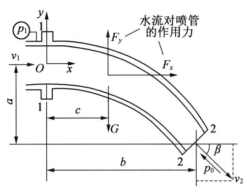

图 3-22 题 3.4.16 示意图

解:(1)质量守恒分析:取喷管进口截面 1—1 与出口截面 2—2 之间的流场空间为控制体,因流动稳态且不可压缩,故由质量守恒可知

$$q_{m1}=q_{m2}=q_m=\rho v_1 A_1=15.6 \text{ kg/s}$$

$$v_2=\frac{v_1 A_1}{A_2}=20 \text{ m/s}$$

控制体进出口动量流量分析:出口与进口截面上流体的动量流量之差如下。

x 方向:

$$v_{2x}q_{m2}-v_{1x}q_{m1}=(v_2\cos\beta-v_1)q_m$$

y 方向:

$$v_{2y}q_{m2}-v_{1y}q_{m1}=(-v_2\sin\beta-0)q_m$$

于是根据稳态过程的控制体动量守恒方程,可得水流受到的 x、y 方向的合力分别为

$$\sum F_x=v_{2x}q_{m2}-v_{1x}q_{m1} \rightarrow \sum F_x=(v_2\cos\beta-v_1)q_m$$

$$\sum F_y=v_{2y}q_{m2}-v_{1y}q_{m1} \rightarrow \sum F_y=-(v_2\sin\beta)q_m$$

代入数据可得 $\sum F_x=189.4$ N,$\sum F_y=-220.6$ N。

控制体内水流受力构成分析:水流受到三个方面的作用力,一是进、出口截面压力 p_1 和 p_0 的作用力;二是流体自身重力 G;三是喷管对流体的作用力,该作用力通过弯头内壁面以正压力和摩擦力的方式作用于流体。假设其合力在 x、y 方向的分量分别为 F'_x 和 F'_y。于是根据如图 3-22 所示的坐标,水流在 x、y 方向受到的合力分别为

$$\sum F_x=p_1 A_1+F'_x-p_0 A_2\cos\beta$$

$$\sum F_y = F'_y - G + p_0 A_2 \cos\beta$$

因水流对喷管的作用力 $F_x = -F'_x$、$F_y = -F'_y$，所以

$$F_x = -F'_x = p_1 A_1 - p_0 A_2 \cos\beta - \sum F_x$$

$$F_y = -F'_y = p_0 A_2 \sin\beta - G - \sum F_y$$

代入数据可得 $F_x = 2\,079.8\text{ N}, F_y = 260.1\text{ N}$。

该结果中，$F_x > 0, F_y > 0$，表明喷管受力均指向坐标轴正方向。

(2) 控制体进出口动量矩流量分析：对喷管法兰端面 O 点取矩，进出口截面流体动量矩为零，出口截面流速 v_2 的 x、y 方向分量大小及其作用线与 O 点的垂直距离分别为

$$v_{2x} = v_2 \cos\beta$$
$$b_{2x} = a$$
$$v_{2y} = v_2 \sin\beta$$
$$b_{2y} = -b$$

其中，因 v_{2y} 绕 O 点构成顺时针速度矩，故其作用线垂直距离取负值。于是，根据平面稳流系统的动量矩守恒方程，可得喷管内水流受到的合力矩为

$$\sum M_z = (b_{2x} v_{2x} + b_{2y} v_{2y}) q_m - 0 = (a\cos\beta - b\cos\beta) v_2 q_m$$

代入数据可得 $\sum M_z = -39.7\text{ N}\cdot\text{m}$。

水流所受力矩的构成分析：对喷管法兰端面 O 点取矩，进口截面 p_1 作用力的力矩为零，出口截面 p_0 作用力的 x、y 方向分力的力矩及重力 G 的力矩分别为（取逆时针为正）$-a(p_0 A_2 \cos\beta)$，$b(p_0 A_2 \sin\beta)$，$-cG$。

假设水流受到的管壁作用力 F'_x 和 F'_y 对 O 点的合力矩为 M'_z，则水流受到的合力矩为

$$\sum M_z = M'_z - a(p_0 A_2 \cos\beta) + b(p_0 A_2 \sin\beta) - cG$$

因喷管受力 F_x、F_y 分别是 F'_x、F'_y 的反作用力，所以其合力矩 $M_z = -M'_z$，即

$$M_z = -M'_z = (-a\cos\beta + b\sin\beta) p_0 A_2 - cG - \sum M_z$$

代入数据可得 $M_z = 47.5\text{ N}\cdot\text{m}$。

此即水流作用使喷管法兰端面所受到的力矩，力矩转向为逆时针。

(3) 若采用平直喷管（$a = 0, \beta = 0, c = 14.8\text{ cm}$），其余参数不变，则

$$\sum F_x = (v_2 - v_1) q_m$$
$$\sum F_y = 0$$
$$\sum M_z = 0$$
$$F_x = p_1 A_1 - p_0 A_2 - \sum F_x$$
$$F_y = -G$$
$$M_z = -cG$$

且 $\sum F_x = 280.8\text{ N}, F_x = 1\,965.5\text{ N}, F_y = -15.7\text{ N}, M_z = -2.32\text{ N}\cdot\text{m}$。

3.4.17 图 3-23 为一喷气发动机示意图,其中进气口空气平均流速 $v_1 = 90$ m/s,密度 $\rho = 1.307$ kg/m^3,所耗燃油质量流量为空气质量流量的 1.5%,尾部喷气口平均气流速度 $v_2 = 270$ m/s,且进气口与喷气口面积均为 1 m^2。忽略燃料的进口动量,并设进、出口压力均等于环境压力,试估算发动机所能提供的推力(发动机内气流受力的反作用力)。

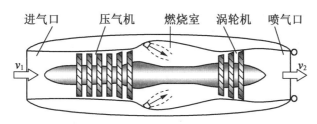

图 3-23 题 3.4.17 示意图

解:根据题中数据可知,进入发动机的空气质量流量及燃油质量流量分别为

$$q_{m,g} = \rho v_1 A = 1.307 \times 90 \times 1 = 117.63 (\text{kg/s})$$

$$q_{m,o} = 0.015 q_{m,g} = 0.015 \times 117.63 = 1.764 (\text{kg/s})$$

由此根据稳态流动质量守恒方程可知,发动机喷气口的质量流量为

$$q_{m2} = q_{m,g} + q_{m,o} = 117.63 + 1.764 = 119.39 (\text{kg/s})$$

设发动机控制体内气流沿流动方向所受总力为 F,并以 $vq_{m,o}$ 表示该方向燃油输入的动量流量,则根据动量守恒方程有

$$F = v_2 q_{m2} - v_1 q_{m,g} - v q_{m,o}$$

忽略燃油输入的动量,代入数据可得发动机控制体内气流所受到的总力为

$$F = v_2 q_{m2} - v_1 q_{m1,g} = 270 \times 119.39 - 90 \times 117.63 = 21\,648.6 (\text{N})$$

因为发动机进、出口压力均为环境压力,且气体重力忽略不计,所以 F 即气流在发动机内部受到的总力,其反作用力即发动机提供的推力(沿气流反方向)。

3.4.18 固定喷嘴喷出的水流以速度 v_0 冲击对称弯曲叶片,如图 3-24(a)所示。喷嘴出口截面积为 A,叶片出口角为 θ,水的密度为 ρ。设水流为理想水流(无黏性)且重力忽略不计。试证明:

(1)当叶片固定时,水流对叶片的冲击力为 $F_x = \rho A v_0^2 (1 + \cos\theta)$;

(2)当叶片以速度 v 沿 x 方向匀速运动时 $F_x = \rho A (v_0 - v)^2 (1 + \cos\theta)$。

解:(1)求水流对固定叶片的冲击力 F_x。

围绕固定叶片取控制体,如图 3-24(b)中虚线框所示。此时水流稳定则冲击过程稳定,所以根据质量守恒方程,并考虑理想水流特点,有

$$q_{m1} = q_{m2} = q_m = \rho v_0 A$$

$$v_2 = v_1 = v_0$$

根据稳态过程控制体动量守恒方程,流体受到的 x 方向的合力为

$$\sum F_x = v_{2x} q_{m2} - v_{1x} q_{m1} = (v_{2x} - v_{1x}) q_m = (v_{2x} - v_{1x}) \rho v_0 A$$

因为

$$v_{1x} = v_1 = v_0$$
$$v_{2x} = -v_2\cos\theta = -v_0\cos\theta$$

所以
$$\sum F_x = (-v_0\cos\theta - v_0)v_0\rho A = -\rho A v_0^2(1+\cos\theta)$$

因控制体内大气压力对水流的合力为零,且忽略重力和摩擦,所以水流所受总力仅来自于叶片。因此,$\sum F_x$ 的反作用力即叶片受到的水流冲击力 F_x,即
$$F_x = -\sum F_x = \rho A v_0^2(1+\cos\theta)$$

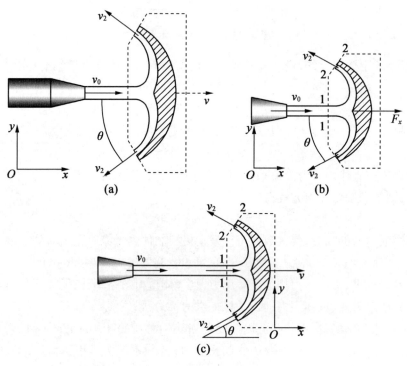

图 3-24 题 3.4.18 示意图

(2)求水流对匀速运动叶片的冲击力 F_x。

取控制体如图 3-24(c)中虚线框所示,且控制体随叶片以速度 v 均匀运动。此时从随叶片运动的控制体的角度观察,经过 1—1 截面进入控制体的流体速度和质量流量分别为
$$v_1 = v_0 - v$$
$$q_{m1} = \rho v_1 A = \rho(v_0 - v)A$$

根据理想水流特点和质量守恒方程,2—2 截面上水流离开叶片的速度和质量流量分别为
$$v_2 = v_1 = v_0 - v$$
$$q_{m2} = q_{m1} = \rho(v_0 - v)A$$

控制体进、出口速度的 x 方向分量分别为
$$v_{1x}=v_1=v_0-v$$
$$v_{2x}=-v_2\cos\theta=-(v_0-v)\cos\theta$$

针对匀速运动控制体应用稳态动量守恒方程,可得流体受到的 x 方向的合力为
$$\sum F_x = v_{2x}q_{m2}-v_{1x}q_{m1}=-\rho A(v_0-v)^2(1+\cos\theta)$$

因控制体内大气压力对水流的合力为零,且忽略重力与摩擦,故水流所受总力仅来自于叶片。因此,叶片受到的冲击力 F_x 即 $\sum F_x$ 的反作用力,即
$$F_x=-\sum F_x=\rho A(v_0-v)^2(1+\cos\theta)$$

3.4.19 固定喷嘴以稳定水流冲击转动叶轮的叶片,使叶轮以角速度 ω 转动,如图 3-25 所示。喷嘴出口面积 A、水流速度 v_0、密度 ρ、叶轮半径 R 及叶片出口角 θ 已知。试取所有叶片的包络面空间为控制体(图 3-25(a)中虚线),分析水流对叶片的冲击力及其对叶轮转动中心的力矩。

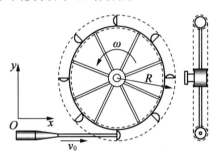
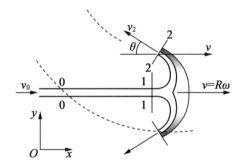

(a)转动叶轮系统的控制体　　(b)水流冲击叶轮正下方叶片

图 3-25　题 3.4.19 示意图

解:很显然,水流冲击转动叶片的过程是周期性过程,两个相邻叶片接触水流的时间间隔为一个周期,周期内的冲击过程是非稳态的,但周期的重复过程是稳态的。

为简化分析,考虑叶轮实际转速较高,一个周期的时间较短,可将水流冲击转动叶轮的总体过程假定为连续稳定过程,而一个周期内的冲击过程则定格为图 3-25(b)所示的冲击状态,并以此代表连续过程每一时刻的冲击状态,分析水流冲击力及其力矩。

既然图 3-25(b)所示状态代表连续过程每一时刻的冲击状态,从满足总体过程连续稳定的角度,叶片出口的水流质量流量应等于控制体进口的质量流量,即
$$q_{m2}=q_{m0}=\rho v_0 A=q_m$$

因叶轮转动,故叶片受到的冲击速度 v_1 应为水流速度 v_0 与叶片线速度 $v(=R\omega)$ 之差,而叶片出口的水流相对速度 v_2 则等于叶片所受到的冲击速度 v_1(理想水流),即
$$v_2=v_1=v_0-R\omega$$

在此基础上应用稳态过程的动量守恒方程,可将水流所受 x 方向合力表示为
$$\sum F_x=v_{2x}q_{m2}-v_{0x}q_{m0}=(v_{2x}-v_{0x})q_m$$

式中,v_{0x} 为 0—0 截面绝对速度 v_0 的 x 方向分量,即 $v_{0x}=v_0$;v_{2x} 为 2—2 截面绝对速度的 x

方向分量,该分量等于2—2截面流体相对速度v_2和牵连速度$R\omega$的x方向分量之和,即
$$v_{2x} = -v_2\cos\theta + R\omega = -(v_0 - R\omega)\cos\theta + R\omega = (1+\cos\theta)R\omega - v_0\cos\theta$$
注:此处认为叶轮半径$R \gg$叶片尺寸,故叶片各点线速度均为$R\omega$。

将v_{0x}、v_{2x}的表达式代入动量守恒方程可得
$$\sum F_x = [(1+\cos\theta)R\omega - v_0\cos\theta - v_0]q_m = -(v_0 - R\omega)(1+\cos\theta)q_m$$

因控制体内大气压力对水流的合力为零,且忽略重力和摩擦,所以水流受力仅来自于叶片。因此,$\sum F_x$的反作用力即叶片受到的水流冲击力F_x,即
$$F_x = -\sum F_x = (v_0 - R\omega)(1+\cos\theta)q_m$$

因为F_x作用线与转动中心的距离为R,且使叶轮逆时针转动,故F_x对叶轮的力矩为
$$M_z = F_x R = R(v_0 - R\omega)(1+\cos\theta)q_m$$

也可应用动量矩守恒方程获得该力矩。相对于叶轮转动中心,控制体动量矩守恒方程为
$$\sum M_z = [(Rv - Rv_2\cos\theta) - Rv_0]q_m = -R(v_0 - R\omega)(1+\cos\theta)q_m$$

该力矩是水流受到的合力矩,而叶轮受到的力矩$M_z = -\sum M_z$。已知力矩,可得叶轮获得的转动功率N,且$2R\omega = v_0$时转动功率最大,即
$$N = M_z\omega = R\omega(v_0 - R\omega)(1+\cos\theta)q_m$$
$$N_{\max} = v_0^2(1+\cos\theta)\frac{q_m}{4}$$

3.4.20 流体在离心泵内的流动如图3—26所示,其中,流体由泵中心轴方向进口进入叶轮,然后顺着叶片流动并随叶轮旋转,获得的动能在机壳(蜗壳)内转化为压力能(扩压)。叶轮流动空间结构参数为已知参数,主要包括:

(1)叶轮进口截面半径R_1,宽度b_1,面积$A_1 = 2\pi R_1 b_1$,叶片进口安装角β_1;

(2)叶轮出口截面半径R_2,宽度b_2,面积$A_2 = 2\pi R_2 b_2$,叶片出口安装角β_2。

试确定叶轮的输出力矩M_z和功率N与以上结构参数、叶轮转动角速度ω、流体质量流量q_m及流体密度ρ的关系。

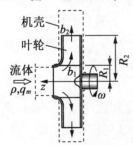 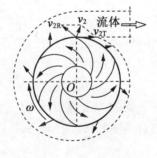 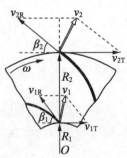

(a)离心泵叶轮与机壳内的流体流动　　　(b)叶轮进出口截面上的速度关系

图3—26　题3.4.20示意图

解:该问题属典型的平面转动系统问题,其中叶轮进出口截面有相对速度v_R和牵连

速度 v_T，且图 3-26(b)所示转动方向为顺时针，因此流体受到的合力矩即
$$M_z = (v_{2R}\cos\beta_2 - r_2\omega)r_2 q_{m2} - (v_{1R}\cos\beta_1 - r_1\omega)r_1 q_{m1}$$

此时，$r_1 = R_1$，$r_2 = R_2$，$q_{m2} = q_{m1} = q_m$，相对速度 v_R 逆时针转动到 r 垂直线的转角 β 即叶片安装角，唯一需要确定的是叶轮进出口相对速度 v_{1R}、v_{2R} 的大小。

由图 3-26(b)中的速度方向可知，进出口截面上仅有相对速度才有法向分量（垂直于进出口截面的速度分量），因此根据"质量流量＝流体密度×截面法向速度×截面面积"有
$$q_m = \rho(v_{1R}\sin\beta_1)A_1 = \rho(v_{2R}\sin\beta_2)A_2$$

由此可得
$$v_{1R} = \frac{q_m}{\rho A_1 \sin\beta_1}$$

$$v_{2R} = \frac{q_m}{\rho A_2 \sin\beta_2}$$

将此代入动量矩守恒方程，可得流体受到的合力矩为
$$M_z = \left(\frac{q_m}{\rho A_2 \tan\beta_2} - R_2\omega\right)R_2 q_m - \left(\frac{q_m}{\rho A_1 \tan\beta_1} - R_1\omega\right)R_1 q_m$$

因为叶轮控制体内流体受力包括进出口截面的压力、流体重力和叶轮作用力，而进出口截面的压力均指向转动中心，重力对称于转动中心，两者对转动中心的力矩都为零，所以流体受到的合力矩仅由叶轮作用力产生，因此上式就是叶轮输出力矩的一般表达式。

由此可得叶轮输出功率为
$$N = M_z \omega$$

不计摩擦等导致的机械能损失，叶轮输出功率 N 将全部用于增加流体的机械能。

特别地，若要求流体进入叶轮时的绝对速度沿径向方向，则进口截面动量矩流量必然为零（径向速度作用线通过叶轮转动中心），由此可确定满足该条件的叶片进口角，即
$$\left(\frac{q_m}{\rho A_1 \tan\beta_1} - R_1\omega\right)R_1 q_m = 0 \rightarrow \beta_1 = \arctan\left(\frac{q_m}{\rho A_1 R_1 \omega}\right)$$

3.4.21 压缩空气通过一引射器将水池中的水抽吸喷出，如图 3-27 所示。已知引射器喉口面积 A_1，出口面积 A_0，空气密度 ρ_g，水的密度 ρ_L，气源压力 p_a，引射器出口和水池液面压力均为大气压力 p_0。设气体为理想不可压缩流体，试求：

(1) 面积比 $\dfrac{A_1}{A_0} = m$ 一定时，将水吸入喉口的最小气源压力 $p_{a,\min}$；

(2) 气源压力 p_a 一定时，将水吸入喉口的最大面积比 $m_{\max}$。

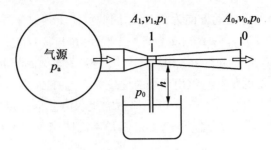

图 3-27 题 3.4.21 示意图

解：根据静力学关系可知，水池中的水通过竖直管升高至喉口时，喉口处压力为

$$p_{1,\max} = p_0 - \rho_L g h$$

将该压力标注为最大（max），是因为要将水吸入喉口，喉口压力 p_1 不得大于该压力，即

$$p_1 \leq p_{1,\max}$$

另一方面，在气源与截面 1 和气源与截面 0 之间分别应用伯努利方程，并考虑气源容积较大，其中气体流速较小，即 $v_a^2 \approx 0$，有

$$p_a - p_1 = \frac{\rho_g v_1^2}{2}$$

$$p_a - p_0 = \frac{\rho_g v_0^2}{2}$$

考虑 $v_1 A_1 = v_0 A_0$，并令 $\dfrac{A_1}{A_0} = m$（$m<1$），由以上两式将速度消去可得

$$p_a = \frac{p_0 - p_1 m^2}{1 - m^2}$$

或

$$m^2 = \frac{p_a - p_0}{p_a - p_1}$$

(1) 由前者可知，m、p_0 给定的情况下，p_1 增大则气源压力 p_a 减小，或者说 p_a 减小将导致 p_1 增大（吸水能力减弱）。因此取 $p_1 = p_{1,\max}$ 可得 $p_a = p_{a,\min}$，即

$$p_{a,\min} = \frac{p_0 - p_{1,\max} m^2}{1 - m^2} = p_0 + \rho_L g h \frac{m^2}{1 - m^2}$$

此即面积比 m 给定时，将水吸入喉口的最小气源压力（实际压力应大于该值）。

(2) 由后者可知，p_a、p_0 给定的情况下，p_1 增大则面积比 m 增大，或者说 m 增大将导致 p_1 增大（吸水能力减弱）。因此取 $p_1 = p_{1,\max}$ 可得 $m = m_{\max}$，即

$$m_{\max} = \sqrt{\frac{p_a - p_0}{p_a - p_{1,\max}}} = \sqrt{\frac{p_a - p_0}{p_a - p_0 + \rho_L g h}}$$

此即气源压力给定时，将水吸入喉口的最大面积比（实际面积比应小于该值）。

3.4.22 气体引射器的原理是利用一股小流量的高速气流带动大流量的低速气流，

又称引射泵,如图 3-28 所示。1—1 截面中心的高速气流 A 引射出低速气流 B,经过平直段混合后到达 2—2 截面时参数均匀,忽略壁面摩擦。已知介质为空气,$R = 287 \text{ N·m·kg}^{-1}\text{·K}^{-1}$,绝热指数 $\gamma = 1.4$,$p_1 = 9 \times 10^4 \text{ N/m}^2$,$T_{1A} = 250 \text{ K}$,$A_2 = 1 \text{ m}^2$,$T_{1B} = 280 \text{ K}$,$U_{1B} = 10 \text{ m/s}$,$U_{1A} = 200 \text{ m/s}$,$A_{1A} = 0.15 \text{ m}^2$,$A_{1B} = 0.85 \text{ m}^2$,求截面 2—2 上的气流参数。

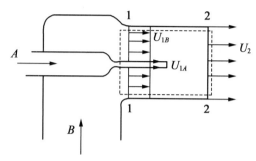

图 3-28 题 3.4.22 示意图

解:选取图 3-28 中虚线所示控制体,由空气的状态方程可分别求出两股射流的密度和质量流量 $\dot{m}_{1A}$ 和 $\dot{m}_{1B}$:

$$\rho_{1A} = \frac{p_1}{RT_{1A}} = 1.25 \text{ kg/m}^3$$

$$\dot{m}_{1A} = \rho_{1A} U_{1A} A_{1A} = 37.62 \text{ kg/s}$$

$$\rho_{1B} = \frac{p_1}{RT_{1B}} = 1.12 \text{ kg/m}^3$$

$$\dot{m}_{1B} = \rho_{1B} U_{1B} A_{1B} = 9.52 \text{ kg/s}$$

由定常流动控制体上的连续方程可知,流入控制面 1—1 的质量流量 $\dot{m}_{1A} + \dot{m}_{1B}$ 应等于流出控制面 2—2 的质量流量 $\dot{m}_2$:

$$\dot{m}_2 = \rho_2 U_2 A_2 = \dot{m}_{1A} + \dot{m}_{1B} = 47.14 \text{ kg/s}$$

由定常流动控制体动量方程可以导出,控制面 1—1 上的压强合力与流入动量通量的和应等于控制面 2—2 上的压强合力与流出动量通量的和:

$$(p_1 A_{1A} + \dot{m}_{1A} U_{1A}) + (p_1 A_{1B} + \dot{m}_{1B} U_{1B}) = p_2 A_2 + \dot{m}_2 U_2$$

故

$$p_2 + 47.14 U_2 = 97\,620 \text{ N/m}^2$$

最后,应用定常流动控制体上的能量方程:流入控制面 1—1 的热焓和动能通量应等于流出控制面 2—2 的热焓和动能通量。并考虑到 $e + \dfrac{p}{\rho} = h = c_p T = \dfrac{\gamma}{\gamma-1} \dfrac{p}{\rho}$,可得

$$\dot{m}_{1A}\left(\frac{\gamma}{\gamma-1}\frac{p_1}{\rho_{1A}} + \frac{U_{1A}^2}{2}\right) + \dot{m}_{1B}\left(\frac{\gamma}{\gamma-1}\frac{p_1}{\rho_{1B}} + \frac{U_{1B}^2}{2}\right) = \dot{m}_2\left(\frac{\gamma}{\gamma-1}\frac{p_2}{\rho_2} + \frac{U_2^2}{2}\right)$$

将已知量代入后,得

$$3.5\frac{p_2}{\rho_2}+\frac{U_2^2}{2}=273\ 237\ \text{m}^2/\text{s}^2$$

联立动量方程和能量方程的结果,可得

$$U_2=38.3\ \text{m/s}$$
$$p_2=9.58\times10^4\ \text{N/m}^2$$
$$\rho_2=1.23\ \text{kg/m}^3$$
$$T_2=\frac{P_2}{R\rho_2}=271\ \text{K}$$

3.4.23 如图 3-29 所示,有一火箭,其初始总质量为 M_0,发射后以 $U_0(t)$ 的速度垂直向上飞行,相对于火箭的排气速度为 U_j,单位时间的排气质量为 $\dot{m}$,排气压力为 p_j,排气面积为 A_j。假定 U_j、$\dot{m}$ 和 p_j 均为常数,并设飞行时空气阻力为 $\boldsymbol{D}=-D\boldsymbol{k}$,试建立火箭运动微分方程。

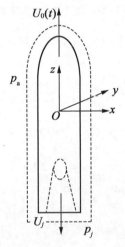

图 3-29 题 3.4.23 示意图

解:将坐标系固结在火箭上,并取图 3-29 中虚线所示的控制体。

排气口的质量流量为 $\dot{m}$,因此流出控制体的质量流量为

$$\oiint \rho(\boldsymbol{U}\cdot\boldsymbol{n})\ \text{d}A=\rho_jU_jA_j=\dot{m}$$

若控制体内的总质量用 $M(t)$ 表示,则控制体内的质量增长率为

$$\iiint_\tau \frac{\partial\rho}{\partial t}\text{d}V=\frac{\partial}{\partial t}\iiint_\tau \rho\text{d}V=\frac{\partial M(t)}{\partial t}$$

将其代入连续方程得

$$\frac{\partial M(t)}{\partial t}=-\dot{m}$$

对其积分可得

$$M(t)=-\dot{m}t+c$$

由 $t=0$ 时,$M=M_0$,可得 $c=M_0$,所以
$$M(t)=M_0-\dot{m}t$$

火箭加速度为 $a_0=\dfrac{\mathrm{d}U_0(t)}{\mathrm{d}t}k$,因此非惯性系的控制体动量方程可写为

$$\iiint_\tau \rho(f-a_0)\,\mathrm{d}V+\oiint_A T_n\mathrm{d}A-\oiint_A \rho(U\cdot n)U\mathrm{d}A=\iiint_\tau \frac{\partial}{\partial t}(\rho U)\,\mathrm{d}V$$

式中,U 为流体的相对速度。下面分别讨论式中各项。

$$\iiint_\tau \rho(f-a_0)\,\mathrm{d}V=-(g+a_0)\iiint_\tau \rho\mathrm{d}Vk=-(g+a_0)M(t)k$$

$$\oiint_A T_n\mathrm{d}A=\iint_{A-A_j}T_n\mathrm{d}A+\iint_{A_j}-np_j\mathrm{d}A=\iint_{A-A_j}T_n\mathrm{d}A+\iint_{A_j}p_j\mathrm{d}Ak$$

$$=\iint_{A-A_j}T_n\mathrm{d}A+\iint_{A_j}p_a k\mathrm{d}A+\iint_{A_j}(p_j-p_a)\,\mathrm{d}Ak=D+(p_j-p_a)A_j k$$

式中,$D=\iint_{A-A_j}T_n\mathrm{d}A+\iint_{A_j}p_a\mathrm{d}Ak$,定义为控制体上所受的总阻力。

单位时间流出控制体动量通量

$$\oiint_A \rho(U\cdot n)U\mathrm{d}A=-\iint_{A_j}\rho_j U_j^2 k\mathrm{d}A=-\rho_j U_j^2 A_j k=-\dot{m}U_j k$$

在动坐标系中,$\dot{m}$、p_j 为常数,所以火箭喷气推进是定常流动,控制体内总动量不变,于是有 $\dfrac{\partial}{\partial t}\iiint_\tau \rho U\mathrm{d}V=0$。将以上各项代回动量方程后,可得

$$-(g+a_0)M(t)k-Dk+(p_j-p_a)A_j k+\dot{m}U_j k=0$$

最后可得火箭垂直运动的方程:
$$a_0=\frac{\mathrm{d}U_0(t)}{\mathrm{d}t}=\frac{\dot{m}U_j+(p_j-p_a)A_j-D}{m_0-\dot{m}t}-g$$

3.4.24 圆心在水面下 y_c 处的垂直圆形闸门,半径为 $a(a<y_c)$,计算圆形闸门上的静水作用力与合力作用点(图 3-30)。

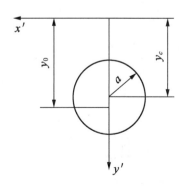

图 3-30 题 3.4.24 示意图

解:圆形闸门上的作用力由 $R = -\rho g z_c A n$ 得
$$R = \pi \rho g y_c a^2$$

作用点按 $x_0' = \dfrac{\iint_A x'y' \mathrm{d}A}{y_c' A}, y_0' = \dfrac{\iint_A y'^2 \mathrm{d}A}{y_c' A}$ 计算,因圆形是对称图形,$\int x'y' \mathrm{d}A = 0$,故 $x_0' = 0$;另一方面,由面积惯性矩公式 $\iint_A y'^2 \mathrm{d}A = \dfrac{\pi a^4}{4} + y_c^2 A$,得
$$y_0' = y_c + \dfrac{a^2}{4 y_c}$$

结果表明合力作用点在圆心以下 $\dfrac{a^2}{4 y_c}$ 处。

3.4.25 压力 $p_1 = 100$ kPa、温度 $T_1 = 288$ K 的氢气通过文丘里管流动。文丘里管水平放置,进口直径 $D_1 = 2$ cm,喉口直径 $D_2 = 0.5 D_1$。现测得进出口压降 $p_1 - p_2 = 1$ kPa,试分别按可压缩流动和不可压缩流动计算氢气的质量流量。已知流量系数 $C_d = 0.62$。

解:氢气 $k = 1.4$,$R = 4\,124$ J/(kg·K)。根据已知条件,进口处的氢气密度 ρ_1、进出口压力比 $\dfrac{p_2}{p_1}$ 和文丘里管喉口截面积 A_2 分别为

$$\rho_1 = \dfrac{p_1}{R T_1} = \dfrac{100\,000}{4\,124 \times 288} = 0.084\,2\,(\text{kg/m}^3)$$

$$\dfrac{p_2}{p_1} = \dfrac{1 - (p_1 - p_2)}{p_1} = 1 - \dfrac{1}{100} = 0.99$$

$$A_2 = \dfrac{\pi D_2^2}{4} = \dfrac{\pi \times (0.5 D_1)^2}{4} = \dfrac{\pi \times (0.5 \times 0.02)^2}{4} = 7.854 \times 10^{-5}\,(\text{m}^2)$$

因此有
$$q_m = C_d A_2 \left(\dfrac{p_2}{p_1}\right)^{1/k} \sqrt{\dfrac{2[k/(k-1)](p_1 \rho_1)[1 - (p_2/p_1)^{(k-1)/k}]}{1 - (p_2/p_1)^{2/k}(D_2/D_1)^4}}$$

代入数据可得 $q_m = 6.49 \times 10^{-4}$ kg/s。

若按不可压缩流动处理,则根据伯努利方程,可得进口流速及质量流量分别为

$$p_1 - p_2 = \dfrac{\rho_1}{2}(v_2^2 - v_1^2) = \dfrac{\rho_1 v_1^2}{2}\left(\dfrac{D_1^4}{D_2^4} - 1\right) \rightarrow v_1 = \sqrt{2 \dfrac{p_1 - p_2}{\rho_1 \left[\left(\dfrac{D_1}{D_2}\right)^4 - 1\right]}}$$

$$q_m = C_d \rho_1 v_1 A_1 = C_d A_1 \sqrt{2 \dfrac{\rho_1 (p_1 - p_2)}{\left[\left(\dfrac{D_1}{D_2}\right)^4 - 1\right]}} = C_d A_2 \sqrt{2 \dfrac{\rho_1 (p_1 - p_2)}{\left[1 - \left(\dfrac{D_2}{D_1}\right)^4\right]}}$$

代入数据得 $q_m = 6.53 \times 10^{-4}$ kg/s。

也可将其中的 ρ_1 用平均密度 ρ_m 代替计算质量流量,结果为

$$\rho_m = \frac{\rho_1+\rho_2}{2} \approx \frac{p_1+p_2}{2RT_1} = 0.0838 \text{ kg/m}^3$$

$$q_m = 6.51\times 10^{-4} \text{ kg/s}$$

本问题压差仅有 p_1 的 1%,且流速较低,故按不可压缩流动计算的流量偏差较小。

3.4.26 密度为 860 kg/m³ 的液体,通过一喉道直径 $d_1=250$ mm 的短渐扩管排入大气中,如图 3-31 所示。已知渐扩管出口直径 $d_2=750$ mm,当地大气压强为 92 kPa,液体的汽化压强(绝对压强)为 5 kPa,能量损失略去不计。试求管中流量达到多大时,将在喉道发生液体的汽化。

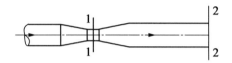

图 3-31 题 3.4.26 示意图

解:对过流断面 1—1、2—2 建立伯努利方程

$$\frac{p_1}{\rho g}+\frac{v_1^2}{2g}=\frac{p_2}{\rho g}+\frac{v_2^2}{2g}$$

$$p_2-p_1 = \frac{\rho}{2}(v_1^2-v_2^2)$$

$$= \frac{\rho Q^2}{2}\left(\frac{16}{\pi^2 d_1^4}-\frac{16}{\pi^2 d_2^4}\right)$$

$$= \frac{860}{2}\times Q^2 \times 16 \times \frac{1}{\pi^2}\left(\frac{1}{0.25^4}-\frac{1}{0.75^4}\right)(92-5)\times 10^3$$

$$= 176252Q^2$$

$$Q = 0.703 \text{ m}^3/\text{s}$$

管道内流量大于 0.703 m³/s 时,将在喉道发生液体的汽化。

3.4.27 如图 3-32 所示,一消防水枪,与水平线倾角 $\alpha=30°$,水管直径 $d_1=150$ mm,喷嘴直径 $d_2=75$ mm,压力表 M 读数为 $0.3\times 1.013\times 10^5$ Pa,能量损失略去不计,且射流不裂碎分散。试求射流喷出流速 v_2 和喷至最高点的高度 H 及其在最高点的射流直径 d_3。(断面 1—1,2—2 间的高程差略去不计。)

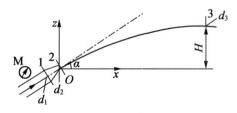

图 3-32 题 3.4.27 示意图

解:对过流断面1—1、2—2建立伯努利方程,略去两断面间高程差。

$$0+\frac{p_M}{\rho g}+\frac{v_1^2}{2g}=0+0+\frac{v_2^2}{2g}$$

$$v_2^2-v_1^2=2g\frac{p_M}{\rho g}$$

$$v_2^2\left[1-\left(\frac{0.075}{0.15}\right)^4\right]=\frac{2\times 0.3\times 1.013\times 10^5}{1\,000}=60.78$$

$$v_2=8.05\ \text{m/s}$$

由自由落体公式得

$$H=\frac{v_{2z}^2}{2g}=\frac{(v_2\sin\alpha)^2}{2g}=\frac{(8.05\times\sin 30°)^2}{2\times 9.8}=0.83(\text{m})$$

$$d_3=\sqrt{\frac{v_2}{v_3}}d_2=\sqrt{\frac{v_2}{v_2\cos\alpha}}d_2=\sqrt{\frac{1}{\cos 30°}}\times 75=80.59(\text{mm})=8.1(\text{cm})$$

3.4.28 设用一装有煤油(密度$\rho_s=820\ \text{kg/m}^3$)的压差计测定宽渠道水流中$A$点和$B$点的流速,如图3-33所示。已知$h_1=1\ \text{m},h_2=0.6\ \text{m}$,不计能量损失。试求$A$点流速$v_A$和$B$点流速$v_B$。水的密度$\rho=1\,000\ \text{kg/m}^3$。

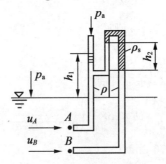

图3-33 题3.4.28示意图

解:(1) $v_A=\sqrt{2gh_1}=\sqrt{2\times 9.8\times 1}=4.427(\text{m/s})$。

(2)由伯努利方程可得

$$h_A+\frac{v_A^2}{2g}=\frac{p_A}{\rho g}$$

$$h_B+\frac{v_B^2}{2g}=\frac{p_B}{\rho g}$$

式中,h_A、p_A和h_B、p_B分别为A点和B点处的水深和驻点压强。由以上两式可得

$$\frac{p_A-p_B}{\rho g}=h_A+\frac{v_A^2}{2g}-h_B-\frac{v_B^2}{2g}$$

对压差计有$p_A-\rho gh_A-\rho gh_2+\rho_s gh_2+\rho gh_B=p_B$,所以

$$\frac{p_A-p_B}{\rho g}=h_A+h_2-0.82h_2-h_B$$

由以上两式可得

$$\frac{v_B^2}{2g} = \frac{v_A^2}{2g} - h_2(1-0.82) = \frac{4.427^2}{2\times 9.8} - 0.6(1-0.82) = 0.892 \text{(m)}$$

$$v_B = \sqrt{2\times 9.8\times 0.892} = 4.18 \text{(m/s)}$$

3.4.29 一装有水泵的机动船逆水航行,如图 3-34 所示。已知水流速度 v 为 1.5 m/s,船相对于陆地的航速 v_0 为 9 m/s,相对于船身水泵向船尾喷出的水射流的喷速 v_r 为 18 m/s,水是从船首沿吸水管进入的。当水泵输出功率(即水从水泵获得的功率)为 21 000 W,流量为 0.15 m³/s 时,求射流对船身的反推力和喷射推进系统的效率。

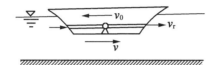

图 3-34 题 3.4.29 示意图

解:射流相对于船体的速度 $v_{进} = 9+1.5 = 10.5$ (m/s), $v_{出} = 18$ m/s。射流对船身的反推力 F 可由总流动量方程求得,即

$$F = \rho Q(v_{出} - v_{进}) = 1\,000 \times 0.15 \times (18-10.5) = 1\,125 \text{(N)}$$

喷射推进系统的有效功率为 $Fv_{进}$,所以效率 η 为

$$\eta = \frac{Fv_{进}}{p} \times 100\% = \frac{1\,125 \times 10.5}{21\,000} \times 100\% = 56.3\%$$

3.4.30 如图 3-35 所示,取 x 轴与三角形截面直管轴线平行,管内不可压缩流动速度分布为

$$u = az(z-\sqrt{3}y)(z+\sqrt{3}y-\sqrt{3})$$
$$v = \omega = 0$$

式中,a 为常数。设流体动力黏度为 μ。试求:

(1)黏性应力张量各分量;

(2)法向与管轴线成45°角并通过 y 轴截面上的黏性正应力和切应力。

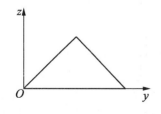
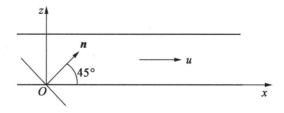

图 3-35 题 3.4.30 示意图

解:(1)先求应变速率张量各分量。

$$2s_{21} = 2s_{12} = \frac{\partial u}{\partial y} = az(-\sqrt{3})(z+\sqrt{3}y-\sqrt{3}) + az\sqrt{3}(z-\sqrt{3}y) = 3az(1-2y)$$

$$2s_{13} = 2s_{31} = \frac{\partial u}{\partial z} = a(z-\sqrt{3}y)(z+\sqrt{3}y-\sqrt{3}) + az(z+\sqrt{3}y-\sqrt{3}+z-\sqrt{3}y)$$

$$= 3az\left(z-\frac{2}{\sqrt{3}}\right) + 3ay(1-y)$$

其余各分量均为零。

引用本构方程 $\sigma_{ij} = -p\delta_{ij} + 2\mu s_{ij}$ 计算黏性应力张量各分量，即

$$\tau_{12} = \tau_{21} = 3a\mu z(1-2y)$$

$$\tau_{13} = \tau_{31} = 3a\mu z\left(z-\frac{2}{\sqrt{3}}\right) + 3a\mu y(1-y)$$

其余各分量均为零。

(2) 平面 $z=-x$ 过 y 轴，并且法向与管轴线成 $45°$ 角。令 $F(x,z)=x+z=0$，则平面单位法向矢量为

$$\boldsymbol{n} = \frac{\nabla F}{|\nabla F|} = \frac{\boldsymbol{i}+\boldsymbol{k}}{\sqrt{1^2+1^2}} = \frac{\boldsymbol{i}+\boldsymbol{k}}{\sqrt{2}}$$

在上述平面内取两个相互垂直的单位切向矢量，一为 $\boldsymbol{t}_1 = \boldsymbol{j}$，另一则为

$$\boldsymbol{t}_2 = \boldsymbol{n} \times \boldsymbol{j} = \left(\frac{\boldsymbol{i}}{\sqrt{2}} + \frac{\boldsymbol{k}}{\sqrt{2}}\right) \times \boldsymbol{j} = -\frac{\boldsymbol{i}}{\sqrt{2}} + \frac{\boldsymbol{k}}{\sqrt{2}}$$

以 $\boldsymbol{T}$ 表示黏性应力张量，则有

$$\tau_{nn} = \boldsymbol{n} \cdot \boldsymbol{T} \cdot \boldsymbol{n} = \left(\frac{1}{\sqrt{2}}, 0, \frac{1}{\sqrt{2}}\right) \begin{bmatrix} 0 & \tau_{12} & \tau_{13} \\ \tau_{21} & 0 & 0 \\ \tau_{31} & 0 & 0 \end{bmatrix} \begin{bmatrix} \frac{1}{\sqrt{2}} \\ 0 \\ \frac{1}{\sqrt{2}} \end{bmatrix} = \tau_{13}$$

$$\tau_{nt_1} = \boldsymbol{n} \cdot \boldsymbol{T} \cdot \boldsymbol{t}_1 = \left(\frac{1}{\sqrt{2}}, 0, \frac{1}{\sqrt{2}}\right) \begin{bmatrix} 0 & \tau_{12} & \tau_{13} \\ \tau_{21} & 0 & 0 \\ \tau_{31} & 0 & 0 \end{bmatrix} \begin{bmatrix} 0 \\ 1 \\ 0 \end{bmatrix} = \frac{\tau_{12}}{\sqrt{2}}$$

$$\tau_{nt_2} = \boldsymbol{n} \cdot \boldsymbol{T} \cdot \boldsymbol{t}_2 = \left(\frac{1}{\sqrt{2}}, 0, \frac{1}{\sqrt{2}}\right) \begin{bmatrix} 0 & \tau_{12} & \tau_{13} \\ \tau_{21} & 0 & 0 \\ \tau_{31} & 0 & 0 \end{bmatrix} \begin{bmatrix} -\frac{1}{\sqrt{2}} \\ 0 \\ \frac{1}{\sqrt{2}} \end{bmatrix} = 0$$

即

$$\tau_{nn} = 3a\mu z\left(z-\frac{2}{\sqrt{3}}\right) + 3a\mu y(1-y)$$

$$\tau_{nt_1} = \frac{3\sqrt{2}}{2}a\mu z(1-2y)$$

$$\tau_{nt_2} = 0$$

3.4.31 如图 3-36 所示,一汽车被另一汽车从后方碰撞,产生一向前的加速度 $2g$,汽车的油箱内充满密度 $\rho=862$ kg/m³ 的汽油,油箱右上角通大气,试求最大压强的位置和数值。已知油箱长 $L=1.0$ m,高 $H=0.6$ m。

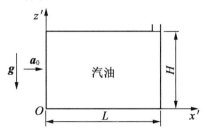

图 3-36 题 3.4.31 示意图

解:由于油箱内液体对于油箱无相对运动,$q'=q_1'=q_2'=0$。对油箱内一点与油箱右上角运用伯努利方程,有

$$\frac{p}{\rho}-(\boldsymbol{g}-\boldsymbol{a}_0)\cdot\boldsymbol{r}'=\frac{p_a}{\rho}-(\boldsymbol{g}-\boldsymbol{a}_0)\cdot\boldsymbol{r}_1'$$
$$p=p_a-\rho(\boldsymbol{g}-\boldsymbol{a}_0)(\boldsymbol{r}_1'-\boldsymbol{r}')$$

式中,$\boldsymbol{r}_1'=L\boldsymbol{i}'+H\boldsymbol{k}'$ 为油箱右上角的位置矢量;$\boldsymbol{r}'=x'\boldsymbol{i}'+z'\boldsymbol{k}'$ 为油箱内一点的位置矢量。$\boldsymbol{g}-\boldsymbol{a}_0=-g\boldsymbol{k}'-2g\boldsymbol{i}'$,于是

$$p=p_a-\rho(-g\boldsymbol{k}'-2g\boldsymbol{i}')[(L-x')\boldsymbol{i}'+(H-z')\boldsymbol{k}']$$
$$=p_a+\rho[g(H-z')+2g(L-x')]$$

当 $\boldsymbol{r}'=0$,即 $x'=z'=0$ 时压强取最大值,该点为油箱左下角。最大压强

$$p_{max}=p_a+\rho(gH+2gL)$$
$$=p_a+862 \text{ kg/m}^3\times9.81 \text{ m/s}^2\times(0.6+2\times1.0)\text{m}=p_a+2.199\times10^4 \text{ Pa}$$

3.4.32 如图 3-37(a)所示,一无限长平板沿 $y=0$ 放置,一强度为 m 的点源位于平板上方,与平板距离为 h。

(1)写出平板上部区域的复位势。

(2)利用伯努利方程求平板上表面的压强分布。

(3)求流体对平板的总压力。设作用在平板下表面的压强等于滞止压强。流体密度 ρ 可视为常数。

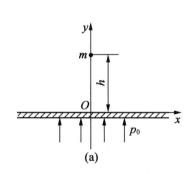 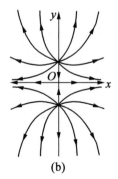

图 3-37 题 3.4.32 示意图

解：(1) 利用以实轴为边界的平面定理，有

$$F(z)=f(z)+\bar{f}(\bar{z})=\frac{m}{2\pi}\ln(z-\mathrm{i}h)+\frac{m}{2\pi}\ln(z+\mathrm{i}h)=\frac{m}{2\pi}\ln(z^2+h^2)$$

在 x 轴上 $y=0, z=x$，于是

$$F(z)=\frac{m}{2\pi}\ln(x^2+h^2) \tag{1}$$

$F(z)$ 只有实部，没有虚部，流函数 $\Psi=0$，实轴是一条零流线。平板上部点源及其镜像的流线分布在图 3-37(b) 中示出，显然实轴是两个点源的共同流线，可视为一无限长平壁。

(2) 复速度

$$W(z)=\frac{\mathrm{d}F}{\mathrm{d}z}=\frac{m}{2\pi}\frac{2z}{z^2+h^2}$$

在平板上表面 $y=0, z=x$，于是上式可写为

$$u-\mathrm{i}v=\frac{m}{2\pi}\frac{2x}{x^2+h^2}$$

$$u=\frac{m}{2\pi}\frac{2x}{x^2+h^2}$$

$$v=0 \tag{2}$$

可见平板上表面流体法向速度为零；流体沿平壁分别向原点两侧流动；在原点切向速度等于零，为滞止点，向原点两侧流体速度先增大，然后逐渐减小，在无限远处趋于零。对平板两侧无限远处和平板上任一点应用伯努利方程，

$$p_0=p+\frac{1}{2}\rho u^2$$

$$p=p_0-\frac{1}{2}\rho u^2=p_0-\frac{1}{2}\rho\frac{m^2}{\pi^2}\frac{x^2}{(x^2+h^2)^2} \tag{3}$$

由式(3)知原点处压强即滞止压强，与无限远处未受扰动压强 p_0 相同。离开原点向平板左右两侧移动，压强先减小，然后逐渐升高，在无限远处恢复为 p_0。

(3) 平板所受总压力可计算如下。

$$F=\int_{-\infty}^{\infty}\left[p_0-\left(p_0-\frac{1}{2}\rho\frac{m^2}{\pi^2}\frac{x^2}{(x^2+h^2)^2}\right)\right]\mathrm{d}x=\frac{1}{2}\rho\frac{m^2}{\pi^2}\int_{-\infty}^{\infty}\frac{x^2}{(x^2+h^2)^2}\mathrm{d}x=\frac{\rho m^2}{4\pi h} \tag{4}$$

平板底面压强高于平板上表面压强，式(4)给出的压力合力 F 指向正虚轴方向是这一压强分布的自然结果。

3.4.33 如图 3-38 所示，设有一半径为 a、圆心在原点的无限长圆柱，在距圆柱中心 d 处放置强度为 μ、指向 x 轴负方向的偶极子（$d>a$）。求流动复位势及单位长圆柱所受的力。流体密度 ρ 可视为常数。

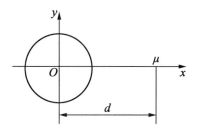

图 3-38 题 3.4.33 示意图

解：(1) 引用 $F(z) = f(z) + \bar{f}\left(\dfrac{a^2}{z}\right)$，由题意有

$$f(z) = \dfrac{\mu}{z-d}$$

$$\bar{f}\left(\dfrac{a^2}{z}\right) = \dfrac{\mu}{\dfrac{a^2}{z}-d} = \dfrac{\mu z}{a^2 - zd} = -\dfrac{\mu\left(z - \dfrac{a^2}{d} + \dfrac{a^2}{d}\right)}{\left(z - \dfrac{a^2}{d}\right)d} = -\dfrac{\mu}{d} - \dfrac{a^2}{d^2}\dfrac{\mu}{z - \dfrac{a^2}{d}}$$

于是

$$F(z) = \dfrac{\mu}{z-d} - \dfrac{\mu}{d} - \dfrac{a^2}{d^2}\dfrac{\mu}{z - \dfrac{a^2}{d}} + c \tag{1}$$

这相当于在 $z=d$ 点关于圆柱面的镜像点 $z = \dfrac{a^2}{d}$ 处添加了一个强度为 $\dfrac{\mu a^2}{d}$、指向 x 轴正方向的偶极子。

(2) 复速度为

$$W(z) = \dfrac{\mathrm{d}F}{\mathrm{d}z} = -\dfrac{\mu}{(z-d)^2} + \dfrac{a^2}{d^2}\dfrac{\mu}{\left(z - \dfrac{a^2}{d}\right)^2}$$

引用布拉休斯公式，

$$X - \mathrm{i}Y = \dfrac{\mathrm{i}\rho}{2}\int_{|z-a|} W^2 \mathrm{d}z = \dfrac{\mathrm{i}\rho}{2}\int_{|z-a|}\left[-\dfrac{\mu}{(z-d)^2} + \dfrac{a^2}{d^2}\dfrac{\mu}{(z-a^2/d)^2}\right]^2 \mathrm{d}z$$

$$= \dfrac{\mathrm{i}\rho}{2}\int_{|z-a|}\left[\dfrac{\mu^2}{(z-d)^4} - \dfrac{2\mu^2 a^2}{d^2(z-d)^2(z-a^2/d)^2} + \dfrac{a^4}{d^4}\dfrac{\mu^2}{(z-a^2/d)^4}\right]\mathrm{d}z \tag{2}$$

式(2)右侧积分号内被积函数的第一项和第三项在圆内无留数，第二项的留数可利用下式求解，

$$R = \lim_{z \to z_0}\dfrac{1}{(m-1)!}\dfrac{\mathrm{d}^{m-1}}{\mathrm{d}z^{m-1}}\left[(z-z_0)^m G(z)\right]$$

令 $G(z) = -(2\mu^2 a^2/d^2)[(z-d)^2(z-a^2/d)^2]^{-1}$，$G(z)$ 在圆内有二阶极点 $z_0 = a^2/d$，于是

$$R=-\frac{2\mu^2 a^2}{d^2}\lim_{z\to\frac{a^2}{d}}\frac{\mathrm{d}}{\mathrm{d}z}\left\{\left(z-\frac{a^2}{d}\right)^2\left[(z-d)^2\left(z-\frac{a^2}{d}\right)^2\right]^{-1}\right\}$$

$$=-\frac{2\mu^2 a^2}{d^2}\lim_{z\to\frac{a^2}{d}}\frac{-2}{(z-d)^3}=\frac{4\mu^2 a^2 d}{(a^2-d^2)^3}$$

引用留数定理,有

$$X-\mathrm{i}Y=\frac{\mathrm{i}\rho}{2}\cdot 2\pi\mathrm{i}\,\frac{4\mu^2 a^2 d}{(a^2-d^2)^3}=\frac{4\pi\rho\mu^2 a^2 d}{(d^2-a^2)^3}$$

$$X=\frac{4\pi\rho\mu^2 a^2 d}{(d^2-a^2)^3}$$

$$Y=0 \tag{3}$$

圆柱受到沿 x 轴正方向的力,即受到偶极子的吸力,y 方向不受力。

3.4.34 无限长平板与水平面的夹角为 α,其上部有一层厚度为 h 的液层在重力作用下沿平板流动(图3-39),液层上表面为自由面,液层厚度 h 为常数。求此定常流动的速度分布和压强分布,以及作用于单位面积平板的摩擦力。液体密度 ρ 和动力黏度 μ 均可视为常数。

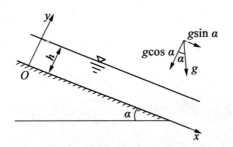

图 3-39 题 3.4.34 示意图

解:本题存在自由面,不宜采用广义压强,重力需独立考虑。由流场几何形状知

$$u=u(y)$$
$$v=\omega=0$$

流动为平行剪切,速度分布满足连续方程。重力加速度沿 x 和 y 轴分解,

$$\boldsymbol{g}=g\sin\alpha\boldsymbol{i}-g\cos\alpha\boldsymbol{j}$$

于是

$$0=-\frac{1}{\rho}\frac{\partial p}{\partial x}+v\frac{\partial^2 u}{\partial y^2}+g\sin\alpha \tag{1}$$

$$0=-\frac{1}{\rho}\frac{\partial p}{\partial y}-g\cos\alpha \tag{2}$$

以上方程中的 p 为物理压强,并非广义压强。方程的边界条件为

$$\begin{cases} y=0, u=0 \\ y=h, \dfrac{\mathrm{d}u}{\mathrm{d}y}=0, p=p_\mathrm{a} \end{cases} \tag{3}$$

式(3)中取 $\dfrac{du}{dy}=0$ 是因为在自由面上黏性切应力等于零。积分式(2)得

$$p=-\rho gy\cos\alpha+c(x)$$

由边界条件 $y=h, p=p_a$，得 $c=p_a+\rho gh\cos\alpha$，于是

$$p=-\rho g(h-y)\cos\alpha+p_a \tag{4}$$

p 只是 y 的函数，$\dfrac{\partial p}{\partial x}=0$，代入式(1)，然后积分得

$$u(y)=-\left(\dfrac{g}{v}\sin\alpha\right)\dfrac{y^2}{2}+Ay+B$$

由条件 $y=0, u=0$ 可确定积分常数 $B=0$；又由条件 $y=h, \dfrac{du}{dy}=0$ 可确定积分常数 $A=\left(\dfrac{gh}{v}\right)\sin\alpha$，则速度分布可写为

$$u(y)=\dfrac{gh^2}{v}\sin\alpha\left[\dfrac{y}{h}-\dfrac{1}{2}\left(\dfrac{y}{h}\right)^2\right] \tag{5}$$

切应力为

$$\tau=\mu\left(\dfrac{du}{dy}\right)=\rho gh\sin\alpha\left(1-\dfrac{y}{h}\right)$$

令 $y=0$ 可得平板上单位面积的摩擦力：

$$f=\rho gh\sin\alpha \tag{6}$$

3.4.35 图 3-40 所示为一测定流体黏度的简单装置，在圆柱形容器底部连接一毛细管，连续向容器中添加液体使容器中液位保持恒定，测量流体从毛细管流出的体积流量 Q 即可确定液体黏度。如容器中液面高 H，毛细管长 L、半径 a，a 远小于容器半径，试推导流体动力黏度 μ 与体积流量 Q 之间的函数关系式。

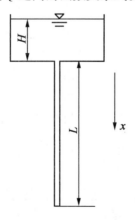

图 3-40 题 3.4.35 示意图

解：毛细管内流动可视为定常泊肃叶流动，通过毛细管的流体体积流量可表示为

$$Q=\pi a^2\bar{u}=-\dfrac{\pi a^4}{8\mu}\dfrac{dp^*}{dx} \tag{1}$$

由上式计算动力黏度:

$$\mu = \frac{\pi a^4}{8Q}\left(-\frac{\mathrm{d}p^*}{\mathrm{d}x}\right) \tag{2}$$

注意:式(1)和式(2)适用于不同的流动方向。由于下面需要由流体静压分布计算广义压强,p 和 p^* 将出现在同一公式中,为避免混淆,式(1)和式(2)中保留了广义压强的上标"*"。

取 x 轴铅垂向下,坐标原点取在自由液面,则有

$$p^* = p - \rho g x$$

于是

$$\frac{\mathrm{d}p^*(x)}{\mathrm{d}x} = \frac{\mathrm{d}p}{\mathrm{d}x} - \rho g \tag{3}$$

忽略圆柱形容器中的流体黏性影响,则毛细管入口处静压强为 $(p_a + \rho g h)$,出口处静压强为大气压 p_a。定常泊肃叶流动中 $\frac{\mathrm{d}p^*}{\mathrm{d}x}$ 为常数,则由上式可推知静压梯度 $\frac{\mathrm{d}p}{\mathrm{d}x}$ 也为常数,可计算为

$$\frac{\mathrm{d}p}{\mathrm{d}x} = \frac{p_a - (p_a + \rho g h)}{L} = -\rho g \frac{H}{L}$$

代入广义压强梯度计算式即式(3),

$$\frac{\mathrm{d}p^*}{\mathrm{d}x} = -\rho g\left(1 + \frac{H}{L}\right)$$

再将上式代入动力黏度计算式即式(2),

$$\mu = \rho g\left(1 + \frac{H}{L}\right)\frac{\pi a^4}{8Q} \tag{4}$$

3.4.36 锥板式黏度仪是一种常用的测量流体黏度的仪器,它由一个半径为 a 的圆板和一个圆锥组成,圆板通常保持静止,圆锥以角速度 ω_0 绕自身对称轴旋转,如图 3-41 所示。圆锥和圆板间夹角 θ_0 很小,商用仪器 θ_0 通常在 $0.5°$ 和 $8°$ 之间。试求解待测流体动力黏度 μ 与圆锥旋转角速度 ω_0 及转动力矩 T 之间的函数关系。

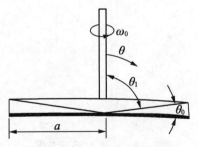

图 3-41 题 3.4.36 示意图

解:选用球坐标系,该流动具有轴对称特征,在锥板间隙中有 $u_\varphi = u_\varphi(r, \theta)$,$u_r = u_\theta = 0$。由于 θ_0 非常小,可以把锥板间隙中任一径向位置处的局部流动近似为无限大平板间的流

动。两平板中,下板静止,上板以恒定速度在自身平面内运动,沿流动方向压强梯度为零。

圆锥面距离顶点 r 处的线速度为 $\omega_0 r\cos\left(\dfrac{\pi}{2}-\theta\right)\approx\omega_0 r$,相当于上板速度 U;锥板间距 $r\sin\theta_0\approx r\theta_0$,相当于两平板间距 h。于是锥板间隙中速度分布可表示为

$$u_\varphi = \frac{\omega_0 r\left(\dfrac{\pi}{2}-\theta\right)}{\left(\dfrac{\pi}{2}-\theta_1\right)}$$

由上述速度分布知应变速率张量各分量中只有 $s_{\theta\varphi}$ 不为零,有

$$s_{\theta\varphi}=\frac{1}{2}\frac{\sin\theta}{r}\frac{\partial}{\partial\theta}\left(\frac{u_\varphi}{\sin\theta}\right)\approx\frac{1}{2r}\frac{\partial u_\varphi}{\partial\theta}=-\frac{\omega_0}{2\theta_0}$$

在上式中已考虑到 $\sin\theta\approx\sin\left(\dfrac{\pi}{2}\right)=1$,可见 $s_{\theta\varphi}$ 在锥板间隙中为常量。非牛顿流体的黏度随应变速率改变而改变,锥板间隙中 $s_{\theta\varphi}$ 为常量,对非牛顿流体黏性测量有利。由于 $s_{\theta\varphi}$ 为常数,$\tau_{\theta\varphi}=2\mu s_{\theta\varphi}$ 也为常数,因此转动圆锥或保持圆板静止的力矩是相同的,该力矩可通过在圆板表面积分力 $\tau_{\theta\varphi}r\mathrm{d}r\mathrm{d}\varphi$ 与力臂 r 的乘积而求得,即

$$T=\int_0^{2\pi}\mathrm{d}\varphi\int_0^a\tau_{\theta\varphi}r^2\mathrm{d}r=\tau_{\theta\varphi}\cdot\frac{2\pi a^3}{3}$$

测得力矩 T 即可计算 $\tau_{\theta\varphi}$ 和流体动力黏度,即

$$\mu=\frac{\tau_{\theta\varphi}}{-2s_{\theta\varphi}}=\frac{3T\theta_0}{2\pi a^3\omega_0}$$

上式给出了流体动力黏度 μ 与几何尺寸 θ_0 和 a 及实测量 T 和 ω_0 之间的函数关系。

3.4.37 如图 3-42 所示,两半径均为 a、间距为 δ 的平行圆盘间充满动力黏度为 μ 的液体,设 $a\gg\delta$;上盘以角速度 ω_0 旋转,下盘静止。试推导流体动力黏度 μ 与旋转上盘所需力矩 T 之间的函数关系。

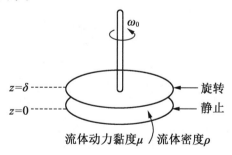

图 3-42 题 3.4.37 示意图

解:由于流动由上圆盘旋转引起,流体质点做平面圆周运动,采用圆柱坐标系,有

$$u_r = u_z = 0$$

考虑到运动轴对称,

$$u_\theta = F(r,z)$$
$$p = p(r,z)$$

$z=\delta$ 时 $u_\theta=\omega_0 r$，可设

$$u_\theta = rf(z) \tag{1}$$

上式满足连续方程。两圆盘间的薄液膜流动可视为斯托克斯流动,与黏性项相比可忽略惯性项,由于 $u_r=u_z=0$，r 和 z 方向方程分别为

$$\frac{\partial p}{\partial r}=0$$

$$\frac{\partial p}{\partial z}=0$$

即在完全忽略惯性项影响时,可认为压强 p 为常数。θ 方向方程于是可写为

$$0 = \frac{1}{r}\frac{\partial}{\partial r}\left(r\frac{\partial u_\theta}{\partial r}\right) + \frac{\partial^2 u_\theta}{\partial z^2} - \frac{u_\theta}{r^2}$$

将式(1)代入上式,得

$$\frac{\partial^2 f}{\partial z^2}=0 \tag{2}$$

积分上式,得

$$f = c_1 z + c_2$$

将上式代入式(1),得

$$u_\theta = r(c_1 z + c_2) \tag{3}$$

引用边界条件 $z=0$，$u_\theta=0$，可确定积分常数 $c_2=0$；又因为 $z=\delta$，$u_\theta=\omega_0 r$，可确定另一积分常数 $c_1=\dfrac{\omega_0}{\delta}$。将 c_1 和 c_2 代入式(3),得

$$u_\theta = \frac{r\omega_0 z}{\delta} \tag{4}$$

切应力为

$$\tau_{z\theta} = \mu\frac{\partial u_\theta}{\partial z} = \frac{\mu r\omega_0}{\delta}$$

转动上盘所需力矩为

$$T = \int_0^a r\tau_{z\theta}\cdot 2\pi r\mathrm{d}r = 2\pi\mu\frac{\omega_0}{\delta}\int_0^a r^3\mathrm{d}r = \frac{\pi\mu\omega_0 a^4}{2\delta} \tag{5}$$

测得力矩后,可得流体动力黏度为

$$\mu = \frac{2\delta T}{\pi\omega_0 a^4} \tag{6}$$

3.4.38 平面势流的速度势为 $\varphi=0.04x^3+axy^2+by^3$，$x$、$y$ 的单位为 m,势函数单位为 $\mathrm{m^2/s}$。

(1) 求常数 a，b。

(2)计算(0,0)和(3,4)两点的压力差。设流体密度为 1 300 kg/m³。

解:(1)求 a,b。

$$\begin{cases} v_x = \dfrac{\partial \varphi}{\partial x} = 0.12x^2 + ay^2 \\ v_y = \dfrac{\partial \varphi}{\partial y} = 2axy + 3by^2 \end{cases} \tag{1}$$

因为存在速度势,必无旋,所以应有

$$\Omega = \frac{\partial v_y}{\partial x} - \frac{\partial v_x}{\partial y} = 0$$

验证:

$$\Omega = 2ay - 2ay = 0$$

验证结果满足无旋条件,与常数 a,b 取值无关。

实际流动应满足连续性条件,则应有

$$\frac{\partial v_x}{\partial x} + \frac{\partial v_y}{\partial y} = 0.24x + (2ax + 6by)$$

$$= (0.24 + 2a)x + 6by = 0$$

由于 x、y 是欧拉变数——独立自变量,所以必有

$$\begin{cases} 0.24 + 2a = 0 \\ b = 0 \end{cases}$$

即

$$\begin{cases} a = -0.12 \\ b = 0 \end{cases}$$

于是,将 a,b 值代入式(1),得

$$\begin{cases} v_x = 0.12x^2 - 0.12y^2 \\ v_y = -0.24xy \end{cases} \tag{2}$$

(2)求压力差。方法一:解运动微分方程。

根据 N-S 方程,有

$$\begin{cases} \dfrac{\mathrm{d}v_x}{\mathrm{d}t} = X - \dfrac{1}{\rho}\dfrac{\partial p}{\partial x} + \nu\left(\dfrac{\partial^2 v_x}{\partial x^2} + \dfrac{\partial^2 v_x}{\partial y^2} + \dfrac{\partial^2 v_x}{\partial z^2}\right) \\ \dfrac{\mathrm{d}v_y}{\rho\mathrm{d}t} = Y - \dfrac{1}{\rho}\dfrac{\partial p}{\partial y} + \nu\left(\dfrac{\partial^2 v_y}{\partial x^2} + \dfrac{\partial^2 v_y}{\partial y^2} + \dfrac{\partial^2 v_y}{\partial z^2}\right) \\ \dfrac{\mathrm{d}v_z}{\rho\mathrm{d}t} = Z - \dfrac{1}{\rho}\dfrac{\partial p}{\partial z} + \nu\left(\dfrac{\partial^2 v_z}{\partial x^2} + \dfrac{\partial^2 v_z}{\partial y^2} + \dfrac{\partial^2 v_z}{\partial z^2}\right) \end{cases}$$

对恒定平面流动

$$\begin{cases} X-\dfrac{1}{\rho}\dfrac{\partial p}{\partial x}+\nu\left(\dfrac{\partial^2 v_x}{\partial x^2}+\dfrac{\partial^2 v_x}{\partial y^2}\right)=v_x\dfrac{\partial v_x}{\partial x}+v_y\dfrac{\partial v_x}{\partial y}^2 \\ Y-\dfrac{1}{\rho}\dfrac{\partial p}{\partial y}+\nu\left(\dfrac{\partial^2 v_y}{\partial x^2}+\dfrac{\partial^2 v_y}{\partial y^2}\right)=v_x\dfrac{\partial v_y}{\partial x}+v_y\dfrac{\partial v_y}{\partial y} \end{cases} \quad (3)$$

设 $(X,Y)=(0,-g)$，并与式(2)一并代入式(3)，得

$$\dfrac{\partial p}{\partial x}=-0.0288\rho(x^2+y^2)x \quad (4a)$$

$$\dfrac{\partial p}{\partial y}=-0.0288\rho(x^2+y^2)y-\rho g \quad (4b)$$

积分式(4a)，得

$$p=-\dfrac{1}{4}\times 0.0288\rho x^4-\dfrac{1}{2}\times 0.0288\mu x^2 y_2+f(y) \quad (5)$$

将此式对 y 求导并与式(4b)联立：

$$\dfrac{\partial p}{\partial y}=-0.0288\rho x^2 y+f'(y)=-0.0288\rho(x^2 y+y^3)-\rho g$$

得

$$f'(y)=-0.0288\rho y^3-\rho g$$

积分得

$$f(y)=-\dfrac{1}{4}\times 0.0288\rho y^4-\rho g y+c$$

代入式(5)，得压强分布为

$$p=-\dfrac{1}{4}\times 0.0288\rho(x^4+2x^2 y^2+y^4)-\rho g y+c$$

$(0,0)$ 点和 $(3,4)$ 点的压差

$$\Delta p = p_{(0,0)}-p_{(3,4)}=\dfrac{1}{4}\times 0.0288\times 1\,300\times(3^4+2\times 3^2\times 4^2+4^4)+1\,300\times 9.807\times 4 \quad (6)$$

$$=5\,850+50\,996=56.846(\text{kPa})$$

方法二：运用伯努利方程。

平面势流研究的是理想不可压缩流体平面无旋流动，本题流动恒定，所以理想流体恒定流运动微分方程在无旋条件下的积分

$$z+\dfrac{p}{\rho g}+\dfrac{v^2}{2g}=c \quad (7)$$

在流场内成立。

根据式(2)，在 $(0,0)$ 点，

$$\begin{cases} v_x=0 \\ v_y=0 \end{cases}, \quad v^2=0$$

在 $(3,4)$ 点，

$$\begin{cases} v_x = 0.12 \times 3^2 - 0.12 \times 4^2 = -0.84 \text{ (m/s)} \\ v_y = -0.24 \times 3 \times 4 = 2.88 \text{ (m/s)} \end{cases}, \quad v^2 = 9 \text{ m}^2/\text{s}^2$$

根据式(7)

$$\left(z + \frac{p}{\rho g} + \frac{v^2}{2g}\right)\bigg|_{(0,0)} = \left(z + \frac{p}{\rho g} + \frac{v^2}{2g}\right)\bigg|_{(3,0)}$$

$$0 + \frac{p_{(0,0)}}{\rho g} + 0 = 4 + \frac{p_{(3,4)}}{\rho g} + \frac{9}{2g}$$

解得

$$\Delta p = p_{(0,0)} - p_{(3,4)} = \rho g \left(4 + \frac{9}{2g}\right)$$

$$= 1\,300 \times 9.807 \times \left(4 + \frac{9}{2 \times 9.807}\right) = 50\,996 + 5\,850$$

$$= 56.846 \text{ (kPa)}$$

3.4.39 理想不可压缩流体在重力作用下做恒定流动,已知速度分量

$$v_x = -4x$$
$$v_y = 4y$$
$$v_z = 0$$

试求流体运动微分方程。若坐标原点取在液流的自由表面上,求处于流体表面以下 1 m 深处点 $A(2,2)$ 的压强。设流体为 20 ℃ 的水,自由表面处压强 $p_0 = 9.81 \times 10^4$ Pa。

解:理想流体欧拉运动微分方程为

$$\begin{cases} f_x - \dfrac{1}{\rho}\dfrac{\partial p}{\partial x} = \dfrac{\partial v_x}{\partial t} + v_x \dfrac{\partial v_x}{\partial x} + v_y \dfrac{\partial v_x}{\partial y} + v_z \dfrac{\partial v_x}{\partial z} \\ f_y - \dfrac{1}{\rho}\dfrac{\partial p}{\partial y} = \dfrac{\partial v_y}{\partial t} + v_x \dfrac{\partial v_y}{\partial x} + v_y \dfrac{\partial v_y}{\partial y} + v_z \dfrac{\partial v_y}{\partial z} \\ f_z - \dfrac{1}{\rho}\dfrac{\partial p}{\partial z} = \dfrac{\partial v_z}{\partial t} + v_x \dfrac{\partial v_z}{\partial x} + v_y \dfrac{\partial v_z}{\partial y} + v_z \dfrac{\partial v_z}{\partial z} \end{cases}$$

根据已知条件,流体做恒定流动,$\dfrac{\partial v_x}{\partial t} = \dfrac{\partial v_y}{\partial t} = \dfrac{\partial v_z}{\partial t} = 0$,速度分量 $v_z = 0$;流体所受质量力只有重力,$f_x = 0, f_y = 0, f_z = -g$。于是微分方程变为

$$-\frac{1}{\rho}\frac{\partial p}{\partial x} = 16x$$

$$-\frac{1}{\rho}\frac{\partial p}{\partial y} = 16y$$

$$-g - \frac{1}{\rho}\frac{\partial p}{\partial z} = 0$$

将三个方程分别乘 dx, dy, dz 后相加,得

$$-g\,dz - \frac{1}{\rho}dp = 16x\,dx + 16y\,dy$$

积分得
$$-gz-\frac{p}{\rho}=8x^2+8y^2+C$$

由边界条件确定积分常数 C,当 $x=0,y=0,z=0$ 时,$p=p_0$,所以 $C=-\frac{p_0}{\rho}$。

因此,$\frac{p}{\rho}=-gz+\frac{p_0}{\rho}-8x^2-8y^2$,即
$$p=p_0-\rho(8x^2+8y^2+gz)$$

对 20 ℃ 的水,查表得 $\rho=993.23$ kg/m³,所以,在点 $A(2,2,-1)$ 有
$$p_A=10.78\times10^4 \text{ Pa}$$

3.4.40 液膜转动摩擦可用如图 3-43 所示的圆台体为模型,已知圆台半锥角 α,大端半径 R,小端半径 R_1,角速度 ω。圆台侧面与固定锥面之间的油膜厚度为 δ,黏度为 μ。试确定圆台受到的摩擦力矩 M。

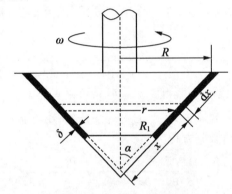

图 3-43 题 3.4.40 示意图

解: 设油膜厚度方向速度线性分布,根据薄膜摩擦切应力公式 $\tau=\mu\frac{u_w}{\delta}$,半径 r 处的锥面切应力为
$$\tau=\mu\frac{u_w}{\delta}=\mu\frac{r\omega}{\delta}=\mu\frac{\omega}{\delta}x\sin\alpha$$

半径为 r 的锥面环形带宽度为 dx,对应面积为
$$dA=2\pi rdx=2\pi(x\sin\alpha)dx$$

因环带微元面 dA 上切应力 τ 相同,故 dA 上切应力 τ 对转轴的力矩 dM 可表示为
$$dM=\tau rdA=\left(2\pi\frac{\mu\omega}{\delta}\sin^3\alpha\right)x^3dx$$

上式在 $x=\frac{R_1}{\sin\alpha}\rightarrow\frac{R}{\sin\alpha}$ 区间积分可得圆台受到的摩擦力矩为
$$M=\frac{\mu\omega}{\delta}\frac{\pi(R^4-R_1^4)}{2\sin\alpha}$$

该摩擦力矩即转动圆台所需力矩。已知转动摩擦力矩,则转动功率为 $N=M\omega$。

3.4.41 图 3-44(a)所示为两平行圆盘,圆盘直径 $D=200$ mm,液膜厚度 $\delta=0.5$ mm,黏度 $\mu=0.02$ Pa·s,上盘固定,下盘转速 $n=500$ r/min。设任意半径 r 处液膜内的流体速度线性分布,试写出 r 处的流体速度表达式,并计算转动下圆盘所需力矩 M 和维持系统热稳定需要的散热率 Q。

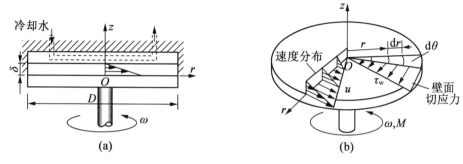

图 3-44 题 3.4.41 示意图

解:图 3-44(b)所示坐标系下半径 r 处转动圆盘表面速度 $u_0=r\omega(z=0)$,固定圆盘表面速度 $u_\delta=0(z=\delta)$。若液膜厚度方向速度线性分布,则 z 处液层速度 u 可按比例关系确定,即

$$\frac{u_0-u_\delta}{\delta-0}=\frac{u-u_\delta}{\delta-z} \rightarrow u=u_0\left(1-\frac{z}{\delta}\right)=r\omega\left(1-\frac{z}{\delta}\right)$$

该速度分布形态如图 3-44(b)所示。根据该速度分布,由牛顿剪切定律可得 r 处的切应力为

$$\tau=\mu\frac{\partial u}{\partial z}=-\mu\frac{r\omega}{\delta}$$

由此可见,r 处的液膜切应力在厚度方向是均匀的(与 z 无关),故此处圆盘壁面切应力 τ_ω 大小等于 τ,方向如图 3-44(b)所示。由此可得转动圆盘所需力矩(圆盘摩擦力矩)为

$$M=\int_0^R\int_0^{2\pi}r\tau_\omega(r\mathrm{d}\theta\mathrm{d}r)=\frac{\pi\mu\omega D^4}{32\delta}$$

代入数据得

$$M=\frac{\pi\times 0.02\times\left(\dfrac{500\pi}{30}\right)\times 0.2^4}{32\times\left(\dfrac{0.5}{1\,000}\right)}=0.329(\text{N}\cdot\text{m})$$

在没有泄漏的情况下,转动摩擦功率将全部转化为热能,使液膜温度升高。为保持液膜温度恒定(热稳定),散热率必须等于转动功率,即

$$Q=N=M\omega=0.329\times\left(\frac{500\pi}{30}\right)=17.23(\text{W})$$

该散热率下系统保持热稳定,油温由初始油温确定。

3.4.42 图3-45所示为圆盘式摩擦泵原理图。直径为D的圆盘与泵壳底座圆环面（内径d）的间隙为δ，当圆盘以角速度ω转动时，其底部位置①将形成负压并将下部水池中的水吸入泵内。作为近似分析，可认为圆盘转动功率等于有薄膜液层的圆盘转动功率，且该功率全部转化为流体机械能。试根据以上条件确定该摩擦泵的流量公式，并计算下列条件下的流量及位置①处的表压力。流体密度$\rho=850$ kg/kg，黏度$\mu=0.008$ Pa·s，圆盘转速$n=500$ r/min，直径$D=350$ mm，进口管内径$d=50$ mm，液面高差$H=600$ mm，液膜厚度$\delta=1.5$ mm，距离$x=300$ mm。

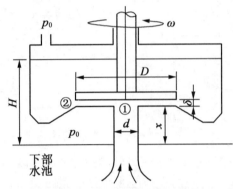

图3-45 题3.4.42示意图

解：有薄膜液层的圆盘转动功率N的表达式为

$$N=M\omega=\frac{\mu\omega}{\delta}\frac{\pi(D^4-d^4)}{32}$$

因圆盘转动功率全部转化为流体机械能，故在圆盘底部进口位置①与圆盘边缘出口位置②之间应用机械能守恒方程，并考虑$z_2-z_1=0$有

$$\frac{N}{q_m g}=\frac{\alpha_2 v_2^2-\alpha_1 v_1^2}{2g}+\frac{p_2-p_1}{\rho g}$$

进一步，设圆盘底部位置①至下部水池液面的垂直距离为x，且忽略水池液面和泵内液面的流体动能，则水池液面与位置①之间及位置②与泵内液面之间的伯努利方程分别为

$$p_0=p_1+\rho g x+\frac{\rho\alpha_1 v_1^2}{2}$$

$$p_0+\rho g(H-x)=p_2+\frac{\rho\alpha_2 v_2^2}{2}$$

由此可得

$$\frac{p_2-p_1}{\rho}+\frac{\alpha_2 v_2^2-\alpha_1 v_1^2}{2}=gH$$

将此代入机械能守恒方程可得

$$N=\rho g H q_V$$

该方程等同于水池液面与泵内液面之间的伯努利方程。将N的表达式代入其中

可得

$$q_V = \frac{\mu\omega^2}{\rho g H \delta} \frac{\pi(D^4-d^4)}{32}$$

代入数据可得

$$q_V = 4.3\times 10^{-3} \text{ m}^3/\text{s}$$

此时泵进口管的平均流速 v_1 及圆盘底部位置①处的表压力(取 $\alpha_1 = 1$)分别为

$$v_1 = \frac{4q_V}{\pi d^2} = 2.190 \text{ m/s}$$

$$p_1 - p_0 = -\rho g x - \frac{\rho v_1^2}{2} = -4\,539.8 \text{ Pa}$$

3.4.43 图 3-46 所示为两水平平壁间不可压缩流体一维稳态层流流动,其中 $v_y = 0$, $v_x = v_x(y)$,且所有参数沿 z 方向不变。

(1)对直角坐标系一般形式的连续性方程和 N-S 方程进行简化,写出本问题的连续性方程和运动方程。

(2)证明流动方向压力梯度 $\frac{\partial p}{\partial x} = \text{const}$。

(3)求速度分布。

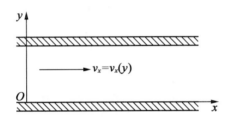

图 3-46 题 3.4.43 示意图

解:根据题意及坐标系设置,且不考虑 z 方向参数,有 $\rho = \text{const}, \mu = \text{const}, v_y = 0, v_x = v_x(y), \frac{\partial}{\partial t} = 0, f_x = 0, f_y = -g$。

(1)因所有参数沿 z 方向不变,所以该流动为 x-y 平面问题,其连续性方程及简化结果为

$$\frac{\partial v_x}{\partial x} + \underbrace{\frac{\partial v_y}{\partial y}}_{0} = 0 \rightarrow \frac{\partial v_x}{\partial x} = 0 \rightarrow v_x = v_x(y)$$

该结果表明,本问题给定条件下连续性方程自动满足。

x-y 平面问题的 N-S 方程可写为如下形式。

x 方向:

$$\underbrace{\frac{\partial v_x}{\partial t}}_{0} + v_x\frac{\partial v_x}{\partial x} + v_y\frac{\partial v_x}{\partial y} = \underbrace{f_x}_{0} - \frac{1}{\rho}\frac{\partial p}{\partial x} + \frac{\mu}{\rho}\underbrace{\frac{\partial^2 v_x}{\partial x^2}}_{0} + \frac{\mu}{\rho}\frac{\partial^2 v_x}{\partial y^2}$$

y 方向:

$$\underbrace{\frac{\partial v_y}{\partial t}+v_x\frac{\partial v_y}{\partial x}+v_y\frac{\partial v_y}{\partial y}}_{0}=f_y-\frac{1}{\rho}\frac{\partial p}{\partial y}+\underbrace{\frac{\mu}{\rho}\frac{\partial^2 v_y}{\partial x^2}+\frac{\mu}{\rho}\frac{\partial^2 v_y}{\partial y^2}}_{0}$$

根据给定条件(包括$\frac{\partial v_x}{\partial x}=0$),去除其中为0的项,得$x$、$y$方向运动方程分别为

$$\frac{\partial p}{\mathrm{d}x}=\mu\frac{\partial v_x}{\partial y^2}$$

$$\frac{\partial p}{\partial y}=-\rho g$$

(2)积分y方向的运动方程可得

$$p=-\rho gy+C(x)$$

或

$$\frac{\partial p}{\partial x}=C'(x)$$

因为$\frac{\partial p}{\partial x}$仅是$x$的函数,而$v_x=v_x(y)$仅是$y$的函数,所以$x$方向的运动方程两边必为同一常数,即$\frac{\partial p}{\partial x}=\mathrm{const}$。

(3)直接积分x方向的运动方程得到速度分布,即

$$\mu\frac{\partial^2 v_x}{\partial y^2}=\mu\frac{\mathrm{d}^2 v_x}{\mathrm{d}y^2}=\frac{\partial p}{\partial x}\rightarrow v_x=\frac{1}{\mu}\frac{\partial p}{\partial x}\frac{y^2}{2}+C_1 y+C_2$$

其中的积分常数可由边界条件确定。例如,若上下板固定,且板间距为b,则有

$$v_x\big|_{y=0}=0$$

$$v_x\big|_{y=b}=0 \rightarrow v_x=-\frac{b^2}{2\mu}\frac{\partial p}{\partial x}\left(\frac{y^2}{b^2}-\frac{y}{b}\right)$$

3.4.44 图3-47所示相距为B的平行平板,其中下部平板静止,上部平板以速度V沿x方向匀速移动,由此带动板间液体做剪切流动,且流场速度分布为$v_x=\frac{V_y}{B}$,$v_y=0$。试求该流场的流函数,并根据流函数差值确定(垂直于纸面)单位板宽的体积流量。

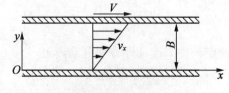

图3-47 题3.4.44示意图

解:该流场属于x-y平面不可压缩流场,有流函数存在,且根据流函数全微分方程有

$$\mathrm{d}\psi=-v_y\mathrm{d}x+v_x\mathrm{d}y=\left(\frac{V}{B}\right)y\mathrm{d}y$$

积分后可得流函数为

$$\psi = \frac{Vy^2}{2B} + C$$

式中，C 为积分常数。因为 ψ 的等值线为流线，而上式中 ψ 为定值则 y 必为定值，故该流场的流线是 y 为定值的直线。其中，$y=0$ 和 $y=B$ 这两条流线的流函数数值分别为

$$y = 0 : \psi = \psi_0 = C$$

$$y = B : \psi = \psi_B = \frac{VB}{2} + C$$

因为两流线的流函数数值之差等于两流线间单位厚度流通面的体积流量，而这两条流线跨越了整个流动截面，所以其流函数数值之差就是（垂直于纸面）单位板宽的体积流量，即

$$q_{V,0-B} = \psi_B - \psi_0 = \frac{VB}{2}$$

作为验算，亦可根据速度分布积分求得两平板间单位板宽的体积流量为

$$q_{V,0-B} = \int_0^B v_x \mathrm{d}y = \left(\frac{V}{B}\right) \int_0^B y \mathrm{d}y = \frac{VB}{2}$$

3.4.45 图 3-48 为火箭发动机示意图（火箭竖直发射）。已知火箭发动机燃烧室中燃气压力 $p_0 = 1.8$ MPa，温度 $T_0 = 3\,300$ K，渐缩管喉面积 $A_t = 10$ cm²，出口空间压力 $p_b = 100$ kPa。燃气可视为理想气体，其 $k = 1.2, R = 400$ J/(kg·K)，且流动可视为等熵过程。

（1）若要求燃气出口为理想膨胀，试计算喷管膨胀比$\left(即 \dfrac{A_E}{A_t}\right)$和火箭发动机的推力。

（2）若将喷管膨胀比减小为 $\dfrac{A_E}{A_t} = 3$（其中 A_t 保持不变）以实现亚膨胀（出口压力 $p_E > p_b$），则火箭的推力又为多少？

提示：火箭发动机推力等于其发射时要克服的火箭重力、火箭加速度惯性力和外表空气阻力之和 F。

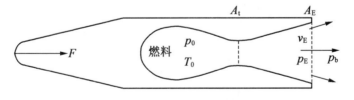

图 3-48 题 3.4.45 示意图

解：取火箭外表面及出口截面构成控制体，并将坐标系固定于控制体。火箭发射时控制体受力包括：火箭重力、火箭加速度惯性力、外表空气阻力。这三个力方向一致，指向图 3-48 中右方向，合力用 F 表示。此外还有出口截面的压差力 $(p_E - p_b)A_E$，压差力总是指向控制体表面，即图 3-48 中左方向。因此，针对控制体应用动量守恒方程有

$$F - (p_E - p_b)A_E = \rho_E v_E^2 A_E = q_m v_E$$

或
$$F = q_m v_E + (p_E - p_b) A_E$$

因为火箭发动机推力等于 F,故关键是确定燃气流量、出口速度、压力和出口面积。

(1) 燃气出口为理想膨胀,意味着出口为超声速,且出口压力 $p_E = p_b$。因此,将滞止压力公式应用于出口截面,可得出口马赫数,即

$$\frac{p_0}{p_E} = [1 + 0.5(k-1) M_E^2]^{k/(k-1)} \rightarrow M_E = \sqrt{\frac{2}{k-1} \left[\left(\frac{p_0}{p_E} \right)^{(k-1)/k} - 1 \right]}$$

代入数据有

$$M_E = \sqrt{10 \times \left[\left(\frac{18}{1} \right)^{0.2/1.2} - 1 \right]} = 2.4877$$

由此可见出口的确为超声速。故此时喉口截面达到声速,$A_t = A_*$。于是将临界面积公式应用于出口,可得喷管膨胀比为

$$\frac{A_E}{A_t} = \frac{1}{M_E} \left[\frac{2 + (k-1) M_E^2}{k+1} \right]^{(k+1)/[2(k-1)]} = 3.367$$

或

$$A_E = 3.367 A_t = 33.67 \text{ cm}^2$$

此时喷管出口的温度、流速及喷管质量流量分别为

$$T_E = T_0 [1 + 0.5(k-1) M_E^2]^{-1} = 2038.5 \text{ K}$$

$$v_E = M_E \sqrt{kRT_E} = 2460.8 \text{ m/s}$$

$$q_m = \frac{p_0 A_*}{\sqrt{RT_0}} k^{1/2} \left(\frac{2}{k+1} \right)^{(k+1)/[2(k-1)]} = 1.016 \text{ kg/s}$$

将以上参数代入动量守恒方程,可得火箭发动机推力大小为

$$F = q_m v_E + (p_E - p_b) A_E = 1.016 \times 2460.8 + 0 = 2500.2 \text{ (N)}$$

(2) 喷管膨胀比减小为 $\frac{A_E}{A_t} = 3$ 时,由临界面积公式可得出口马赫数,即

$$\frac{A_E}{A_t} = \frac{1}{M_E} \left[\frac{2 + (k-1) M_E^2}{k+1} \right]^{(k+1)/[2(k-1)]} \rightarrow M_E = 2.3971$$

此时流量不变,出口温度、流速、压力分别为

$$T_E = T_0 [1 + 0.5(k-1) M_E^2]^{-1} = 2095.8 \text{ K}$$

$$v_E = M_E \sqrt{kRT_E} = 2404.3 \text{ m/s}$$

$$p_E = p_0 [1 + 0.5(k-1) M_E^2]^{-k/(k-1)} = 118.1 \text{ Pa}$$

将以上参数代入动量守恒方程,可得此时火箭发动机推力大小为

$$F = q_m v_E + (p_E - p_b) A_E = 2442.8 + 54.3 = 2497.1 \text{ (N)}$$

3.4.46 在直径为 d 的圆形风管断面上,用以下方法选定 5 个点来测量局部风速。设想用与管轴同心但不同半径的圆周,将全部断面分为中间是圆、其他是圆环的 5 个面积相等的部分,如图 3-49 所示。测点即位于等分此部分面积的圆周上。这样测得的各

点流速,分别代表相应断面的平均流速。试计算各测点到管轴的距离,以直径的倍数表示;若各点流速分别为 u_1,u_2,u_3,u_4,u_5,空气密度为 ρ,试求质量流量 Q_m。

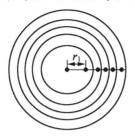

图 3-49　题 3.4.46 示意图

解:根据题意先将总圆面积五等分,再将每一等分面积用同心圆划分为相等的两部分。这样,由内到外的同心圆所包围的面积,分别为总圆面积的 1/10、3/10、5/10、7/10、9/10,相应的半径即为测点到管轴的距离。因此有

$$\pi r_1^2 = \frac{1}{10} \times \frac{\pi}{4}d^2, r_1 = \sqrt{\frac{1}{40}}d = 0.158d$$

$$\pi r_2^2 = \frac{3}{10} \times \frac{\pi}{4}d^2, r_2 = \sqrt{\frac{3}{40}}d = 0.274d$$

$$\pi r_3^2 = \frac{5}{10} \times \frac{\pi}{4}d^2, r_3 = \sqrt{\frac{5}{40}}d = 0.354d$$

$$\pi r_4^2 = \frac{7}{10} \times \frac{\pi}{4}d^2, r_4 = \sqrt{\frac{7}{40}}d = 0.418d$$

$$\pi r_5^2 = \frac{9}{10} \times \frac{\pi}{4}d^2, r_5 = \sqrt{\frac{9}{40}}d = 0.474d$$

等分面积 $A = \frac{1}{5} \times \frac{\pi}{4}d^2 = \frac{\pi d^2}{20}$,质量流量 Q_m 为

$$Q_m = \rho Q = \rho\left(\frac{\pi}{20}d^2 u_1 + \frac{\pi}{20}d^2 u_2 + \frac{\pi}{20}d^2 u_3 + \frac{\pi}{20}d^2 u_4 + \frac{\pi}{20}d^2 u_5\right)$$

$$= \rho \frac{\pi}{20}d^2(u_1 + u_2 + u_3 + u_4 + u_5)$$

3.4.47　设有一管路,如图 3-50 所示。已知 A 点处的管径 $d_A = 0.2$ m,压强 $p_A = 70$ kPa;B 点处的管径 $d_B = 0.4$ m,压强 $p_B = 40$ kPa,流速 $v_B = 1$ m/s;A、B 两点间的高程差 $\Delta z = 1$ m。试判别 A、B 两点间水流方向,并求出其间的能量损失 h_{wAB}。

解:

$$v_A = \left(\frac{d_B}{d_A}\right)^2$$

$$v_B = \left(\frac{0.4}{0.2}\right)^2 \times 1 = 4(\text{m/s})$$

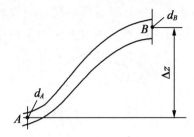

图 3-50 题 3.4.47 示意图

$$z_A+\frac{p_A}{\rho g}+\frac{v_A^2}{2g}=z_B+\frac{p_B}{\rho g}+\frac{v_B^2}{2g}+h_{wAB}$$

$$\left(\frac{70\times10^3}{9.8\times10^3}+\frac{4^2}{2\times9.8}\right)=\left(1+\frac{40\times10^3}{9.8\times10^3}+\frac{1^2}{2\times9.8}\right)+h_{wAB}$$

$$7.14+0.82=1+4.08+0.05+h_{wAB}$$

$$h_{wAB}=2.83 \text{ m}$$

水流由 A 点流向 B 点。

3.4.48 如图 3-51 所示，设 U 形管绕过 AB 的垂直轴等速旋转，试求当 AB 管的水银恰好下降到 A 点时的转速。

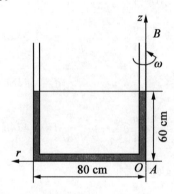

图 3-51 题 3.4.48 示意图

解：U 形管左边流体质点受到的质量力如下。

惯性力为 $r\omega^2$，重力为 $-g$。

在 (r,z) 坐标系中，等压面 $dp=0$ 的方程为

$$r\omega^2 dr=g dz$$

两边积分得

$$z=\frac{\omega^2 r^2}{2g}+C$$

根据题意，$r=0$ 时，$z=0$，故 $C=0$。

等压面方程为

$$z=\frac{\omega^2 r^2}{2g}$$

U形管左端自由液面坐标为

$$r = 80 \text{ cm}$$
$$z = 60+60 = 120(\text{cm})$$

将其代入上式,得

$$\omega^2 = \frac{2gz}{r^2} = \frac{2 \times 9.81 \times 1.2}{0.8^2} = 36.79(\text{s}^{-2})$$

故

$$\omega = \sqrt{36.79} = 6.065(\text{rad/s})$$

3.4.49 图3-52所示为一消防水枪系统,其中水泵P输入功率为$N=10$ kW,泵的进口管径$d_1=150$ mm,出口管径$d_2=100$ mm,水最终经直径$d_3=75$ mm的喷管管口喷出。设水池液面恒定,d_1、d_2、d_3处的流体速度分别为v_1、v_2、v_3,水池液面0—0到泵进口截面1—1的总阻力损失$h_{f,0-1}=5\left(\dfrac{v_1^2}{2g}\right)$,截面1—1到喷口截面3—3的总阻力损失$h_{f,1-3}=12\left(\dfrac{v_2^2}{2g}\right)$。试计算水的喷出速度和1—1截面处的压力。

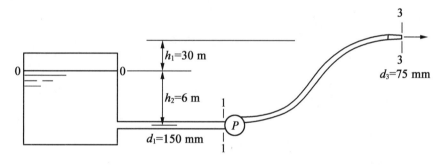

图3-52 题3.4.49示意图

解:在0—0截面与3—3截面之间应用机械能守恒方程式并取$a=1$有

$$\frac{N}{q_m g} = \frac{v_3^2 - v_0^2}{2g} + (z_3 - z_0) + \frac{p_3 - p_0}{\rho g} + h_{f,0-3}$$

式中,$q_m = \dfrac{\rho v_3 \pi d_3^2}{4}$,$v_3^2 - v_0^2 \approx v_3^2$,$z_3 - z_0 = h_1$,$p_3 - p_0 = p_0 - p_0 = 0$。

考虑v_3是目标量,故将机械能守恒方程中的相关量表示为v_3的函数,其中

$$v_1 = \frac{d_3^2 v_3}{d_1^2} = \frac{v_3}{4}$$

$$v_2 = \frac{d_3^2 v_3}{d_2^2} = \frac{9 v_3}{16}$$

$$h_{f,0-3} = h_{f,0-1} + h_{f,1-3} = 5\frac{v_1^2}{2g} + 12\frac{v_2^2}{2g} = \frac{5}{16}\frac{v_3^2}{2g} + \frac{243}{64}\frac{v_3^2}{2g} = \frac{263}{64}\frac{v_3^2}{2g}$$

将上述参数代入机械能守恒方程可得

$$N=\left(\frac{1}{2}v_3^2+gh_1+\frac{263}{64}\frac{v_3^2}{2}\right)\rho v_3\frac{\pi d_3^2}{4}$$

代入数据 $N=10\,000$ W,$h_1=3$ m,$d_3=0.075$ m,$\rho=1\,000$ kg/m³,$g=9.8$ m/s²,可得

$$11.29v_3^3+129.88v_3-10\,000=0$$

由此解出水的喷出速度为 $v_3=9.20$ m/s。

最后在 0—0 截面与 1—1 截面之间应用引申的伯努利方程,

$$\alpha_1\frac{v_1^2}{2}+gz_1+\frac{p_1}{\rho}=\alpha_2\frac{v_2^2}{2}+gz_2+\frac{p_2}{\rho}+gh_\text{f}$$

并取 $\alpha=1$,有

$$\frac{(v_1^2-v_0^2)}{2g}+(z_1-z_0)+\frac{(p_1-p_0)}{\rho g}+h_{\text{f},0-1}=0$$

因为

$$v_1^2-v_0^2\approx v_1^2=\frac{v_3^2}{16}$$

$$z_1-z_0=-h_2$$

$$h_{\text{f},0-1}=5\frac{v_1^2}{2g}=5\frac{v_3^2}{16}\frac{1}{2g}$$

所以

$$p_1-p_0=\left(-\frac{3}{8}\frac{v_3^2}{2g}+h_2\right)\rho g=\left(-\frac{3}{8}\frac{9.2^2}{2\times9.8}+6\right)\times9\,800=42\,930(\text{Pa})$$

3.4.50 皮托在 1773 年首次用一根弯成直角的玻璃管测量了塞纳河的流速,其原理如下:弯成直角的玻璃管两端开口,一端开口面对来流,另一端垂直向上通大气。设水流以速度 V 在河道中匀速流动,如图 3-53 所示。试分析水流速度 V 与垂直向上的管中液面高度 h 的关系。

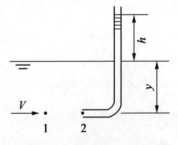

图 3-53 题 3.4.50 示意图

解:设折管插入水中深度为 y,并取水平线上的 1、2 两点,如图 3-53 所示。

(1) 1、2 两点位于相同的水平线上,势能相同,$z_1=z_2$;

(2) 1 点处流速为 V,静压强为 $p_1=\rho gy$;

(3) 2 点处流速为 0(驻点),静压强为 $p_2=\rho g(h+y)$。

· 110 ·

则由伯努利方程

$$\frac{V_1^2}{2g}+\frac{p_1}{\rho g}+z_1=\frac{V_2^2}{2g}+\frac{p_2}{\rho g}+z_2$$

有

$$\frac{V^2}{2g}+\frac{\rho gy}{\rho g}=\frac{0}{2g}+\frac{\rho g(h+y)}{\rho g}$$

化简后得到水流速度与液面高度的关系为

$$V=\sqrt{2gh}$$

3.4.51 温度 20 ℃ 的空气在管道中流动,如图 3-54 所示,管道上安装有压力表 A、B,其中压力表 B 与皮托管接通,读数 71.3 kPa(表压)。压力表 A 与管壁接通并与皮托管测口(点 2)处于同一截面,读数 70.2 kPa(表压)。已知当地大气压力为 684 mmHg。设气体黏性和可压缩性影响可暂不考虑,试确定测点 2 处的空气速度。

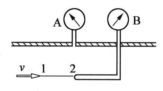

图 3-54 题 3.4.51 示意图

解:设放置皮托管前,测点 2 静压为 p_2,速度为 v_2,该点全压 p_T 为

$$p_T=p_2+\frac{\rho v_2^2}{2}$$

放置皮托管后,则前端测口处流体速度滞止为零(驻点),其压力 p_S 称为驻点压力。

作为一般分析,设水平流线上游某点 1 与测点 2 之间的阻力损失为 h_f,流体到达点 2 速度滞止为零时因黏性导致的能量损失为 h_f',则两点间的引申伯努利方程如下。

无皮托管:

$$\frac{v_1^2}{2g}+\frac{p_1}{\rho g}=\frac{v_2^2}{2g}+\frac{p_2}{\rho g}+h_f$$

有皮托管:

$$\frac{v_1^2}{2g}+\frac{p_1}{\rho g}=\frac{p_S}{\rho g}+h_f+h_f'$$

两式对比可得

$$p_S=p_2+\frac{\rho v_2^2}{2}-\rho gh_f'$$

或

$$p_S=p_T-\rho gh_f'$$

该式表明:由于黏性耗散,驻点压力总是小于全压。但在 $h_f'=0$ 的理想情况下,驻点

压力等于全压,即 $p_S = p_T$,由此可得到皮托管测速的原理公式为

$$v_2 = \sqrt{\frac{2(p_S - p_2)}{\rho}} = \sqrt{\frac{2(p_B - p_A)}{\rho}}$$

式中的气体密度可根据理想气体状态方程由已知的静压和温度确定。查附表可知,空气的气体常数为 $R = 287$ J/(kg·K),所以

$$\rho = \frac{p_A + p_0}{RT} = \frac{70\ 200 + 684 \times 133.3}{287 \times (273 + 20)} = 1.919 (\text{kg/m}^3)$$

因为同一环境压力下,绝对压力之差等于表压力之差,所以代入数据有

$$v_2 = \sqrt{\frac{2(p_B - p_A)}{\rho}} = \sqrt{\frac{2 \times (71\ 300 - 70\ 200)}{1.919}} = 33.86 (\text{m/s})$$

3.4.52 测量管道中的水流或气流速度时,皮托管需与测压管联合使用,如图 3-55 所示,试求待测流体的速度表达式。

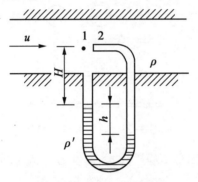

图 3-55 题 3.4.52 示意图

解:

$$\frac{p_1}{\rho g} + \frac{u^2}{2g} = \frac{p_2}{\rho g}$$

$$u = \sqrt{2g \frac{p_2 - p_1}{\rho g}} = \sqrt{2g \frac{(\rho' g - \rho g) h}{\rho g}} = \sqrt{\left(\frac{\rho' - \rho}{\rho}\right) 2gh}$$

如果测量的是气流,则可以认为

$$\rho' \gg \rho, \quad \rho' - \rho \approx \rho'$$

气流速度计算公式为

$$u = \sqrt{\frac{\rho'}{\rho} 2gh}$$

3.4.53 如图 3-56 所示,温度 40 ℃、压力 150 kPa(绝对压力)的空气在管内流动,皮托管 U 形管指示剂高差 $h = 300$ mm(指示剂密度 $\rho_m = 13\ 600$ kg/m³)。

(1) 若探头端部速度滞止为零的过程可视为等熵过程,试确定气流速度。
(2) 如果按不可压缩流体对待,则测试误差为多少?
(3) 分析这种误差与马赫数的关系。

· 112 ·

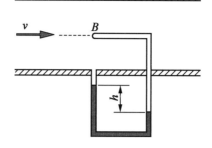

图 3-56 题 3.4.53 示意图

解:空气 $k=1.4$, $R=287$ J/(kg·K), 根据理想气体状态方程, 可知气体密度为

$$\rho = \frac{p}{RT} = \frac{150\,000}{(287 \times 313)} = 1.670 \, (\text{kg/m}^3)$$

U 形管指示剂高差 h 表示的是皮托管端部 B 点驻点压力 p_{0B} 与该点静压 p_B 的差, 即

$$p_{0B} - p_B = (\rho_m - \rho) gh$$

或

$$p_{0B} = p_B + (\rho_m - \rho) gh$$

代入数据得

$$p_{0B} = 150\,000 + (13\,600 - 1.670) \times 9.81 \times 0.3 = 190\,020 \, (\text{Pa})$$

(1) 若探头端部速度滞止为零的过程为等熵过程, 则 p_{0B} 是气流的滞止压力。因此, 根据 $p_0 = p\left(\frac{T_0}{T}\right)^{k/(k-1)} = p[1+0.5(k-1)M^2]^{k/(k-1)}$, 可得马赫数计算式, 即

$$\frac{p_{0B}}{p_B} = \left(1 + \frac{k-1}{2}M^2\right)^{k/(k-1)} \rightarrow M^2 = \frac{2}{k-1}\left[\left(\frac{p_{0B}}{p_B}\right)^{(k-1)/k} - 1\right]$$

再根据 $v = aM$, 并将声速公式代入, 可得速度计算式为

$$v = \sqrt{\frac{2kRT}{k-1}\left[\left(\frac{p_{0B}}{p_B}\right)^{(k-1)/k} - 1\right]}$$

或

$$v = \sqrt{\frac{2kRT_0}{k-1}\left[1 - \left(\frac{p_B}{p_{0B}}\right)^{(k-1)/k}\right]}$$

此即亚声速气流的测速公式。该式表明:皮托管测试出驻点压力和静压后, 即可确定来流马赫数 M。若要进一步确定气流速度 v, 还需测试流体静温 T 或驻点温度 T_0。

代入本题给定数据(已知空气静温 T)可得对应的气流速度为

$$v = 209.66 \text{ m/s}$$

(2) 若将气流视为不可压缩流体且过程仍然等熵, 则直接根据伯努利方程可得

$$p_{0B} = p_B + \frac{\rho v^2}{2} \rightarrow v = \sqrt{\frac{2(p_{0B} - p_B)}{\rho}} = 218.93 \text{ m/s}$$

以上结果对比可知,流体视为不可压缩时计算的测试速度偏大 4.4%。

(3)采用皮托管获得驻点(滞止)压力 p_0 与静压 p 的差 p_0-p 后,若按不可压缩流体对待(记流体速度为 v_0),则流速计算式为

$$v_0=\sqrt{\frac{2(p_0-p)}{\rho}}$$

按可压缩流体对待,则可引入滞止压力公式和状态方程,将压差 p_0-p 表示为

$$p_0-p=p\left[\left(1+\frac{k-1}{2}M^2\right)^{k/(k-1)}-1\right]=\rho RT\left[\left(1+\frac{k-1}{2}M^2\right)^{k/(k-1)}-1\right]$$

记流体速度为 v,则

$$v^2=kRTM^2 \rightarrow \rho RT=\frac{\rho v^2}{2}\frac{2}{kM^2}$$

由此可得

$$\xi_p=\frac{p_0-p}{\frac{\rho v^2}{2}}=\frac{2}{kM^2}\left[\left(1+\frac{k-1}{2}M^2\right)^{k/(k-1)}-1\right]$$

此处 ξ_p 称为压力系数,表示气流压差 p_0-p 与气流动压之比,且 $\xi_p \geqslant 1$。
又因为

$$v=\sqrt{\frac{2(p_0-p)}{\rho}\frac{\left(\frac{\rho v^2}{2}\right)}{(p_0-p)}}=\sqrt{\frac{2(p_0-p)}{\rho \xi_p}}$$

故可压缩流体速度可表示为

$$v=\frac{1}{\sqrt{\xi_p}}\sqrt{\frac{2(p_0-p)}{\rho}}=\frac{v_0}{\sqrt{\xi_p}}$$

由此可知,按不可压缩计算的速度 v_0 相对于 v 的偏差 Δv 可表示为

$$\Delta v=\frac{(v_0-v)}{v}=\sqrt{\xi_p}-1$$

该式表明,随 M 增大(ξ_p 增大)按不可压缩计算的流速偏差将增大。取 $k=1.4$,有

$$M=0,\xi_p=1,\Delta v=0\%$$
$$M=0.3,\xi_p=1.023,\Delta v=1.1\%$$

基于这一影响,不可压缩测速公式应用于气体时,一般要求 $M\leqslant 0.1$;对于过程设备内的气体流动,一般规定 $M<0.3$ 且压力变化幅度较小时可按不可压缩流动处理。

3.4.54 利用文丘里管的喉道负压抽吸基坑中的积水,如图 3-57 所示。已知 $d_1=50$ mm,$d_2=100$ mm,$h=2$ m,能量损失略去不计。试求管道中的流量至少应为多大,才能抽出基坑中的积水?

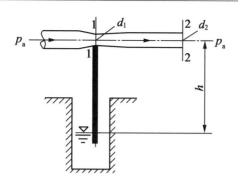

图 3-57 题 3.4.54 示意图

解:对过流断面 1—1、2—2 建立伯努利方程,得

$$\frac{p_1}{\rho g}+\frac{v_1^2}{2g}=\frac{v_2^2}{2g}$$

$$\frac{p_1}{\rho g}=\frac{v_1^2-v_2^2}{2g}=\frac{Q^2}{2g}\left(\frac{16}{\pi^2 d_2^4}-\frac{16}{\pi^2 d_1^4}\right)$$

$$=\frac{8Q^2}{9.8\pi^2}\left(\frac{1}{0.1^4}-\frac{1}{0.05^4}\right)$$

$$=-12\,419Q^2$$

当 $\frac{p_1}{\rho g}<-h$ 时,积水能被抽出,则

$$-12\,419Q^2<-2$$

$Q>\sqrt{\dfrac{2}{12\,419}}$ m³/s,所以管道中流量至少应为 0.012 7 m³/s。

3.4.55 装载了如图 3-58 所示的喷气式发动机的航天飞机以 800 km/h 的速度飞行。发动机空气入口截面积为 0.80 m²,射流喷出口的截面积为 0.60 m²,飞行高空处的空气密度为 0.74 kg/m³,燃烧气体的密度为 0.50 kg/m³。该工况下不考虑喷气发动机的飞行速度时,气体喷出的速度是 1 000 km/h,试求消耗燃料的质量流量。

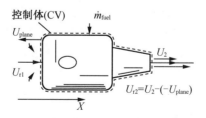

图 3-58 题 3.4.55 示意图

解:与控制体一起以速度 U_{cv} 飞行的观察者,看到通过控制体表面的流体速度为 U 时,其相对速度为 U_r 可表示为

$$U_r=U-U_{cv}$$

在本题中,流动只沿一个方向进行,所以可将速度视为标量。大气静止,所以入口速度 U 为 $U_1=0$,出口速度是喷管的喷射速度,所以 $U_2=1\ 000\ \text{km/h}$。

如图 3-58 所示,本例题中,对于正在工作的发动机而言,控制体以航天飞机的飞行速度 U_{plane} 沿负方向(左侧)移动。因此,$U_{\text{cv}}=-U_{\text{plane}}$。在发动机的空气入口(各参数下标为 1),相对流入速度 U_{r1} 为

$$U_{\text{r1}}=U_1-U_{\text{cv}} \tag{1}$$
$$=0-(-U_{\text{plane}})=U_{\text{plane}}$$

同样,出口处(各参数下标为 2)的相对速度为

$$U_{\text{r2}}=U_2-U_{\text{cv}} \tag{2}$$
$$=U_2-(-U_{\text{plane}})=U_2+U_{\text{plane}}$$

设燃料的质量流量为 $\dot{m}_{\text{fuel}}$。根据质量守恒定律,流入发动机的空气的质量流量和燃料的质量流量之和等于燃气的质量流量,可得

$$\rho_1 A_1 U_{\text{r1}}+\dot{m}_{\text{fuel}}=\rho_2 A_2 U_{\text{r2}} \tag{3}$$

根据题意,由式(1)和式(2)可求得相对速度为

$$U_{\text{r1}}=U_{\text{plane}}=\frac{800\times 10^3}{3\ 600}=222(\text{m/s})$$

$$U_{\text{r2}}=U_2+U_{\text{plane}}=\frac{(1\ 000+800)\times 10^3}{3\ 600}=500(\text{m/s})$$

将 $A_1,\rho_1,U_{\text{r2}},A_2,\rho_2$ 的值代入式(3),可得燃料质量流量为

$$\dot{m}_{\text{fuel}}=\rho_2 A_2 U_{\text{r2}}-\rho_1 A_1 U_{\text{r1}}$$
$$=0.50\times 0.60\times 500-0.74\times 0.80\times 222$$
$$=18.6(\text{kg/s})$$

以上计算结果转换为每小时的消耗量,约为 67 t/h。使用 JP5 型航天燃料,其密度为 814.8 kg/m^3,容积为 200 L 的汽油桶,1 h 需 411 桶。因此,为了减少燃料费用,减小发动机的上、下游的质量流量差是非常必要的。

3.4.56 如图 3-59 所示,地面试验台上安装了发动机进行性能测试试验。发动机进口面积为 5.95 m^2,流入的空气速度为 150 m/s、压力为 13 kPa(相对压力);出口喷出的气体流速为 320 m/s、压力为大气压。而且,发动机的推力(作用在试验台上发动机转轴方向的力)为 222 kN。另外,燃料是在与发动机垂直的方向上供给,假设燃料的质量流量为流入空气的 2%,试求该发动机内流动空气的质量流量。

解:选择包括发动机在内的区域为控制体,发动机轴向的动量方程为

$$1.02\dot{m}_{\text{air}}V_2-\dot{m}_{\text{air}}V_1=p_1 A_1-p_2 A_1+F_{\text{th}}$$

利用上式求解流入发动机的空气质量流量 $\dot{m}_{\text{air}}$,可得

$$\dot{m}_{\text{air}}=\frac{(p_1-p_2)A_1+F_{\text{th}}}{1.02V_2-V_1}$$

$$=\frac{(-13\times 10^3-0)\times 5.95+222\times 10^3}{1.02\times 320-150}=820(\text{kg/s})$$

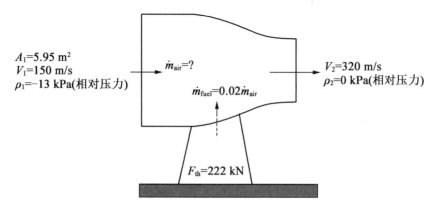

图 3-59 题 3.4.56 示意图

3.4.57 如图 3-60 所示，两个相距为 a（单位 m）的平行板间的流体流动的速度分布为 $u=-10\dfrac{y}{a}+20\dfrac{y}{a}\left(1-\dfrac{y}{a}\right)$，试确定单位宽度平行板间的体积流量和平均流速。

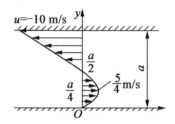

图 3-60 题 3.4.57 示意图

解：体积流量

$$Q=\int_0^a u\cdot 1\cdot \mathrm{d}y$$
$$=\int_0^a\left[-10\frac{y}{a}+20\frac{y}{a}\left(1-\frac{y}{a}\right)\right]\mathrm{d}y=\int_0^a\left(10\frac{y}{a}-20\frac{y^2}{a^2}\right)\mathrm{d}y$$
$$=5a-\frac{20}{3}a=-\frac{5}{3}a$$

$$v=\frac{Q}{A}=-\frac{\dfrac{5}{3}a}{(1\cdot a)}=-\frac{5}{3}(\mathrm{m/s})(\leftarrow)$$

3.4.58 如图 3-61 所示，直径 $d=0.3$ m 的管道出口设置一个锥形阀，圆锥顶角 $2\theta=120°$，锥体自重 $W=1\,500$ N。当水流量 q_v 为多少时，管道出口的射流可将锥体托起？

解：设管道出口流速为 v，水流绕过阀体后的流速仍为 v，这是因为不计重力影响的缘故，压强处处为当地大气压 p_a。水流对阀体的冲击力应等于阀体自重，即

$$\rho v^2 A(1-\cos\theta)=W$$

代入数据，得 $v=6.542$ m/s，因此水流量为

$$q_v = \frac{\pi d^2}{4} v = \frac{0.461}{s}$$

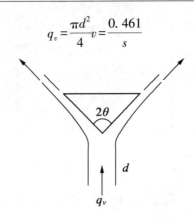

图 3-61　题 3.4.58 示意图

3.4.59　如图 3-62 所示，从固定喷嘴流出一股射流，其直径为 d，速度为 V。此射流冲击一个运动叶片，在叶片上流速方向转角为 θ，如果叶片运动的速度为 v，试求：

(1) 叶片所受的冲击力；
(2) 水流对叶片所做功的功率；
(3) 当 v 取什么值时，水流做功最大？

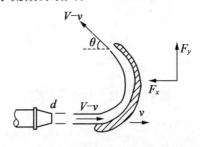

图 3-62　题 3.4.59 示意图

解：射流离开喷嘴时，速度为 V，截面积为 $A = \dfrac{\pi d^2}{4}$，当射流冲入叶片时，水流相对于叶片的速度为 $V-v$，显然，水流离开叶片的相对速度也是 $V-v$。而射流截面积仍为 A。采用固结在叶片上的动坐标系，在此动坐标系上观察到的水流运动是定常的，设叶片给水流的力如图 3-62 所示，由动量方程得

$$F_x = \rho(V-v)^2 A(1+\cos\theta)$$
$$F_y = \rho(V-v)^2 A\sin\theta$$

叶片仅在水平方向有位移，水流对叶片所做功的功率为

$$P = vF_x = \rho(V-v)^2 vA\sin\theta$$

当 V 固定时，功率 P 是 v 的函数。令 $\dfrac{\partial P}{\partial v} = 0$，则

$$(V-v)^2 - 2(V-v)v = 0$$

因此，当 $v = \dfrac{V}{3}$ 时，水流对叶片所做功的功率达到极大值。

3.5 知识拓展

3.5.1 可压缩流体的速度与流量测量公式。

解：(1)亚声速气流皮托管测速公式。

皮托管测速时，直接测试量是驻点压力 p_0 和静压 p（或两者之差）。对于气体，视气流速度在皮托管前端点滞止为零的过程为等熵过程，则对应的马赫数或速度计算式为

$$M^2 = \frac{2}{k-1}\left[\left(\frac{p_0}{p}\right)^{(k-1)/k} - 1\right]$$

$$v^2 = \frac{2kR}{k-1}T_0\left[1 - \left(\frac{p}{p_0}\right)^{(k-1)/k}\right]$$

由此表明，皮托管测试出流场静压 p 和驻点压力 p_0，即可确定来流马赫数 M。若要进一步确定气流速度 v，还需测试驻点温度 T_0。

(2)超声速气流皮托管测速公式。

超声速气流中，如图 3-63 所示，皮托管前端将出现脱体激波，皮托管测试的驻点压力 p_{02} 是正激波后气流的驻点压力。视速度滞止为零的过程为等熵过程，则 p_{02} 是正激波后气流的滞止压力，且 p_{02} 与激波前静压 p_1 和马赫数 M_1 的关系为

$$\frac{p_{02}}{p_1} = \left[\frac{(k+1)^{(k+1)}}{2kM_1^2 - (k-1)}\left(\frac{M_1^2}{2}\right)^k\right]^{1/(k-1)}$$

根据该式，测得 p_{02} 和 p_1，即可试差确定波前马赫数 M_1。确定 M_1 后，再测试驻点温度 $T_{02} = T_{01}$，即可根据滞止温度公式计算来流静温 T_1，由此计算声速 a_1 和来流速度 $v_1(v_1 = M_1 a_1)$。

(3)可压缩流体质量流量测量公式。

可压缩流体质量流量常采用如图 3-64 所示的渐缩管（即文丘里管）测量，其中下游测压管位于喉口位置。直接测试量为 p_1、p_2，将流动过程视为等熵过程，其质量流量计算式为

$$q_m = C_d \rho_2 A_2 v_2 = C_d A_2 v_2 \rho_1 \left(\frac{p_2}{p_1}\right)^{1/k}$$

或

$$q_m = C_d A_2 \left(\frac{p_2}{p_1}\right)^{1/k} \sqrt{\frac{2\left[\dfrac{k}{(k-1)}\right](p_1 \rho_1)\left[1 - \left(\dfrac{p_2}{p_1}\right)^{(k-1)/k}\right]}{1 - \left(\dfrac{p_2}{p_1}\right)^{2/k}\left(\dfrac{D_2}{D_1}\right)^4}}$$

式中，C_d 为流量系数，是理论流量的修正系数。该式对亚声速和超声速气流均适用，条件是截面 1 与截面 2 之间没有激波产生（文丘里管设计通常避免出现超声速流动）。且当文丘里管内流速较高（Re 较大）时，通常可取流量系数 $C_d = 1$。

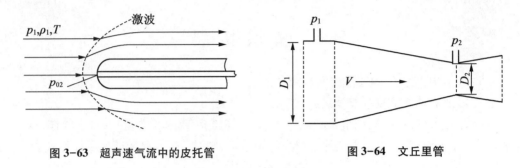

图 3-63 超声速气流中的皮托管   图 3-64 文丘里管

3.5.2 飓风引起的海洋上升。

飓风是海洋上由于低气压形成的热带风暴。当飓风接近陆地时,伴随着飓风会出现风暴涌浪(非常高的海浪),如图 3-65 所示。一个 5 级飓风的风速超过 250 km/h,但是在中心"风眼"的风速是非常低的。

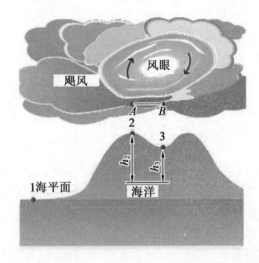

图 3-65 题 3.5.2 示意图 1
注:竖直方向的比例是被夸大了的。

图 3-66 描绘了悬在风暴涌浪上方的飓风。离风眼位置 320 km 的大气压强是 762 mmHg(在点 1 处,一般与海面垂直),风是静止的。暴风眼处的大气压强是 560 mmHg。估算在风暴涌浪风眼处的点 3 和点 2 处的高度,其风速是 250 km/h。取海水和汞的密度为 1 025 kg/m³ 和 13 600 kg/m³,在标准海平面温度和压强下的空气密度为 1.2 kg/m³。

问题:飓风在海上移动,求风眼位置和活动区的涌浪高度。

假设:①飓风内的空气流动是定常、不可压缩和无旋的(因此伯努利方程可用)(对高湍流流动来说,这明显是一个非常可疑的假设,但在本讨论中是合理的);②水被吸到空气中的作用忽略不计。

图 3-66　题 3.5.2 示意图 2

注:这张卫星图上,飓风的风暴眼清晰可见。

参数:在标准条件下,空气、海水和汞的密度分别是 1.2 kg/m³、1 025 kg/m³ 和 13 600 kg/m³。

分析:(1)水上方的气压降低造成了水面上升。因此,相对于点 1 来说,点 2 的压强降低导致点 2 处的海水上升。点 3 也是一样,其中风暴气体速度可以忽略不计。将以汞(Hg)柱高度表示的压差用海水柱高度表示为

$$\Delta P = (\rho g h)_{Hg} = (\rho g h)_{sw} \rightarrow h_{sw} = \frac{\rho_{Hg}}{\rho_{sw}} h_{Hg}$$

点 1 和点 3 之间的压差以海水柱高度表示为

$$h_3 = \frac{\rho_{Hg}}{\rho_{sw}} h_{Hg} = \left(\frac{13\ 600\ \text{kg/m}^3}{1\ 025\ \text{kg/m}^3}\right) \left[(762-560)\text{mmHg}\right] \left(\frac{1\ \text{m}}{1\ 000\ \text{mm}}\right) = 2.68\ \text{m}$$

该值等价于飓风风眼处的风暴浪涌高度,因为在风眼处风速可忽略不计且没有动压。

(2)为了求在点 2 处由于风速造成的海水额外上升量,在点 A 和点 B 之间列出伯努利方程,分别在点 2 和点 3 的上方。注意,$V_B \approx 0$(风眼位置是相对平静的)和 $z_A = z_B$(两点在同一水平线上),伯努利方程简化为

$$\frac{P_A}{\rho g} + \frac{V_A^2}{2g} + z_A = \frac{P_B}{\rho g} + \frac{V_B^2}{2g} + z_B \rightarrow \frac{P_B - P_A}{\rho g} = \frac{V_A^2}{2g}$$

得

$$\frac{P_B - P_A}{\rho g} = \frac{V_A^2}{2g} = \frac{(250\ \text{km/h})^2}{2(9.81\ \text{m/s}^2)} \left(\frac{1\ \text{m/s}}{3.6\ \text{km/h}}\right)^2 = 246\ \text{m}$$

式中,ρ 为飓风中空气的密度。注意:当温度不变时理想气体的密度与绝对压强成正比,空气在标准大气压 101.3 kPa≈762 mmHg 下的密度是 1.2 kg/m³。则飓风中空气的密度为

$$\rho_{air} = \frac{P_{air}}{P_{atm\ air}} \rho_{atm\ air} = \left(\frac{560\ \text{mmHg}}{762\ \text{mmHg}}\right) (1.2\ \text{kg/s}^3) = 0.88\ \text{kg/m}^3$$

利用在(1)部分建立的关系,246 m 空气柱转换成海水柱高度为

$$h_{dyamic} = \frac{\rho_{air}}{\rho_{sw}} h_{air} = \left(\frac{0.88\ \text{kg/m}^3}{1\ 025\ \text{kg/m}^3}\right) (246\ \text{m}) = 0.21\ \text{m}$$

因此，由于风速的原因，点 2 处的压强比点 3 处的压强低 0.21 m 海水柱高，造成海面额外上升了 0.21 m。则点 2 处总的浪涌高度为

$$h_2 = h_3 + h_{\text{dyamic}} = 2.68 + 0.21 = 2.89(\text{m})$$

讨论：这个问题涉及了高湍流流动和流线的破碎，因此伯努利方程在(2)部分的适用性是有疑问的。除此之外，风眼位置的流动并不是无旋的，且不同流线上的伯努利方程常数是不同的。伯努利分析可以被认为是有限制的、理想的例子，高风速造成的海面上升量不可能高于 0.21 m。

第4章 流体运动学

4.1 基本定义

拉格朗日观点:在描述流体运动时,着眼于流体质点的运动状况的流动描述方法(或观点)即为拉格朗日观点。例如,用河流中随波漂流的浮标来观察河水的运动;跟踪台风来观察台风路径;气象学上用小球测风得到小球的运动轨迹,然后根据几何方法得出风向、风速等。

拉格朗日观点的特点是,着眼于流体质点,设法描述出每个流体质点自始至终的运动规律,即它们的位置随时间变化的规律。知道了每个流体质点的运动规律,整个流体运动的状况也就知道了。

欧拉观点:欧拉观点在描述流体运动时,着眼点不在运动流点上,而是在任意空间固定点上来考察流动状况。例如,固定的测风仪器测风,洋面上固定的浮标站等。

欧拉观点的特点是着眼于空间,设法在空间中的每一点上描述出流体运动的变化状况。如果每一点的流体运动都知道了,则整个流体的运动状况也清楚了。

因追随流体质点之故,欧拉法变量的质点导数也称为**随体导数**(substantial time derivative)。

流线:某瞬时流场中的一条空间曲线,该瞬时曲线上的点的速度与该曲线相切。

迹线:流体微元的运动轨迹。

系统:一团流体质点的集合,它始终包含着相同的流体质点,而且具有相同确定的质量。

控制体:流场中某一确定的空间区域,这个区域的周界称为控制面。控制体的形状和位置相对于所选定的坐标系是固定不变的,它所包含的流体的量可能时刻改变。

4.2 思 考 题

4.2.1 在一个装满水的容器中,一滴油匀速从水底上升到水面。以容器为控制体,这个流动是定常流动还是非定常流动?是可压缩流动还是不可压缩流动?

答:定常流动。不可压缩流动。

4.2.2 一个静止的探针放到流动的流体中,测量流体中某处压强和温度随时间的变化,如图4-1所示。这是拉格朗日法还是欧拉法测量?

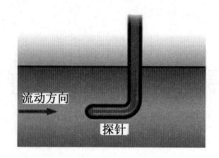

图 4-1 题 4.2.2 示意图

答：欧拉法。

4.2.3 一个微小的中性浮力电子压强探针被放在水泵管进口，每秒测得压强数据为 2 000 个。这种测量方法是拉格朗日法还是欧拉法？

答：欧拉法。

4.2.4 气象学家放飞一个气象气球到大气中。当气球达到浮力-重力平衡的高度时，它将天气条件的信息传输到地面上的监测站，如图 4-2 所示。这是拉格朗日法还是欧拉法测量？

答：欧拉法。

4.2.5 我们经常能够在飞机下腹凸出部分看到皮托静压探针（图 4-3）。飞机飞行时，探针将测量相对风速。这是拉格朗日法还是欧拉法测量？

答：欧拉法。

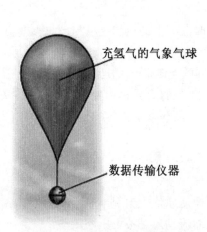

图 4-2 题 4.2.4 示意图

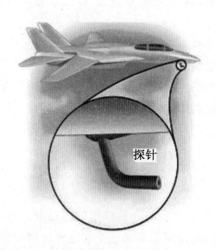

图 4-3 题 4.2.5 示意图

4.2.6 某研究生运行 CFD 程序对其研究课题进行了仿真，并生成了流线图。相邻流线差值相等。I. C. Flows 教授观察了该流线图，并立即指向一个流动区域，说："看看这里的流动多快！"请问 Flows 教授是如何根据该区域的流线得出该区域流动快的结论的？

答：可以根据流线的疏密得知流速的大小，流线越密，表示流速越大；流线越疏，表示流速越小。

第4章 流体运动学

4.2.7 黏性流体在圆管中的层流流动是有旋流动还是无旋流动？

答：由于 $\dfrac{\mathrm{d}u}{\mathrm{d}y}\neq 0$，因此流动有旋。

4.2.8 黏性流有可能是无旋流吗？为什么？

答：可能；会发生在黏性可忽略的情况下。例如，水和空气，静止时是无旋的，由于它们的黏滞性很小，当它们由静止过渡到运动时，在短距离内可以认为是无旋运动。又如，水从水库或大水箱流入容器时，可认为是无旋流动。再如，在很宽的矩形顺坡渠道中，在距渠壁较远的纵剖面上，液体质点的运动也可以认为是无旋流。

4.3 简 答 题

4.3.1 流场中的温度测试与质点导数。假设一微型温度传感器按某一运动轨迹在流场中运动，反馈的温度为 $T=T(x,y,z,t)$，其中 $x=x(t),y=y(t),z=z(t)$ 为传感器在流场中的运动轨迹。试求该传感器反馈温度随时间的变化率。

答：反馈温度与传感器轨迹和时间有关，轨迹又与时间有关，所以温度是时间的复合函数，故反馈温度随时间的变化率可一般地用 T 对 t 的全导数表示为

$$\frac{\mathrm{d}T}{\mathrm{d}t}=\frac{\partial T}{\partial t}+\frac{\partial T}{\partial x}\frac{\mathrm{d}x}{\mathrm{d}t}+\frac{\partial T}{\partial y}\frac{\mathrm{d}y}{\mathrm{d}t}+\frac{\partial T}{\partial z}\frac{\mathrm{d}z}{\mathrm{d}t}$$

式中，$\dfrac{\mathrm{d}x}{\mathrm{d}t},\dfrac{\mathrm{d}y}{\mathrm{d}t},\dfrac{\mathrm{d}z}{\mathrm{d}t}$ 分别代表传感器移动速度在 x,y,z 方向的速度分量。

如果温度传感器固定于流场某点 (x_0,y_0,z_0) 不动，则 $T=T(x_0,y_0,z_0,t)$，$\dfrac{\mathrm{d}x}{\mathrm{d}t}=\dfrac{\mathrm{d}y}{\mathrm{d}t}=\dfrac{\mathrm{d}z}{\mathrm{d}t}=0$，故反馈温度随时间的变化率为

$$\frac{\mathrm{d}T}{\mathrm{d}t}=\frac{\partial T}{\partial t}$$

这表明欧拉法中的物理量 T 直接对时间偏导只代表空间某点处温度 T 随时间的变化。

如果温度传感器完全追随流体质点的运动轨迹，且流体质点速度分量为 v_x,v_y,v_z，则 $\dfrac{\mathrm{d}x}{\mathrm{d}t}=v_x,\dfrac{\mathrm{d}y}{\mathrm{d}t}=v_y,\dfrac{\mathrm{d}z}{\mathrm{d}t}=v_z$，此时反馈温度随时间的变化率就等于

$$\frac{\mathrm{d}T}{\mathrm{d}t}=\frac{\partial T}{\partial t}+v_x\frac{\partial T}{\partial x}+v_y\frac{\partial T}{\partial y}+v_z\frac{\partial T}{\partial z}=\frac{DT}{Dt}$$

该结果表明，此时的反馈温度变化率就等于温度 T 的质点导数。原因很简单，此时温度传感器完全追随流体质点运动，T 反映的就是流体质点的温度，所以 $\dfrac{\mathrm{d}T}{\mathrm{d}t}$ 自然就是质点温度随时间的变化率，即温度 T 的质点导数。

4.3.2 考虑由 $\boldsymbol{V}=(u,v)=(0.5+0.8x)\boldsymbol{i}+[1.5+2.5\sin\omega t-0.8y]\boldsymbol{j}$ 确定的非定常二维速度场，角速度 ω 为 2π rad/s（1 Hz 的物理频率）。请证明该流动近似为不可压缩

流动。

解：x 和 y 方向的速度分量分别为
$$u = 0.5 + 0.8x$$
$$v = 1.5 + 2.5\sin\omega t - 0.8y$$

如果流动不可压缩，则 $\vec{\nabla} \cdot \vec{V} = 0$ 适用。具体到该问题，在笛卡儿坐标系中需应用 $\frac{\partial u}{\partial x} + \frac{\partial v}{\partial y} + \frac{\partial w}{\partial z} = 0$，有

$$\underbrace{\frac{\partial u}{\partial x}}_{0.8} + \underbrace{\frac{\partial v}{\partial y}}_{-0.8} + \underbrace{\frac{\partial y}{\partial z}}_{\text{由于是二维,因此该项为0}} = 0 \to 0.8 - 0.8 = 0$$

可以看到该流动在任何时刻都满足不可压缩连续性方程，因此该流动为不可压缩流动。

4.3.3 一个定常的速度场 $\boldsymbol{V} = (u, v, w) = a(x^2 y + y^2)\boldsymbol{i} + bxy^2\boldsymbol{j} + cx\boldsymbol{k}$，其中 a, b, c 为常数。在什么条件下该流动是不可压缩的？

解：对题中所给流场应用 $\frac{\partial u}{\partial x} + \frac{\partial v}{\partial y} + \frac{\partial w}{\partial z} = 0$，得

$$\underbrace{\frac{\partial u}{\partial x}}_{2axy} + \underbrace{\frac{\partial v}{\partial y}}_{2bxy} + \underbrace{\frac{\partial w}{\partial z}}_{0} = 0 \to 2axy + 2bxy = 0$$

因此，为了保证流动不可压缩，常数 a 和 b 必须在数值上相等但符号相反。不可压缩条件：$a = -b$。

4.3.4 已知 x-y 平面流动系统的流线方程为 $v_y \mathrm{d}x = v_x \mathrm{d}y$。试根据 x-y 平面问题的 N-S 方程导出重力场中沿流线的伯努利方程。

解：因为伯努利方程的前提条件是理想不可压缩流体的稳态流动，即 $\mu = 0, \rho = \text{const}$、$\frac{\partial}{\partial t} = 0$，所以可首先根据这些条件对 x-y 平面问题的 N-S 方程进行简化，得到理想流体稳态流动的运动微分方程——欧拉方程；其次，取 y 方向垂直向上（与重力方向相反），则 x 和 y 方向单位质量流体的体积力分别为 $f_x = 0$ 和 $f_y = -g$，将其代入后可得欧拉方程为

$$v_x \frac{\partial v_x}{\partial x} + v_y \frac{\partial v_x}{\partial y} = -\frac{1}{\rho}\frac{\partial p}{\partial x}$$

$$v_x \frac{\partial v_y}{\partial x} + v_y \frac{\partial v_y}{\partial y} = -g - \frac{1}{\rho}\frac{\partial p}{\partial y}$$

将以上两式分别乘 $\mathrm{d}x$ 和 $\mathrm{d}y$，可得

$$v_x \frac{\partial v_x}{\partial x}\mathrm{d}x + v_y \frac{\partial v_x}{\partial y}\mathrm{d}x = -\frac{1}{\rho}\frac{\partial p}{\partial x}\mathrm{d}x$$

$$v_x \frac{\partial v_y}{\partial x}\mathrm{d}y + v_y \frac{\partial v_y}{\partial y}\mathrm{d}y = -g\mathrm{d}y - \frac{1}{\rho}\frac{\partial p}{\partial y}\mathrm{d}y$$

再应用流线方程 $v_y \mathrm{d}x = v_x \mathrm{d}y$，可将以上两式表示为

$$v_x\left(\frac{\partial v_x}{\partial x}\mathrm{d}x+\frac{\partial v_x}{\partial y}\mathrm{d}y\right)=-\frac{1}{\rho}\frac{\partial p}{\partial x}\mathrm{d}x$$

$$v_y\left(\frac{\partial v_y}{\partial x}\mathrm{d}x+\frac{\partial v_y}{\partial y}\mathrm{d}y\right)=-g\mathrm{d}y-\frac{1}{\rho}\frac{\partial p}{\partial y}\mathrm{d}y$$

根据速度全微分概念可知，以上两式又可表示为

$$v_x\mathrm{d}v_x=-\frac{1}{\rho}\frac{\partial p}{\partial x}\mathrm{d}x$$

$$v_y\mathrm{d}v_y=-g\mathrm{d}y-\frac{1}{\rho}\frac{\partial p}{\partial y}\mathrm{d}y$$

两式相加，并应用压力全微分概念可得

$$\mathrm{d}\frac{v_x^2}{2}+\mathrm{d}\frac{v_y^2}{2}=-g\mathrm{d}y-\frac{1}{\rho}\mathrm{d}p\rightarrow\mathrm{d}\left(\frac{v_x^2+v_y^2}{2}+gy+\frac{p}{\rho}\right)=0$$

即

$$\frac{v^2}{2}+gz+\frac{p}{\rho}=C$$

此即沿流线的伯努利方程，它表明沿流线各点机械能守恒，且不同流线可有不同的 C。

4.4 计 算 题

4.4.1 给定拉格朗日位移表达式：

$$x_1=a_1\exp\left(-\frac{2t}{k}\right)$$

$$x_2=a_2\exp\left(\frac{t}{k}\right)$$

$$x_3=a_3\exp\left(\frac{t}{k}\right)$$

式中，k 为常数；$\{a_i,t\}$ 为拉格朗日变量。求欧拉速度场。

解：先求速度的拉格朗日表达式。

$$U_1=\left(\frac{\partial x_1}{\partial t}\right)_A=-\frac{2a_1}{k}\exp\left(-\frac{2t}{k}\right)$$

$$U_2=\left(\frac{\partial x_2}{\partial t}\right)_A=\frac{a_2}{k}\exp\left(\frac{t}{k}\right)$$

$$U_3=\left(\frac{\partial x_3}{\partial t}\right)_A=\frac{a_3}{k}\exp\left(\frac{t}{k}\right)$$

然后由位移表达式求得

$$a_1=x_1\exp\left(\frac{2t}{k}\right)$$

$$a_2 = x_2 \exp\left(-\frac{t}{k}\right)$$

$$a_3 = x_3 \exp\left(-\frac{t}{k}\right)$$

将 a_1, a_2, a_3 代入速度表达式,得速度场的欧拉表达式为

$$U_1 = -\frac{2}{k}x_1$$

$$U_2 = \frac{1}{k}x_2$$

$$U_3 = \frac{1}{k}x_3$$

4.4.2 欧拉表达式转换成拉格朗日表达式(E-L 变换)如下。

E-L 变换是把流场表达式中欧拉变量(x,t)用拉格朗日变量(A,t)替换,也就是首先需要求得质点的位移函数$x = x(A,t)$。设已知欧拉速度场表达式 $U = U_E(x,t)$,求它的拉格朗日表达式。

由于速度是质点位移向量对时间的一阶偏导数,在拉格朗日法中 $U_E = \left(\frac{\partial x}{\partial t}\right)_A$,因此首先要由下式求出质点的位移函数:

$$U = \left(\frac{\partial x}{\partial t}\right)_A = U_E(x,t) \tag{1}$$

式(1)是关于质点位移$x(t)$的一阶常微分方程组,它的初始条件为

$$t = 0, x = A \tag{2}$$

积分式(1),得到质点位移的表达式:

$$x = x(A,t)$$

代入速度表达式,得到速度的拉格朗日表达式:

$$U = U_E[x(A,t),t] = U_L(A,t)$$

已知欧拉速度场 $U_1 = x_1 + t, U_2 = x_2 + t, U_3 = 0$,求质点位移和速度的拉格朗日表达式。

解:解常微分方程

$$U_1 = \frac{\partial x_1}{\partial t} = x_1 + t$$

$$U_2 = \frac{\partial x_2}{\partial t} = x_2 + t$$

$$U_3 = \frac{\partial x_3}{\partial t} = 0$$

初始条件为 $t = 0, x_1 = a_1, x_2 = a_2, x_3 = a_3$。该微分方程的一般解为

$$x_1 = c_1 \exp(t) - t - 1$$

$$x_2 = c_2 \exp(t) - t - 1$$

$$x_3 = c_3$$

将初始条件代入后可得积分常数 $c_1 = a_1 + 1$, $c_2 = a_2 + 1$, $c_3 = a_3$, 最后拉格朗日位移表达式为

$$x_1 = (a_1 + 1)\exp(t) - t - 1$$
$$x_2 = (a_2 + 1)\exp(t) - t - 1$$
$$x_3 = a_3$$

将位移表达式代入速度场公式,得速度的拉格朗日表达式:

$$U_1 = (a_1 + 1)\exp(t) - 1$$
$$U_2 = (a_2 + 1)\exp(t) - 1$$
$$U_3 = 0$$

4.4.3 已知 $u_x = 4x$, $u_y = -4y$, 试求该流动的速度势函数和流函数,并绘出流动图形。

解:由题可知,该流动存在流函数 Ψ 和速度势函数 φ。

$$\frac{\partial \varphi}{\partial x} = u_x = 4x$$

$$\frac{\partial \varphi}{\partial y} = u_y = -4y$$

$$d\varphi = u_x dx + u_y dy = 4x dx - 4y dy = 2d(x^2 - y^2)$$

积分上式可得 $\varphi = 2(x^2 - y^2)$。

$$\frac{\partial \Psi}{\partial y} = u_x = 4x$$

$$\frac{\partial \Psi}{\partial x} = u_y = -4y$$

$$d\Psi = u_x dy - u_y dx = 4x dy + 4y dx = 4d(x+y)$$

积分上式可得 $\Psi = 4xy$。

流动图形如图 4-4 所示。

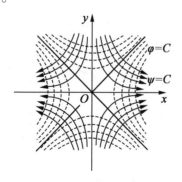

图 4-4 题 4.4.3 示意图

4.4.4 已知平面流动速度场 $u = x(1+2t)$, $v = y$, $\omega = 0$。
(1) 求 $t = 0$ 时刻通过 (1,1) 点的流体质点的迹线;
(2) 求 $t = 0$ 时刻通过 (1,1) 点的流线;
(3) 求通过 (1,1) 固定点的流体质点在 $t = 0$ 时刻形成的脉线(某一瞬时,将此前某一

时刻通过某固定点的流体质点依次连接起来所形成的曲线,定常时,与迹线、流线重合)。

解:(1)迹线微分方程为
$$\frac{dx}{dt}=x(1+2t)$$
$$\frac{dy}{dt}=y$$

积分上述两式得
$$x=C_1 e^{t(1+t)}$$
$$y=C_2 e^t$$

由条件 $t=0$ 时 $x=y=1$,可解出 $C_1=C_2=1$,于是
$$x=e^{t(1+t)}$$
$$y=e^t$$

从两式中约去 t,得
$$x=y^{1+\ln y}$$

上式即所求迹线在 $z=c$(c 为常数)平面内的方程。

(2)流线微分方程为
$$\frac{dx}{x(1+2t)}=\frac{dy}{y}$$

视 t 为常数,积分上式得
$$x=Cy^{1+2t}$$

由初始条件 $t=0$ 时 $x=y=1$,可解出 $C=1$,于是
$$x=y^{1+2t}$$

由上式可以看出通过(1,1)点的流线随时间 t 不同而不同,令 $t=0$ 则有
$$x=y$$

(3)脉线的微分方程及其通解与迹线的微分方程及其通解相同,即
$$x=C_1 e^{t(1+t)}$$
$$y=C_2 e^t$$

由初始条件 $t=\tau$ 时 $x=y=1$,可解出
$$C_1=e^{-\tau(1+\tau)}$$
$$C_2=e^{-\tau}$$

于是有
$$x(\tau)=e^{t(1+t)-\tau(1+\tau)}$$
$$y(\tau)=e^{t-\tau}$$

上两式即通过(1,1)点的脉线方程,式中 $0\leq\tau\leq t$。显然在不同时刻 t,脉线形状也不同。令 $t=0$,则有
$$x=e^{-\tau(1+\tau)}$$
$$y=e^{-\tau}$$

约去 τ,得
$$x=y^{1-\ln y}$$

三条曲线分别在图 4-5 中绘出,由于运动是非定常的,三条曲线形状各异,不相互重合。

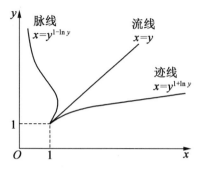

图 4-5 题 4.4.4 解答图

4.4.5 如图 4-6(a)所示,草坪洒水器喷管位于点 $(0,h)$,以角度 $\alpha(t)$ 上下摆动,水以常速度 U 离开喷管。设重力沿 y 轴负方向,求离开喷管的射流的脉线方程。

解:忽略空气阻力,离开喷管后射流速度为
$$u=C_1$$
$$v=C_2-gt$$

利用初始条件 $t=\tau,u=U\cos\alpha(\tau),v=U\sin\alpha(\tau)$ 可确定常数 $C_1=U\cos\alpha(\tau)$,$C_2=U\sin\alpha(\tau)+g\tau$,于是
$$u=U\cos\alpha(\tau)$$
$$v=U\sin\alpha(\tau)-g(t-\tau)$$

迹线方程为
$$\frac{\mathrm{d}x}{\mathrm{d}t}=U\cos\alpha(\tau)$$
$$\frac{\mathrm{d}y}{\mathrm{d}t}=U\sin\alpha(\tau)-g(t-\tau)$$

积分以上两式得
$$x=tU\cos\alpha(\tau)+C_3$$
$$y=tU\sin\alpha(\tau)-g\left(\frac{t^2}{2}-\tau t\right)+C_4$$

利用初始条件 $t=\tau$ 时 $x=0,y=h$,可确定积分常数为
$$C_3=-\tau U\cos\alpha(\tau)$$
$$C_4=h-\tau U\sin\alpha(\tau)-\frac{g\tau^2}{2}$$

于是脉线方程可写为
$$x(\tau)=U\cos\alpha(\tau)(t-\tau)$$

$$y(\tau) = h + U\sin\alpha(\tau)(t-\tau) - \frac{g(t-\tau)^2}{2}$$

式中,$0 \leq \tau \leq t$。当给出 $\alpha(\tau)$ 的具体函数式后,即可绘出射流的脉线图,如图 4-6(b) 所示。

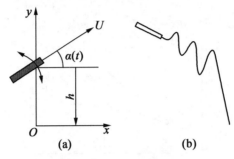

图 4-6 题 4.4.5 示意图

4.4.6 已知一不可压缩流体空间流动速度分量为 $v_x = x^2 + y^2 + x + y + z$, $v_y = y^2 + 2yz$。试用连续性方程推出 v_z 的表达式。

解:
$$\frac{\partial v_x}{\partial x} = \frac{\partial}{\partial x}(x^2 + y^2 + x + y + z) = 2x + 1$$

$$\frac{\partial v_y}{\partial y} = \frac{\partial}{\partial y}(y^2 + 2yz) = 2y + 2z$$

由连续性方程 $\frac{\partial v_x}{\partial x} + \frac{\partial v_y}{\partial y} + \frac{\partial v_z}{\partial z} = 0$,$\frac{\partial v_z}{\partial z} = -\left(\frac{\partial v_x}{\partial x} + \frac{\partial v_y}{\partial y}\right) = -(2x + 1 + 2y + 2z)$,积分可得 v_z 的表达式为

$$\frac{\partial v_z}{\partial z} = -\left(\frac{\partial v_x}{\partial x} + \frac{\partial v_y}{\partial y}\right) = -2(x+y+z) - 1 v_z$$
$$= \int [-2(x+y+z) - 1] \, dz = -2z(x+y) - z^2 - z + c$$

4.4.7 已知速度场 $v = (4y - 6x)t\boldsymbol{i} + (6y - 9x)t\boldsymbol{j}$。试问:
(1) $t = 2$ s 时,点 (2,4) 处的加速度是多少?
(2) 此流动是定常流还是非定常流?
(3) 此流动是均匀流还是非均匀流?

解:(1)
$$a_x = \frac{dv_x}{dt} = \frac{\partial v_x}{\partial t} + v_x \frac{\partial v_x}{\partial x} + v_y \frac{\partial v_x}{\partial y}$$
$$= (4y - 6x) + (4y - 6x)t(-6t) + (6y - 9x)t(4t)$$
$$= (4y - 6x)(1 - 6t^2 + 6t^2)$$

将 $t = 2$ s,$x = 2$,$y = 4$,代入上式,得
$$a_x = 4 \text{ m/s}^2$$

同理得 $a_y = 6 \text{ m/s}^2$，故
$$a = \sqrt{a_x^2+a_y^2} = 7.21 \text{ m/s}^2$$

（2）因速度场随时间变化，或由时变导数
$$\frac{\partial \boldsymbol{v}}{\partial t} = \frac{\partial v_x}{\partial t}\boldsymbol{i}+\frac{\partial v_y}{\partial t}\boldsymbol{j} = (4y-6x)\boldsymbol{i}+(6y-9x)\boldsymbol{j} \neq 0$$

此流动为非定常流。

（3）由位变导数计算式
$$(\boldsymbol{v}\cdot\nabla)\boldsymbol{v} = \left(v_x\frac{\partial v_x}{\partial x}+v_y\frac{\partial v_x}{\partial y}\right)\boldsymbol{i}+\left(v_x\frac{\partial v_y}{\partial x}+v_y\frac{\partial v_y}{\partial y}\right)\boldsymbol{j} = 0$$

此流动为均匀流。

4.4.8 $v_x=2xy, v_y=a^2+x^2-y^2$ 的平面流动，a 为常数，试分析判断：

（1）此流动是定常流还是非定常流？
（2）此流动是均匀流还是非均匀流？
（3）此流动是有旋流还是无旋流？

解：（1）v_x、v_y 仅与 x、y 有关，而与 t 无关，故此流动为定常流。

（2）
$$a_x = \frac{\text{d}v_x}{\text{d}x} = \frac{\partial v_x}{\partial t}+v_x\frac{\partial v_x}{\partial x}+v_y\frac{\partial v_x}{\partial y}+v_z\frac{\partial v_x}{\partial z} = 2(a^2x+x^2+x^2y) \neq 0$$

$$a_y = \frac{\text{d}v_y}{\text{d}y} = \frac{\partial v_y}{\partial t}+v_x\frac{\partial v_y}{\partial x}+v_y\frac{\partial v_y}{\partial y}+v_z\frac{\partial v_y}{\partial z} = 2(xy^2-a^2y+y^3) \neq 0$$

此流动为非均匀流。

（3）$\omega_z = \frac{1}{2}\left(\frac{\partial v_y}{\partial x}-\frac{\partial v_x}{\partial y}\right) = \frac{1}{2}(2x-2y) = 0$，易知 ω_x、ω_y 均为 0。此流动为无旋流。

4.4.9 已知流速场 $u_x=4x^3+2y+xy, u_y=3x-y^3+z$，试问：

（1）点（1,1,2）处的加速度是多少？
（2）此流动是几元流？
（3）此流动是恒定流还是非恒定流？
（4）此流动是均匀流还是非均匀流？

解：
$$a_x = \frac{\text{d}u_x}{\text{d}t} = \frac{\partial u_x}{\partial t}+u_x\frac{\partial u_x}{\partial x}+u_y\frac{\partial u_x}{\partial y}+u_z\frac{\partial u_x}{\partial z}$$
$$= 0+(4x^3+2y+xy)(12x^2+y)+(3x-y^3+z)(2+x)+0$$

代入（1,1,2）得
$$a_x = 0+(4+2+1)(12+1)+(3-1+2)(2+1)+0 = 103$$

同理
$$a_y = 9$$

因此：

(1)点(1,1,2)处的加速度 $a = 103i + 9j$。

(2)运动要素是三个坐标的函数,属于三元流。

(3) $\dfrac{\partial u}{\partial t} = 0$,属于恒定流。

(4)迁移加速度不等于0,属于非均匀流。

4.4.10 定常不可压缩二维流动的速度分量 u 已知,$u = ax + by$,其中 a 和 b 为常数,速度分量 v 未知。确定 v 关于 x 和 y 的表达式。

解:将速度分量代入定常不可压缩连续性方程。

不可压缩条件:

$$\frac{\partial v}{\partial y} = -\underbrace{\frac{\partial u}{\partial x}}_{a} - \underbrace{\frac{\partial y}{\partial z}}_{0} \rightarrow \frac{\partial v}{\partial y} = -a$$

然后对 y 积分。由于积分是部分积分,必须添加一些 x 的任意函数,而不是简单的积分常数。

解得

$$v = -ay + f(x)$$

如果流动是三维的,相应地应该添加 x 和 z 的任意函数。

4.4.11 已知流场中的速度分布为

$$\begin{cases} u = yz + t \\ v = xz - t \\ w = xy \end{cases}$$

(1)此流动是否恒定?

(2)求流体质点在通过场中(1,1,1)点时的加速度。

解:(1)由于速度场与时间 t 有关,该流动为非恒定流动。

(2)

$$a_x = \frac{\partial u}{\partial t} + \frac{\partial u}{\partial x}u + \frac{\partial u}{\partial y}v + \frac{\partial u}{\partial z}w = 1 + z(xz - t) + y(xy)$$

$$a_y = \frac{\partial v}{\partial t} + \frac{\partial v}{\partial x}u + \frac{\partial v}{\partial y}v + \frac{\partial v}{\partial z}w = -1 + z(yz + t) + x(xy)$$

$$a_z = \frac{\partial w}{\partial t} + \frac{\partial w}{\partial x}u + \frac{\partial w}{\partial y}v + \frac{\partial w}{\partial z}w = y(yz + t) + x(xz - t)$$

将 $x = 1, y = 1, z = 1$,代入上式,得

$$\begin{cases} a_x = 3 - t \\ a_y = 1 + t \\ a_z = 2 \end{cases}$$

4.4.12 已知流动的速度分布为

$$\begin{cases} u = ay(y^2 - x^2) \\ v = ax(y^2 - x^2) \end{cases}$$

式中，a 为常数。

(1) 试求流线方程，并绘制流线图。

(2) 判断流动是否有旋，若无旋，则求速度势 φ 并绘制等势线。

解：对于二维流动的流线，微分方程为

$$\frac{\mathrm{d}x}{u} = \frac{\mathrm{d}y}{v}$$

即

$$\frac{\mathrm{d}x}{ay(y^2-x^2)} = \frac{\mathrm{d}y}{ax(y^2-x^2)}$$

消去 $a(y^2-x^2)$，得

$$x\mathrm{d}x = y\mathrm{d}y$$

将上式积分，得

$$\frac{1}{2}x^2 = \frac{1}{2}y^2 + C$$

或

$$x^2 - y^2 = C$$

若 C 取一系列不同的数值，可得到流线族——双曲线族，它们的渐近线为 $y=x$，如图 4-7 所示。

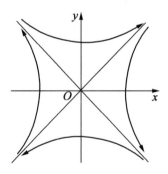

图 4-7 题 4.4.12 解答图

有关流线的指向，可由流速分布来确定：

$$\begin{cases} u = ay(y^2-x^2) \\ v = ax(y^2-x^2) \end{cases}$$

对于 $y>0$，当 $|y|>|x|$ 时，$u>0$；当 $|y|<|x|$ 时，$u<0$。

对于 $y<0$，当 $|y|>|x|$ 时，$u<0$；当 $|y|<|x|$ 时，$u>0$。

据此可画出流线的方向。

判别流动是否有旋，只要判别 rot v 是否为零即可。

$$\frac{\partial v}{\partial x}-\frac{\partial u}{\partial y}=\frac{\partial}{\partial x}[ax(y^2-x^2)]-\frac{\partial}{\partial y}[ay(y^2-x^2)]$$

$$=a(y^2-x^2)-2ax^2-a(y^2-x^2)-2ay^2$$

$$=-2ax^2-2ay^2\neq 0$$

所以流动是有旋的，不存在速度势。

4.4.13 已知平面流动的速度分布为 $u=x^2+2x-4y$，$v=-2xy-2y$。

(1) 流动是否满足连续性方程？

(2) 流动是否有旋？

(3) 如存在速度势和流函数，求出 φ 和 ψ。

解：(1) 判断 $\mathrm{div}\,\nu$ 是否为零。

$$\frac{\partial u}{\partial x}+\frac{\partial v}{\partial y}=2x+2-2x-2=0$$

故流动满足连续性方程。

(2) 对于二维流动的 $\mathrm{rot}\,\nu$，有

$$\frac{\partial v}{\partial x}-\frac{\partial u}{\partial y}=-2y-(-4)\neq 0$$

故流动有旋。

(3) 此流场为不可压缩流动的有旋二维流动，存在流函数 ψ，而速度势 φ 不存在，得

$$\frac{\partial \psi}{\partial y}=u=x^2+2x-4y$$

将上式积分，得 $\psi=x^2y+2xy-2y^2+f(x)$

$$\frac{\partial \psi}{\partial x}=-v=2xy+2y$$

$$2xy+2y+f'(x)=2xy+2y$$

$$f'(x)=0$$

$$f(x)=C$$

故 $\psi=x^2y+2xy-2y^2$（常数可以看作零）。

4.4.14 考虑柱坐标系中的二维不可压缩流动，切向速度分量为 $u_\theta=\dfrac{K}{r}$，K 为常数。确定另一速度分量 u_r 的表达式。

解：在这种二维情况下不可压缩连续性方程

$$\frac{1}{r}\frac{\partial(ru_r)}{\partial r}+\frac{1}{r}\frac{\partial(u_\theta)}{\partial \theta}+\frac{\partial(u_z)}{\partial z}=0$$

简化为

$$\frac{1}{r}\frac{\partial(ru_r)}{\partial r}+\frac{1}{r}\frac{\partial u_\theta}{\partial \theta}+\underbrace{\frac{\partial u_z}{\partial z}}_{0(二维)}=0 \rightarrow \frac{\partial(ru_r)}{\partial r}=-\frac{\partial u_\theta}{\partial \theta} \tag{1}$$

根据 u_θ 给定的表达式可以看出，u_θ 不是 θ 的函数，因此式(1)可简化为

$$\frac{\partial(ru_r)}{\partial r}=0 \rightarrow ru_r=f(\theta,t) \tag{2}$$

由于是对 r 进行的部分积分,引入 θ 和 t 的任意函数而不是积分常数。解出

$$u_r=\frac{f(\theta,t)}{r} \tag{3}$$

因此,由式(3)给出的径向速度分量表示的二维不可压缩速度场满足连续性方程。

下面讨论一些特殊情况。当 $f(\theta,t)=0$ ($u_r=0$, $u_\theta=\frac{K}{r}$)时,是最简单的情况。这种情况下产生的线涡如图 4-8(a)所示。另一个简单的情况是 $f(\theta,t)=C$,其中 C 是一个常数。这样会得到一个大小按 $\frac{1}{r}$ 衰减的径向速度。当 C 为负,表示螺旋线涡流/汇流,流体单元不仅围绕原点旋转,而且在原点处被吸入汇点(实际上是沿着 z 轴排列的一系列汇点),如图 4-8(b)所示。

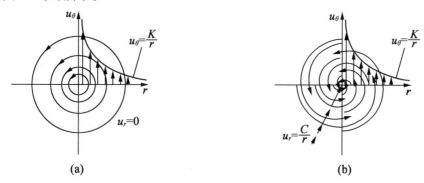

图 4-8 题 4.4.14 解答图

4.4.15 已知流场的速度分布为

$$\boldsymbol{v}=xy^2\boldsymbol{i}-\frac{1}{3}y^3\boldsymbol{j}+xy\boldsymbol{k}$$

(1)流动属几维流动?
(2)求 $(x,y,z)=(1,2,3)$ 点的加速度。
解:(1)二维流动。
(2)

$$v_x=xy^2$$
$$v_y=-\frac{1}{3}y^3$$
$$v_z=xy$$

$$a_x=\frac{\partial v_x}{\partial t}+v_x\frac{\partial v_x}{\partial x}+v_y\frac{\partial v_x}{\partial y}+v_z\frac{\partial v_x}{\partial z}=xy^4-\frac{2}{3}xy^4=2^4-\frac{2}{3}\times2^4=\frac{16}{3}$$

$$a_y=\frac{\partial v_y}{\partial t}+v_x\frac{\partial v_y}{\partial x}+v_y\frac{\partial v_y}{\partial y}+v_z\frac{\partial v_y}{\partial z}=\frac{1}{3}y^5=\frac{1}{3}\times2^5=\frac{32}{3}$$

$$a_z = \frac{\partial v_z}{\partial t} + v_x\frac{\partial v_z}{\partial x} + v_y\frac{\partial v_z}{\partial y} + v_z\frac{\partial v_z}{\partial z} = \frac{2}{3}xy^3 = \frac{2}{3} \times 2^3 = \frac{16}{3}$$

4.4.16 已知流场的速度分布为

$$\boldsymbol{v} = x^2 y \boldsymbol{i} - 3y \boldsymbol{j} + 2z^2 \boldsymbol{k}$$

(1)流动属几维流动?
(2)求$(x,y,z)=(3,1,2)$点的加速度。
解:(1)三维流动。
(2)

$$v_x = x^2 y$$
$$v_y = -3y$$
$$v_z = 2z^2$$

$$a_x = \frac{\partial v_x}{\partial t} + v_x\frac{\partial v_x}{\partial x} + v_y\frac{\partial v_x}{\partial y} + v_z\frac{\partial v_x}{\partial z} = 2x^3 y^2 - 3yx^2 = 2 \times 3^3 \times 1^2 - 3 \times 1 \times 3^2 = 27$$

$$a_y = \frac{\partial v_y}{\partial t} + v_x\frac{\partial v_y}{\partial x} + v_y\frac{\partial v_y}{\partial y} + v_z\frac{\partial v_y}{\partial z} = 9y = 9 \times 1 = 9$$

$$a_z = \frac{\partial v_z}{\partial t} + v_x\frac{\partial v_z}{\partial x} + v_y\frac{\partial v_z}{\partial y} + v_z\frac{\partial v_z}{\partial z} = 8z^3 = 8 \times 2^3 = 64$$

4.4.17 已知流场的速度分布为

$$\boldsymbol{v} = (4x^3 + 2y + xy)\boldsymbol{i} + (3x - y^3 + z)\boldsymbol{j}$$

(1)流动属几维流动?
(2)求$(x,y,z)=(2,2,3)$点的加速度。
解:(1)三维流动。
(2)

$$v_x = 4x^3 + 2y + xy$$
$$v_y = 3x - y^3 + z$$

$$a_x = \frac{\partial v_x}{\partial t} + v_x\frac{\partial v_x}{\partial x} + v_y\frac{\partial v_x}{\partial y} + v_z\frac{\partial v_x}{\partial z}$$
$$= (4x^3 + 2y + xy)(12x^2 + 6) + (3x - y^3 + z)(2 + x)$$
$$= 2\,004$$

$$a_y = \frac{\partial v_y}{\partial t} + v_x\frac{\partial v_y}{\partial x} + v_y\frac{\partial v_y}{\partial y} + v_z\frac{\partial v_y}{\partial z} = 3(4x^3 + 2y + xy) - 3y^2(3x - y^3 + z) = 108$$

4.4.18 有两个流动,其速度势函数分别为

$$\varphi_1 = 3x - 4y$$
$$\varphi_2 = \frac{x}{x^2 + y^2}$$

试求合成流动的速度势函数、流函数、复位势和在$x=\pi, y=\pi$点上的速度值。
解:合成流动的速度势函数为

$$\varphi = \varphi_1+\varphi_2 = 3x-4y+\frac{x}{x^2+y^2}$$
$$=\frac{3x^3-4x^2y+3xy^2-4y^3+x}{x^2+y^2}$$

既可以由 φ 求 ψ，也可以分别由 φ_1,φ_2 求出 ψ_1,ψ_2 后再叠加求 ψ。

(1) 求 ψ_1。

因为
$$\frac{\partial \psi_1}{\partial y}=\frac{\partial \varphi_1}{\partial x}=3$$

所以
$$\psi_1 = 3y+f_1(x)$$

又
$$\frac{\partial \psi_1}{\partial y}=f_1'(x)=-\frac{\partial \psi_1}{\partial y}=4$$

所以
$$f_1(x) = 4x+C_1$$

故
$$\psi_1 = 3y+4x+C_1$$

(2) 求 ψ_2。
$$\frac{\partial \psi_2}{\partial y}=\frac{\partial \varphi_2}{\partial x}=\frac{y^2-x^2}{(x^2+y^2)^2}$$

所以
$$\psi_2 = \int \frac{y^2}{(x^2+y^2)^2}\mathrm{d}y - \int \frac{x^2}{(x^2+y^2)^2}\mathrm{d}y$$
$$=\frac{-y}{2(x^2+y^2)}+\frac{1}{2x}\arctan\frac{y}{x}-\frac{x^2y}{2x^2(x^2+y^2)}-\frac{x^2}{2x^3}\arctan\frac{y}{x}+f_2(x)$$
$$=f_2(x)-\frac{y}{x^2+y^2}$$

又因为
$$\frac{\partial \psi_2}{\partial x}=f_2'(x)+\frac{2xy}{(x^2+y^2)^2}=-\frac{\partial \psi_2}{\partial y}=\frac{2xy}{(x^2+y^2)^2}$$

所以
$$f_2'(x) = 0$$

即
$$f_2(x) = C_2$$

于是
$$\psi_2 = -\frac{y}{x^2+y^2}+C_2$$

故
$$\psi = \psi_1 + \psi_2 = 4x + 3y + C_1 - \frac{y}{x^2+y^2} + C_2$$
$$= 4x + 3y - \frac{y}{x^2+y^2} + C$$

其中,常数 C 的数值不影响流动图形,因此令 $C=0$,最后得
$$\psi = 4x + 3y - \frac{y}{x^2+y^2}$$

复位势为
$$W = \varphi + i\psi = \left(3x - 4y\right) + \frac{x}{x^2+y^2} + i\left(3y + 4x - \frac{y}{x^2+y^2}\right)$$

(3) 求速度。
$$\frac{dW}{dz} = \frac{\partial \varphi}{\partial x} + i\frac{\partial \psi}{\partial x} = v_x - iv_y = 3 + \frac{y^2 - x^2}{(x^2+y^2)^2} + i\left[4 + \frac{2xy}{(x^2+y^2)^2}\right]$$

故
$$v_x = 3 + \frac{y^2 - x^2}{(x^2+y^2)^2}$$
$$v_y = -\left[4 + \frac{2xy}{(x^2+y^2)^2}\right]$$

所以
$$v = \sqrt{v_x^2 + v_y^2}$$
$$= \sqrt{\left[3 + \frac{y^2 - x^2}{(x^2+y^2)^2}\right]^2 + \left[4 + \frac{2xy}{(x^2+y^2)^2}\right]^2}$$

当 $x = \pi, y = \pi$ 时,代入得
$$v = 5.04 \text{ m/s}$$

4.4.19 已知某二维不可压缩流场速度分布为
$$v_x = x^2 + 4x - y^2$$
$$v_y = -2xy - 4y$$

(1) 流动是否连续?
(2) 流场是否有旋?
(3) 试确定速度为零的驻点位置。
(4) 试确定速度势函数 φ 和流函数 ψ。

解:(1) 由
$$\frac{\partial v_x}{\partial x} + \frac{\partial v_y}{\partial y} = 2x + 4 - 2x - 4 = 0$$

可知流动连续。

（2）因为
$$\frac{\partial v_x}{\partial y}=-2y=\frac{\partial v_y}{\partial x}$$
所以流场无旋。

（3）由驻点处 $v_x=0, v_y=0$，解方程
$$\begin{cases} x^2+4x-y^2=0 \\ -2xy-4y=0 \end{cases}$$
得驻点为
$$\begin{cases} x_1=0 \\ y_1=0 \end{cases}$$
$$\begin{cases} x_2=-4 \\ y_2=0 \end{cases}$$

（4）由速度势函数定义，可知
$$\frac{\partial \varphi}{\partial x}=v_x=x^2+4x-y^2$$
积分得
$$\varphi=\frac{1}{3}x^3+2x^2-y^2x+f(y)$$
又由
$$v_y=-2xy-4y$$
$$v_y=\frac{\partial \varphi}{\partial y}=-2xy+f'(y)$$
得
$$f'(y)=-4y$$
即
$$f(y)=-2y^2+C$$
令 $C=0$，得速度势函数为
$$\varphi=\frac{1}{3}x^3+2x^2-y^2x-2y^2$$
由流函数定义，可知
$$\frac{\partial \psi}{\partial x}=v_x=x^2+4x-y^2$$
积分得
$$\psi=x^2y+4xy-\frac{1}{3}y^3+f(x)$$
$$\frac{\partial \psi}{\partial x}=2xy+4y+f'(x)$$

又

$$\frac{\partial \psi}{\partial x} = -v_y = 2xy + 4y$$

得

$$f'(x) = 0$$

即

$$f(x) = C$$

令 $C=0$，得流函数为

$$\psi = x^2 y + 4xy - \frac{1}{3}y^3$$

4.4.20 如果一个已知的二维流场在 x 轴与 y 轴方向上的速度分量分别为 $u = x(1+2t)$、$v = y$，其中 x,y 并非是 t 的函数，请问此流场是否为稳态？为什么？

解：因为 $\dfrac{\partial \bm{V}}{\partial t} = \dfrac{\partial u}{\partial t}\bm{i} + \dfrac{\partial v}{\partial t}\bm{j} \neq 0$，所以此流场不为稳态。

4.4.21 如图 4-9 所示，如果一个已知的二维流场在 x 轴与 y 轴方向上的速度分量分别为 $u = x(1+2t)$、$v = y$，请求出：

(1) 在 $t=0$ 时通过位置 $(1,1)$ 的流线方程；

(2) 在 $t=0$ 时自位置 $(1,1)$ 释出流体质点的迹线方程。

(3) 在 $t=0$ 时通过位置 $(1,1)$ 的烟线（通过空间某指定点的所有流体质点在某一瞬间所有质点位置的连线）方程。

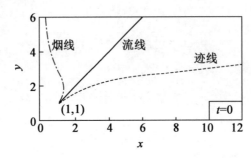

图 4-9 题 4.4.21 示意图

解：(1) 流线方程的求解过程。

① 因为二维流场的流线必须满足 $\dfrac{\mathrm{d}x}{u} = \dfrac{\mathrm{d}y}{v}$，所以可以推得

$$\frac{\mathrm{d}y}{\mathrm{d}x} = \frac{v}{u} = \frac{y}{x(1+2t)} \Rightarrow \frac{\mathrm{d}y}{y} = \frac{\mathrm{d}x}{x(1+2t)} \Rightarrow \ln y = \frac{\ln x}{1+2t} + C。$$

② 因为当 $t=0$ 时 $x=1$，$y=1$，代入步骤①导出的关系式中，可以推得 $C=0$，且 $y = x^{1/(1+2t)}$。

③ 将 $t=0$ 代入步骤②导出的关系式中，消去时间 t，可以获得当 $t=0$ 时的流线方程为

$$x = y$$

(2)迹线方程的求解过程。

① 因为二维流场的迹线必须满足 $\dfrac{dx}{dt}=u=x(1+2t)$ 与 $\dfrac{dy}{dt}=v=y$ 两个系件,将两式积分推得

$$x=C_1\exp[t(1+t)] \text{ 与 } y=C_2\exp(t)$$

② 将 $t=0$ 时通过位置 $(1,1)$ 的条件代入 $x=C_1\exp[t(1+t)]$ 与 $y=C_2\exp(t)$ 中可以得到 $C_1=1$ 且 $C_2=1$。

③ 由步骤②导出的关系式消去时间 t,可以得到在 $t=0$ 时自位置 $(1,1)$ 释出流体质点的迹线方程为

$$x=y^{1+\ln y}$$

(3)烟线方程的求解过程。

① 因为用来求解烟线的方程是 $\dfrac{dx_i}{dt}=u=x(1+2t)$ 与 $\dfrac{dy_i}{dt}=v=y$,将两个式子积分,得到

$$x_i=C_1\exp[t(1+t)]$$
$$y_i=C_2\exp(t)$$

② 将初始系件(initial condition)代入步骤①导出的关系式中,当 $t=\tau$ 时,$y_i=x_i=1$,因此可以得到 $C_1=\exp[-\tau(1+\tau)]$ 与 $C_2=\exp(-\tau)d$。

③ 将时间 $t=0$ 代入步骤①与②导出的关系式中消去时间 t,可以得到 $t=0$ 时通过位置 $(1,1)$ 点的烟线方程为

$$x_i=y_i^{1-\ln y}$$

(4)综合讨论。

上面的推导可以证实:如果流体流场是非稳态的,流线、烟线与迹线三者不会彼此重合。

4.4.22 已知速度场

$$\begin{cases} v_x=\dfrac{1}{\rho}(y^2-x^2) \\ v_y=\dfrac{1}{\rho}(2xy) \\ v_z=\dfrac{1}{\rho}(-2tz) \\ \rho=t^2 \end{cases}$$

试问流动是否满足连续性条件。

解:此流动为可压缩流体,非定常流动,所以可利用连续性微分方程一般式计算。

$$\dfrac{\partial\rho}{\partial t}=2t$$

$$\dfrac{\partial(\rho v_x)}{\partial x}=\dfrac{\partial(y^2-x^2)}{\partial x}=-2x$$

$$\frac{\partial(\rho v_y)}{\partial y}=\frac{\partial(2xy)}{\partial y}=2x$$

$$\frac{\partial(\rho v_z)}{\partial z}=\frac{\partial(-2tz)}{\partial z}=-2t$$

将以上各项代入连续方程

$$\frac{\partial \rho}{\partial t}+\frac{\partial(\rho V_x)}{\partial x}+\frac{\partial(\rho V_y)}{\partial y}+\frac{\partial(\rho)}{\partial z}=2t-2x+2x-2t=0$$

此流动满足连续性条件,流动可能出现。

4.4.23 给定流速场 $v_x=x^2y+y^2, v_y=x^2-y^2x, v_z=0$。

(1)是否同时存在流函数和势函数?

(2)如存在,求出其具体形式。

解:(1)流函数是由不可压缩流体平面流动连续性微分方程引入的,故可通过计算该流场是否满足该方程来判断是否存在流函数。

$$\frac{\partial v_x}{\partial x}+\frac{\partial v_y}{\partial y}=2xy-2xy=0$$

即该流场满足连续性微分方程,故存在流函数。

势函数是由不可压缩流体无旋流动引入的,故可通过计算是否满足 $\omega=0$ 来判断是否存在势函数。平面流动唯一存在的角流速度分量只有 ω_z,故有

$$\omega_z=\frac{1}{2}\left(\frac{\partial v_y}{\partial x}-\frac{\partial v_x}{\partial y}\right)=\frac{1}{2}(2x-y^2-x^2-2y)\neq 0$$

所以不存在势函数。

(2)求流函数。由 $v_x=\frac{\partial \Psi}{\partial y}=x^2y+y^2$ 积分得

$$\Psi=\frac{x^2y^2}{2}+\frac{y^3}{3}+f(x)$$

又

$$v_y=-\frac{\partial \Psi}{\partial x}=-xy^2-f'(x)$$

对比已知流速 $v_y=x^2-y^2x$,得

$$f'(x)=-x^2$$

两边积分,得 $f(x)=-\frac{x^3}{3}+C$,则

$$\Psi=\frac{x^2y^2}{2}+\frac{y^3}{3}-\frac{x^3}{3}+C$$

因常数 C 不影响流场的速度分布,一般省略不写,故

$$\Psi=\frac{x^2y^2}{2}+\frac{y^3}{3}-\frac{x^3}{3}$$

4.4.24 已知某二维不可压缩流场的速度分布为 $v_x=x^2+4x-y^2, v_y=-2xy-4y$。试确定:

第4章 流体运动学

(1) 流动是否连续？
(2) 流动是否有旋？
(3) 速度为零的驻点位置。
(4) 速度势函数 φ 和流函数 Ψ。

解：(1) 由连续方程得

$$\frac{\partial v_x}{\partial x}+\frac{\partial v_y}{\partial y}=2x+4-2x-4=0$$

可知流动连续。

(2) 由于

$$\frac{\partial v_x}{\partial y}=-2y=\frac{\partial v_y}{\partial x}$$

故流场无旋。

(3) 由驻点 $v_x=0, v_y=0$，有

$$\begin{cases} x^2+4x-y^2=0 \\ -2xy-4y=0 \end{cases}$$

解方程得驻点为

$$\begin{cases} x_1=0 \\ y_1=0 \end{cases}$$

$$\begin{cases} x_2=-4 \\ y_2=0 \end{cases}$$

(4) 由速度势函数定义 $\dfrac{\partial \varphi}{\partial x}=v_x=x^2+4x-y^2$，积分得

$$\varphi=\frac{1}{3}x^3+2x^2-y^2x+f(y)$$

又由 $v_y=-2xy-4y, v_y=\dfrac{\partial \varphi}{2y}=-2xy+f'(y)$，得

$$f'(y)=-4y$$

及

$$y=-2y^2+C$$

令 $C=0$，得速度势函数为

$$\varphi=\frac{1}{3}x^3+2x^2-y^2x-2y^2$$

由流函数定义得

$$\frac{\partial \Psi}{\partial y}=v_x=x^2+4x-y^2$$

积分得

$$\Psi=x^2y+4xy-\frac{1}{3}y^3+f(x)$$

$$\frac{\partial \Psi}{\partial x} = 2xy + 4y + f'(x)$$

又

$$\frac{\partial \Psi}{\partial x} = -v_y = 2xy + 4y$$

得

$$f'(x) = 0$$

即

$$f(x) = C$$

令 $C=0$,得流函数为

$$\Psi = x^2 y + 4xy - \frac{1}{3} y^3$$

4.4.25 给定直角坐标系中速度场为

$$\boldsymbol{v} = (x^2 y + y^2) \boldsymbol{i} + (x^2 - xy^2) \boldsymbol{j} + 0 \boldsymbol{k}$$

试求线变形率和剪切角变形,并判断该流场是否为不可压缩流场。

解:(1)求线变形率。由题意知速度场各分速度为

$$v_x = x^2 y + y^2$$
$$v_y = x^2 - xy^2$$
$$v_z = 0$$
$$\theta_{xx} = \frac{\partial v_x}{\partial x} = 2xy$$
$$\theta_{yy} = \frac{\partial v_y}{\partial y} = -2xy$$
$$\theta_{zz} = 0$$

(2)求剪切角变形。

$$\varepsilon_{xy} = \varepsilon_{yx} = \frac{1}{2} \left(\frac{\partial v_x}{\partial y} + \frac{\partial v_y}{\partial x} \right) = \frac{x^2 + 2y}{2} + \frac{2x - y^2}{2} = \frac{x^2 - y^2}{2} + x + y$$

$$\varepsilon_{yz} = \varepsilon_{zy} = \frac{1}{2} \left(\frac{\partial v_y}{\partial z} + \frac{\partial v_z}{\partial y} \right) = 0$$

$$\varepsilon_{zx} = \varepsilon_{xz} = \frac{1}{2} \left(\frac{\partial v_z}{\partial x} + \frac{\partial v_x}{\partial z} \right) = 0$$

(3)判别流场是否为不可压缩。代入不可压缩连续方程,有

$$\frac{\partial v_x}{\partial x} + \frac{\partial v_y}{\partial y} + \frac{\partial v_z}{\partial z} = 2xy - 2xy = 0$$

所以该流场为不可压缩流场。

4.4.26 如图 4-10 所示,风速 $U_0 = 12 \text{ m/s}$(强风)的水平风,吹过高度 $H = 300 \text{ m}$,形状接近钝头曲线的山坡。试用势流来描述此流动。

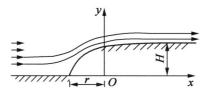

图 4-10 题 4.4.26 示意图

解:依照水平风吹过山坡的流动图形,可近似用半个半体($y \geq 0$)绕流来描述。已知半体绕流的势函数和流函数由等速均匀流和点源叠加得出:

$$\varphi = U_0 r\cos\theta + \frac{q}{2\pi}\ln r$$

$$\Psi = U_0 r\sin\theta + \frac{q}{2\pi}\theta$$

速度场

$$v_r = \frac{\partial \varphi}{\partial r} = U_0\cos\theta + \frac{q}{2\pi r}$$

$$v_\theta = \frac{1}{r}\frac{\partial \varphi}{\partial \theta} = -U_0\sin\theta$$

按边界条件,确定驻点坐标 r_s 和源流强度 q。

山坡起升点(坡脚)是驻点,由 $v_r = 0, v_\theta = 0$,解得驻点坐标 $\theta = \pi, r_s = \frac{q}{2\pi U_0}$,将 $\theta = \pi$ 代入流函数得驻点的流函数 $\Psi = \frac{q}{2}$,则过驻点的流线(绕流边界线)方程为

$$U_0 r\sin\theta + \frac{q}{2\pi}\theta = \frac{q}{2}$$

山坡顶面趋向平面,绕流边界线 $\theta \to 0, r \to \infty, r\sin\theta = y = H$,代入上式得 $U_0 H = \frac{q}{2}$,得出源流强度

$$q = 2U_0 H = 2 \times 12 \times 300 = 7\,200(\mathrm{m^2/s})$$

驻点坐标

$$\theta = \pi$$

$$r_s = \frac{q}{2\pi U_0} = 95.54(\mathrm{m})$$

将 U_0, q 代回前式得势函数和流函数

$$\varphi = 12r\cos\theta + 1\,146.5\ln r$$

$$\Psi = 12r\sin\theta + 1\,146.5\theta$$

速度场

$$v_r = \frac{\partial \varphi}{\partial r} = 12\cos\theta + 1\,146.5\frac{1}{r}$$

$$v_\theta = \frac{1}{r}\frac{\partial \varphi}{\partial \theta} = -12\sin\theta$$

4.4.27 已知平面不可压缩流体流动的流速为 $v_x = x^2 + 2x - 4y$, $v_y = -2xy - 2y$。
(1)检查流动是否连续。
(2)检查流动是否有旋。
(3)求流场驻点位置。
(4)求流函数。

解:(1)由题意可知

$$\frac{\partial v_x}{\partial x} = 2x + 2$$

$$\frac{\partial v_y}{\partial y} = -2x - 2$$

有

$$\frac{\partial v_x}{\partial x} + \frac{\partial v_y}{\partial y} = 2x + 2 - 2x - 2 = 0$$

满足连续性方程。

(2)由题意可知

$$\frac{\partial v_y}{\partial x} = -2y$$

$$\frac{\partial v_x}{\partial y} = -4$$

有

$$\omega_z = \frac{1}{2}\left(\frac{\partial v_y}{\partial x} - \frac{\partial v_x}{\partial y}\right) = -y + 2 \neq 0$$

可见流动为有旋流动,故不存在势函数,只存在流函数。

(3)驻点条件

$$v_x = x^2 + 2x - 4y = x(x+2) - 4y = 0$$

$$v_y = -2xy - 2y = -2y(x+1) = 0$$

由 $y = 0$ 代入解得 $x = 0, x = -2$;由 $x = -1$ 代入解得 $y = -\frac{1}{4}$,解得驻点为如下三点:

$(0,0)$;$(-2,0)$;$\left(-1, -\frac{1}{4}\right)$。

(4)由题意可知 $\dfrac{\partial \Psi}{\partial y} = v_x = x^2 + 2x - 4y$,因此积分有

$$\Psi = x^2 y + 2xy - 2y^2 + f(x)$$

$$\frac{\partial \Psi}{\partial x} = -v_y = 2xy + 2y + f'(x) = 2xy + 2y$$

所以有 $f'(x)=0, f(x)=C$。令其为 0,则可得流函数为
$$\Psi = x^2y + 2xy - 2y^2$$

4.4.28 给定拉格朗日流场质点迹线方程为
$$x = ae^{-(2t/k)}$$
$$y = be^{t/k}$$
$$z = ce^{t/k}$$

式中,k 为常数。试判断流场:
(1)是否为稳态流场;
(2)是否不可压缩;
(3)是否有旋。

解:由迹线方程可知质点运动轨迹是空间曲线。根据迹线方程求导可得速度分量为
$$v_x = \frac{dx}{dt} = -\frac{2a}{k}e^{-(2t/k)} = -\frac{2}{k}x$$
$$v_y = \frac{dy}{dt} = \frac{b}{k}e^{t/k} = \frac{1}{k}y$$
$$v_z = \frac{dz}{dt} = \frac{c}{k}e^{t/k} = \frac{1}{k}z$$

(1)由于 $\partial v_x/\partial t = 0, \partial v_y/\partial t = 0, \partial v_z/\partial t = 0$,即流体速度均与时间 t 无关,所以该流场为稳态流场。

(2)因为
$$\nabla \cdot v = \frac{\partial v_x}{\partial x} + \frac{\partial v_y}{\partial y} + \frac{\partial v_z}{\partial z} = -\frac{2}{k} + \frac{1}{k} + \frac{1}{k} = 0$$

所以该流场不可压缩。

(3)因为
$$\omega_x = \frac{1}{2}\left(\frac{\partial v_z}{\partial y} - \frac{\partial v_y}{\partial z}\right) = 0$$
$$\omega_y = \frac{1}{2}\left(\frac{\partial v_x}{\partial z} - \frac{\partial v_z}{\partial x}\right) = 0$$
$$\omega_z = \frac{1}{2}\left(\frac{\partial v_y}{\partial x} - \frac{\partial v_x}{\partial y}\right) = 0$$

所以该流场为无旋流场。这意味着流体质点以平移方式沿曲线轨迹运动。

4.4.29 一平面势流由点源和点汇叠加而成,点源位于点 $(-1,0)$,其强度为 $m_1 = 20 \text{ m}^3/\text{s}$,点汇位于点 $(2,0)$,其强度为 $m_2 = 40 \text{ m}^3/\text{s}$,流体密度 $\rho = 1.8 \text{ kg/m}^3$。设已知流场中 $(0,0)$ 点的压强为 0,试求点 $(0,1)$ 和 $(1,1)$ 的流速和压强。

解:点源和点汇叠加后的复势
$$W(z) = \frac{m_1}{2\pi}\ln(z+1) - \frac{m_2}{2\pi}\ln(z-2)$$

$$\frac{\mathrm{d}W}{\mathrm{d}z}=\frac{m_1}{2\pi}\frac{1}{z+1}-\frac{m_2}{2\pi}\frac{1}{z-2}$$

$$=\frac{m_1}{2\pi}\frac{1}{(x+1)+\mathrm{i}y}-\frac{m_2}{2\pi}\frac{1}{(x-2)+\mathrm{i}y}=\frac{m_1}{2\pi}\frac{(x+1)-\mathrm{i}y}{(x+1)^2+y^2}-\frac{m_2}{2\pi}\frac{(x-2)-\mathrm{i}y}{(x-2)^2+y^2}$$

即

$$u=\frac{m_1}{2\pi}\frac{x+1}{(x+1)^2+y^2}-\frac{m_2}{2\pi}\frac{x-2}{(x-2)^2+y^2}$$

$$v=\frac{m_1}{2\pi}\frac{y}{(x+1)^2+y^2}-\frac{m_2}{2\pi}\frac{y}{(x-2)^2+y^2}$$

点 $(0,1)$ 处流速为 V_1，

$$u_1=\frac{20}{2\pi}\frac{1}{1+1}-\frac{40}{2\pi}\frac{-2}{4+1}=4.14(\mathrm{m/s})$$

$$v_1=\frac{20}{2\pi}\frac{1}{2}-\frac{40}{2\pi}\frac{1}{5}=\frac{1}{\pi}=0.318(\mathrm{m/s})$$

速度大小

$$V_1=\sqrt{u_1^2+v_1^2}=\sqrt{4.14^2+0.318^2}=4.15(\mathrm{m/s})$$

同理，点 $(1,1)$ 处流速为 V_2，

$$u_2=4.46(\mathrm{m/s})$$

$$v_2=-2.55(\mathrm{m/s})$$

速度大小

$$V_2=5.13(\mathrm{m/s})$$

点 $(0,0)$ 处流速为 V_0，

$$u_0=6.37(\mathrm{m/s})$$

$$v_0=0$$

速度大小

$$V_0=6.37(\mathrm{m/s})$$

由伯努利方程

$$p+\frac{\rho}{2}V^2=C=0+\frac{1.8}{2}\times 6.37^2=36.5$$

$(0,1)$ 处压强为

$$p_1=36.5-\frac{\rho}{2}\times 4.15^2=21(\mathrm{Pa})$$

$(1,1)$ 处压强为

$$p_2=36.5-\frac{\rho}{2}\times 5.13^2=12.81(\mathrm{Pa})$$

4.4.30 已知用拉格朗日变数表示流速场为

$$\begin{cases} v_x = (a+1)\mathrm{e}^t - 1 \\ v_y = (b+1)\mathrm{e}^t - 1 \end{cases}$$

式中,a,b 是 $t=0$ 时流体质点的直角坐标值。试求:
(1) $t=2$ 时,流体中质点的分布规律;
(2) $a=1,b=2$ 时,对应质点的运动规律;
(3) 加速度场。

解:(1)把已知速度代入速度计算公式有

$$v_x = \frac{\mathrm{d}x}{\mathrm{d}t} = (a+1)\mathrm{e}^t - 1$$

$$v_y = \frac{\mathrm{d}y}{\mathrm{d}t} = (b+1)\mathrm{e}^t - 1$$

积分上式得

$$x = \int [(a+1)\mathrm{e}^t - 1]\mathrm{d}t = (a+1)\mathrm{e}^t - t + c_1$$

$$y = \int [(b+1)\mathrm{e}^t - 1]\mathrm{d}t = (b+1)\mathrm{e}^t - t + c_2$$
(1)

代入条件 $t=0$ 时,$x=a,y=b$,求出积分常数 c_1,c_2:

$$\begin{cases} a = (a+1)\mathrm{e}^0 + c_1 \\ b = (b+1)\mathrm{e}^0 + c_2 \end{cases}$$

可得 $c_1 = -1, c_2 = -1$。
代入式(1)得各流体质点的一般分布规律为

$$\begin{cases} x = (a+1)\mathrm{e}^t - t - 1 \\ y = (b+1)\mathrm{e}^t - t - 1 \end{cases}$$
(2)

当 $t=2$ 时的流场中质点的分布规律为

$$\begin{cases} x = (a+1)\mathrm{e}^2 - 3 \\ y = (b+1)\mathrm{e}^2 - 3 \end{cases}$$

(2) 把 $a=1,b=2$,代入式(2)得

$$\begin{cases} x = 2\mathrm{e}^2 - t - 1 \\ y = 3\mathrm{e}^2 - t - 1 \end{cases}$$

(3) 求速度场。

$$a_x = \frac{\mathrm{d}v_x}{\mathrm{d}t} = \frac{\partial [(a+1)\mathrm{e}^t - 1]}{\partial t} = (a+1)\mathrm{e}^t$$

$$a_y = \frac{\mathrm{d}v_y}{\mathrm{d}t} = \frac{\partial [(b+1)\mathrm{e}^t - 1]}{\partial t} = (b+1)\mathrm{e}^t$$

4.4.31 设如图 4-11 所示的空气对圆柱存在环量绕流,已知 A 点为驻点。若 $U_0 = 20$ m/s,$\alpha = 20°$,圆柱的半径 $r_0 = 25$ cm,$f = 10$ cm,$l = 10\sqrt{3}$ cm。试求:
(1)另一驻点 B 及压强最小点的位置;

(2)圆柱所受升力大小及方向;
(3)大致的流线谱。

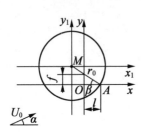
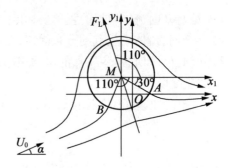

图 4-11　题 4.4.31 示意图

解:做平移变换 $z_1=z-M$,则圆柱中心位于 z_1 平面上的原点为 M,则绕流复势

$$W(z_1) = U_0 \mathrm{e}^{-\mathrm{i}\alpha}\left(z_1+\frac{r_0^2 \mathrm{e}^{\mathrm{i}2\alpha}}{z_1}\right)+\frac{\mathrm{i}\Gamma}{2\pi}\ln z_1$$

$$\frac{\mathrm{d}W}{\mathrm{d}z_1} = U_0 \mathrm{e}^{-\mathrm{i}\alpha}\left(1-\frac{r_0^2 \mathrm{e}^{\mathrm{i}2\alpha}}{z_1^2}\right)+\frac{\mathrm{i}\Gamma}{2\pi}\frac{1}{z_1}$$

A 点在 z_1 平面上的坐标为 $z_1 = r_0 \mathrm{e}^{-\mathrm{i}\beta}$,其中 $\beta = \arctan\dfrac{f}{l}$。

据题意

$$\left(\frac{\mathrm{d}W}{\mathrm{d}z_1}\right)_{z_1=A} = U_0 \mathrm{e}^{-\mathrm{i}\alpha}\left(1-\frac{r_0^2 \mathrm{e}^{\mathrm{i}2\alpha}}{r_0^2 \mathrm{e}^{-\mathrm{i}2\beta}}\right)+\frac{\mathrm{i}\Gamma}{2\pi}\frac{1}{r_0 \mathrm{e}^{-\mathrm{i}\beta}} = 0$$

因此

$$U_0 \mathrm{e}^{-\mathrm{i}\alpha}[1-\mathrm{e}^{\mathrm{i}2(\alpha+\beta)}]+\frac{\mathrm{i}\Gamma \mathrm{e}^{\mathrm{i}\beta}}{2\pi r_0} = 0$$

$$\Gamma = 2\pi U_0 r_0 [\mathrm{e}^{-\mathrm{i}(\alpha+\beta)}-\mathrm{e}^{\mathrm{i}(\alpha+\beta)}]\mathrm{i} = 4\pi U_0 r_0 \left[\frac{\mathrm{e}^{\mathrm{i}(\alpha+\beta)}-\mathrm{e}^{-\mathrm{i}(\alpha+\beta)}}{2\mathrm{i}}\right]$$

$$= 4\pi U_0 r_0 \sin(\alpha+\beta)$$

由于

$$\beta = \arctan\frac{f}{l} = \arctan\frac{1}{\sqrt{3}} = 30°$$

因此

$$\Gamma = 4\pi \times 20 \times 0.25 \times \sin 50° = 48.1(\mathrm{m}^2/\mathrm{s})$$

单位长度上的升力

$$F_\mathrm{L} = \rho U_0 \Gamma = 1.205 \times 20 \times 48.11 = 1\,159.5(\mathrm{N})$$

其方向垂直 U_0,U_0 逆时针方向转过 $\dfrac{\pi}{2}$。

用复数可表示为

$$F_L = 1\,159.5 e^{i\left(\frac{\pi}{2}+\alpha\right)}$$

将 $W(z_1)$ 改用极坐标表示:

$$W(z_1) = U_0 e^{-i\alpha}\left(re^{i\theta} + \frac{r_0^2 e^{2i\alpha}}{re^{i\theta}}\right) + \frac{i\Gamma}{2\pi}\ln re^{i\theta}$$

$$= U_0 e^{i(\theta-\alpha)} + U_0 \frac{r_0^2 e^{-i(\theta-\alpha)}}{r} + \frac{i\Gamma}{2\pi}(\ln r + i\theta)$$

故

$$\varphi = U_0\left(r + \frac{r_0^2}{r}\right)\cos(\theta-\alpha) - \frac{\Gamma}{2\pi}\theta$$

$$v_r = \frac{\partial \varphi}{\partial r} = U_0\left(1 - \frac{r_0^2}{r^2}\right)\cos(\theta-\alpha)$$

$$v_\theta = \frac{\partial \varphi}{r\partial \theta} = -U_0\left(1 + \frac{r_0^2}{r^2}\right)\sin(\theta-\alpha) - \frac{\Gamma}{2\pi r}$$

在圆柱体表面

$$r = r_0$$

$$v_\theta = -2U_0 \sin(\theta-\alpha) - \frac{\Gamma}{2\pi r_0}$$

令 $v_\theta = 0$,得两驻点位置

$$\sin(\theta-\alpha) = -\frac{\Gamma}{4\pi r_0 U_0} = -\frac{48.11}{4\pi \times 0.25 \times 20} = -0.766$$

则

$$\theta_A = -50° + \alpha = -30°$$

$$\theta_B = -130° + \alpha = -110°$$

$$\frac{\partial v_\theta}{\partial \theta} = -2U_0 \cos(\theta-\alpha) = 0$$

故得圆柱面上速度最大点

$$\theta - \alpha = 90°$$

$$\theta|_{v_{max}} = 90° + 20° = 110°$$

由伯努利方程可知,该点即是压强 p 为最小的点。

流线谱如图 4-11 所示。

4.4.32 U 形管角速度测量仪如图 4-12 所示,两竖管与旋转轴距离分别为 R_1 和 R_2,其液面高差为 Δh,试求 ω 的表达式。若 $R_1 = 0.08$ m, $R_2 = 0.20$ m, $\Delta h = 0.06$ m,求 ω 的值。

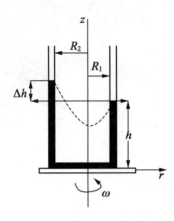

图 4-12　题 4.4.32 示意图

解:两竖管液面(看成点)位于压强为大气压的等压面上,坐标系选取如图 4-15 所示,设右侧竖管液面到横管的距离为 h。

液面方程为

$$z = \frac{\omega^2 r^2}{2g} + c$$

在右液面,$r = R_1, z = h$,代入上式得

$$h = \frac{\omega^2 R_1^2}{2g} + c \tag{1}$$

同理,在左液面,$r = R_2, z = h + \Delta h$,可得

$$h + \Delta h = \frac{\omega^2 R_2^2}{2g} + c \tag{2}$$

式(2)减去式(1),得

$$\omega = \sqrt{\frac{2g\Delta h}{R_2^2 - R_1^2}} \tag{3}$$

若 $R_1 = 0.08$ m,$R_2 = 0.20$ m,$\Delta h = 0.06$ m,则

$$\omega = \sqrt{\frac{2 \times 9.807 \times 0.06}{0.20^2 - 0.08^2}} = 5.918 \text{(rad/s)}$$

因此,$\omega = \sqrt{\frac{2g\Delta h}{R_2^2 - R_1^2}}$,$\omega = 5.918$ rad/s。

4.4.33　已知流速分布 u-y 如图 4-13 所示,分别为直线分布和二次抛物线分布。试定性绘出切应力分布曲线 τ-y。

解:$\tau = \frac{\mu du}{dy}$。根据题意和流动特点,对图 4-13(a)设 $u = ay, a = \text{const}(a > 0)$。

则

$$\tau = \mu a = \text{const}$$

对图 4-13(b)，设 $(u+a)^2 = 2p(y+p)$，$a, b, p > 0$，$a^2 = 2pb$。
则

$$\tau = \mu \frac{p}{u+a} = \mu \sqrt{\frac{p}{2(y+b)}}$$

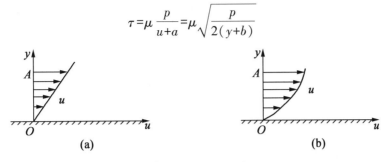

图 4-13 题 4.4.33 示意图

因此，切应力分布曲线分别如图 4-14(a)和(b)所示。

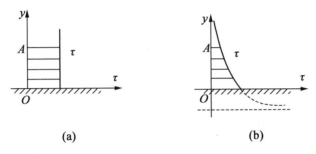

图 4-14 题 4.4.33 解答图

4.4.34 已知不可压缩流体平面流动的速度分布 $v_x = x^2 + 2x - 4y$，$v_y = -2xy - 2y$。
(1)确定流动是否满足连续性方程；
(2)确定流动是否有旋；
(3)如存在速度势和流函数，则求之。

解：(1)连续性方程

$$\frac{\partial v_x}{\partial x} + \frac{\partial v_y}{\partial y} = 0$$

$$\frac{\partial v_x}{\partial x} + \frac{\partial v_y}{\partial y} = (2x+2) + (-2x-2) = 0$$

故满足连续性方程。

(2)因为是平面流动，显然，旋转角速度分量

$$\omega_x = \omega_y = 0$$

而

$$\omega_z = \frac{1}{2}\left(\frac{\partial v_y}{\partial x} - \frac{\partial v_x}{\partial y}\right) = \frac{1}{2}[-2y - (-4)] = 2 - y \neq 0$$

所以流动有旋。

(3)因为流动有旋，所以不存在势函数；因为流速分量满足不可压缩流体平面流动的

连续性方程,所以存在流函数 ψ：

$$\frac{\partial \psi}{\partial x}=-v_y$$

$$\frac{\partial \varphi}{\partial y}=v_x$$

①待定函数法求流函数 ψ。

$$\frac{\partial \psi}{\partial y}=v_x=x^2+2x-4y$$

对 y 积分,得

$$\psi = \int (x^2+2x-4y)\,dy = (x^2+2x)y-2y^2+f(x) \tag{1}$$

因为是偏导数 $\frac{\partial \psi}{\partial y}$ 的积分,所以积分常数应是自变量 x 的函数 $f(x)$,即待定函数。

而 ψ 又满足

$$\frac{\partial \psi}{\partial x}=-v_y$$

所以由式(1)

$$\frac{\partial \psi}{\partial x}=(2x+2)y+f'(x)=-(-2x-2)y$$

$$f'(x)=0$$

$$f(x)=\text{const}$$

将解得的待定函数 $f(x)=\text{const}$ 代入式(1),略去常数,得

$$\psi=x^2+2xy-2y^2$$

②积分路径无关法求解流函数 ψ。

$$d\psi=-v_y dx+v_x dy$$

$$\varphi=\int_L -v_y dx+v_x dy$$

积分与路径无关,并可任意选定积分路径的起点,一般来说,选坐标原点(0,0)是最方便的,不妨就取(0,0)点;路径的终端是平面上任意点(x,y)。

由于平面曲线积分路径无关性,可沿图 4-15 所示的三条路径分别积分求解,将会得到相同的结果。

$$\psi=\int_{(0,0)}^{(x,y)} -v_y dx+v_x dy$$

$$=\int_{(0,0)}^{(x,y)} -(-2xy-2y)dx+(x^2+2x-4y)dy$$

对于图 4-15(a),

$$L:(0,0)-(x,0)-(x,y)$$

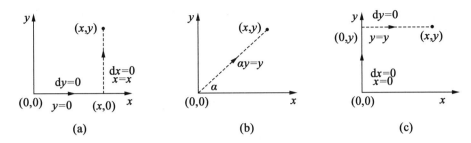

图 4 – 15 题 4.4.34 示意图

$$\psi = \int_{(0,0)}^{(x,0)} -(-2x \cdot 0 - 2 \cdot 0)\mathrm{d}x + \int_{(x,0)}^{(x,y)} (x^2 + 2x - 4y)\,\mathrm{d}y$$

$$= x^2 y + 2xy - 2y^2 \Big|_{(x,0)}^{(x,y)} = x^2 y + 2xy - 2y^2$$

对于图 4 – 15(b),

$$L: y = ax, (0,0) - (x,y)$$

$$\mathrm{d}y = a\mathrm{d}x$$

$$a = \tan\alpha$$

$$\psi = \int_0^x -(-2x \cdot ax - 2 \cdot ax)\mathrm{d}x + (x^2 + 2x - 4 \cdot ax) \cdot a\mathrm{d}x$$

$$= \int_0^x (3ax^2 + 4ax - 4a^2 x)\,\mathrm{d}x$$

$$= ax^3 + 2ax^2 - 2a^2 x^2 = x^2 \cdot ax + 2x \cdot ax - 2(ax)^2$$

$$= x^2 y + 2xy - 2y^2$$

对于图 4 – 15(c),

$$L: (0,0) - (0,y) - (x,y)$$

$$\psi = \int_{(0,0)}^{(0,y)} (0 + 2 \cdot 0 - 4y)\mathrm{d}y + \int_{(0,y)}^{(x,y)} -(-2xy - 2y)\mathrm{d}x$$

$$= -2y^2 + (x^2 + 2xy) = x^2 + 2xy - 2y^2$$

答:流动满足连续性方程;流动有旋;流函数 $\psi = x^2 + 2xy - 2y^2$,速度势不存在。

关于积分路径 L 的特点,以本题题解的三种路径为例。它们的特点分别如下。

第一种: $L = L_1 + L_2$。

$$\begin{cases} L_1[(0,0)-(x,0)]: y=0, \mathrm{d}y=0 \\ L_2[(x,0)-(x,y)]: x=x, \mathrm{d}x=0 \end{cases}$$

第二种: $L[(0,0)-(x,y)]: y=ax, \mathrm{d}y=a\mathrm{d}x$。

第三种: $L = L_1 + L_2$。

$$\begin{cases} L_1[(0,0)-(0,y)]: x=0, \mathrm{d}x=0 \\ L_2[(0,y)-(x,y)]: y=y, \mathrm{d}y=0 \end{cases}$$

积分时,必须充分注意路径的特点,并将它们代入积分式,简化积分式后再积分。

显然,第一种路径比较简单,常常采用。但若原点 $(0,0)$ 或其他点处有速度分量 v_x,

v_y 之一不连续可微,则路径起点不能取在这些点,且路径也要避开这些点。关于这点,结合后面的例题说明。

4.4.35 如图 4-16 所示,已知不可压缩流体在平面流场的速度分量为 $v_r = \dfrac{c}{r}, v_\theta = 0$。试确定流动是否连续,是否无旋。若存在势函数 φ 和流函数 ψ,则求出 φ 和 ψ。

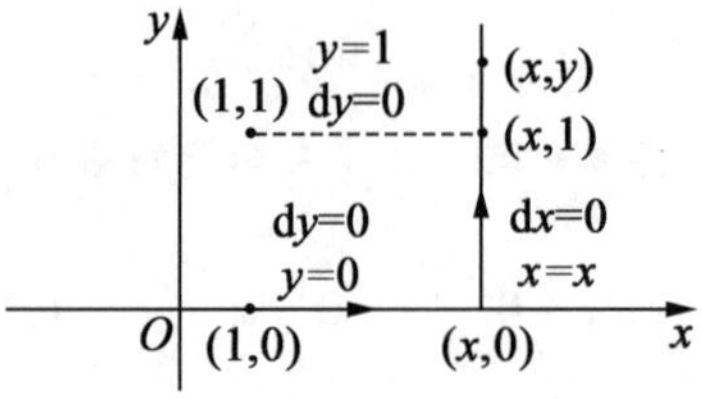

图 4-16 题 4.4.35 示意图

解:根据

$$\begin{cases} \Omega_r = \Omega_\theta = 0 \\ \Omega_z = \dfrac{1}{r}\dfrac{\partial(rv_\theta)}{\partial r} - \dfrac{1}{r}\dfrac{\partial v_r}{\partial \theta} \end{cases}$$

显然

$$\Omega_z = \dfrac{1}{r}\dfrac{\partial(rv_\theta)}{\partial r} - \dfrac{1}{r}\dfrac{\partial v_r}{\partial \theta} = 0$$

流动无旋[除原点(0,0)]。

又,根据

$$\dfrac{v_r}{r} + \dfrac{\partial v_r}{\partial r} + \dfrac{\mathrm{d}v_\theta}{r\partial \theta} = 0$$

有

$$\dfrac{v_r}{r} + \dfrac{\partial v_r}{\partial r} + \dfrac{\partial v_\theta}{r\partial \theta} = \dfrac{\dfrac{c}{r}}{r} + \dfrac{\partial\left(\dfrac{c}{r}\right)}{\partial r} + 0 = 0$$

满足连续性方程。

因此,流动存在势函数 φ 和流函数 ψ。

$$\begin{cases} v_x = v_r \cdot \cos\theta = \dfrac{c}{r} \cdot \dfrac{x}{r} = \dfrac{cx}{r^2} = \dfrac{cx}{x^2 + y^2} \\ v_y = v_x \sin\theta = \dfrac{c}{r} \cdot \dfrac{y}{r} = \dfrac{cy}{r^2} = \dfrac{cy}{x^2 + y^2} \end{cases}$$

(1)求 φ。

解法一:待定函数法。

$$\dfrac{\partial \varphi}{\partial x} = v_x = \dfrac{cx}{x^2 + y^2}$$

$$\varphi = \int \frac{cx}{x^2+y^2}\mathrm{d}x = \frac{c}{2}\ln(x^2+y^2) + f(y) \tag{1}$$

将式(1)代入

$$\frac{\partial \varphi}{\partial y} = v_y$$

得

$$\frac{c}{2} \cdot \frac{2y}{x^2+y^2} + f'(y) = \frac{cy}{x^2+y^2}$$

$$f'(y) = 0$$

$$f(y) = \mathrm{const} \tag{2}$$

将式(2)代入式(1),略去常数,得

$$\varphi = \frac{c}{2}\ln(x^2+y^2)$$

解法二:积分路径无关法

$$\mathrm{d}\varphi = v_x\mathrm{d}x + v_y\mathrm{d}y$$

$$= \frac{cx}{x^2+y^2}\mathrm{d}x + \frac{cy}{x^2+y^2}\mathrm{d}y$$

选积分路径 $L:(1,0)-(x,0)-(x,y)$,

$$\varphi = \int_L \frac{cx}{x^2+y^2}\mathrm{d}x + \frac{cy}{x^2+y^2}\mathrm{d}y = \int_{(1,0)}^{(x,0)} \frac{c}{x}\mathrm{d}x + \int_{(x,0)}^{(x,y)} \frac{cy\mathrm{d}y}{x^2+y^2}$$

$$= c\ln x + \left[\frac{c}{2}\ln(x^2+y^2) - \frac{c}{2}\ln x^2\right] = \frac{c}{2}\ln(x^2+y^2)$$

(2)求 ψ。

同理可得

$$\psi = c \cdot \tan^{-1}\frac{y}{x}$$

或

$$\psi = -c \cdot \tan^{-1}\frac{x}{y}$$

式中,c 为非积分常数。

4.4.36 设计用于高速风洞的二维收缩管道。管道的底部壁面为平板且是水平的。顶部壁面弯曲,以使轴向风速 u 从截面 1 处的 $u_1 = 100 \mathrm{~m/s}$ 近似线性增长到截面 2 处的 $u_2 = 300 \mathrm{~m/s}$(图 4-17)。同时,空气密度 ρ 近似从截面 1 处的 $\rho_1 = 1.2 \mathrm{~kg/m^3}$ 线性减小到截面 2 处的 $\rho_2 = 0.85 \mathrm{~kg/m^3}$。收缩管道长 2.0 m,在截面 1 处高 2.0 m。

(1)计算管道中速度的 y 方向分量 $v(x,y)$。

(2)绘制管道的大体形状,忽略壁面摩擦。

(3)求解截面 2 和出口处的管道高度。

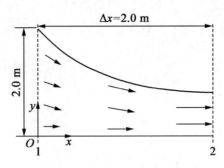

图 4-17 题 4.4.36 示意图

解：(1) 写出 u 和 ρ 的表达式，使它们分别与 x 呈线性关系

$$u = u_1 + C_u x$$

其中

$$C_u = \frac{u_2 - u_1}{\Delta x} = \frac{(300-100)\,\mathrm{m/s}}{2.0\,\mathrm{m}} = 100\,\mathrm{s}^{-1} \tag{1}$$

$$\rho = \rho_1 + C_\rho x$$

其中

$$C_\rho = \frac{\rho_2 - \rho_1}{\Delta x} = \frac{(0.85-1.2)\,\mathrm{kg/m^3}}{2.0\,\mathrm{m}} = -0.175\,\mathrm{kg/m^4} \tag{2}$$

对于该二维可压缩流动，定常连续性方程 $\dfrac{\partial(\rho u)}{\partial x} + \dfrac{\partial(\rho v)}{\partial y} + \dfrac{\partial(\rho w)}{\partial z} = 0$ 可简化为

$$\frac{\partial(\rho u)}{\partial x} + \frac{\partial(\rho v)}{\partial y} + \underbrace{\frac{\partial(\rho w)}{\partial z}}_{0(二维)} = 0 \rightarrow \frac{\partial(\rho v)}{\partial y} = -\frac{\partial(\rho u)}{\partial x} \tag{3}$$

将式(1)和式(2)代入式(3)，注意 C_u 和 C_ρ 为常数，

$$\frac{\partial(\rho v)}{\partial y} = -\frac{\partial[(\rho_1 + C_\rho x)(u_1 + C_u x)]}{\partial x} = -(\rho_1 C_u + u_1 C_\rho) - 2C_u C_\rho x$$

对 y 积分得

$$\rho v = -(\rho_1 C_u + u_1 C_\rho)y - 2C_u C_\rho xy + f(x) \tag{4}$$

注意：由于该积分是部分积分，因此添加了关于 x 的任意函数 $f(x)$，而不是积分常数 C。接下来，代入边界条件。由于底部壁面是平的并且管道方向水平，对于任何 x，在 $y=0$ 处，v 必须等于零。这只有在 $f(x)=0$ 时才有可能实现。根据式(4)可得

$$v = \frac{-(\rho_1 C_u + u_1 C_\rho)y - 2C_u C_\rho xy}{\rho} \rightarrow v = \frac{-(\rho_1 C_u + u_1 C_\rho)y - 2C_u C_\rho xy}{\rho_1 + C_\rho x} \tag{5}$$

(2) 使用式(1)和式(5)，在图 4-18 中画出在 $x=0$ 和 $x=2.0$ 之间的一些流线。流线始于 $x=0$，在 $y=2.0$ 处，流线接近管道顶部壁面。

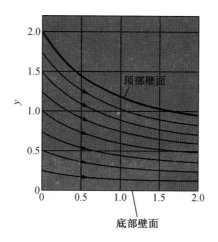

图 4-18 题 4.4.36 解答图

（3）在截面 2 处，顶部的流线在 $x=2.0$ m 处穿过 $y=0.941$ m。因此，截面 2 中管道的高度为 0.941 m。

4.4.37 将速度为 v_∞、平行于 x 轴的均匀等速流和在原点 O、强度为 q_V 的点源叠加成如图 4-19 所示的绕平面半体的流动，试求它的速度势和流函数，并证明平面半体的外形方程为 $r=\dfrac{q_V(\pi-\theta)}{2\pi v_\infty \sin\theta}$，它的宽度等于 $\dfrac{q_V}{v_\infty}$。

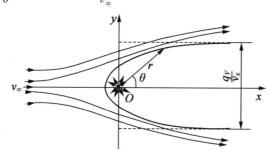

图 4-19 题 4.4.37 示意图

解：均匀等流速：

$$\varphi = v_{x0}x + v_{y0}y = v_\infty x$$
$$\psi = v_{x0}y - v_{y0}x = v_\infty y$$

源流和汇流：

$$\varphi = \frac{q_V}{2\pi}\ln r = \frac{q_V}{2\pi}\ln\sqrt{x^2+y^2}$$

$$\psi = \frac{q_V}{2\pi}\theta$$

所以组合流场的速度势和流函数为

$$\varphi = v_\infty x + \frac{q_V}{2\pi}\ln\sqrt{x^2+y^2}$$

$$\psi = v_\infty y + \frac{q_V}{2\pi}\theta$$

写成极坐标形式为

$$\varphi = v_\infty r\cos\theta + \frac{q_V}{2\pi}\ln r$$

$$\psi = v_\infty r\sin\theta + \frac{q_V}{2\pi}\theta$$

所以流线方程为

$$v_\infty r\cos\theta + \frac{q_V}{2\pi}\ln r = C$$

流场中的速度分布为

$$v_r = \frac{\partial \varphi}{\partial r} = v_\infty \cos\theta + \frac{q_V}{2\pi r}$$

$$v_\theta = \frac{\partial \varphi}{r\partial \theta} = -v_\infty \sin\theta$$

因为表示物体型线的流线特征是其上存在滞止点,故令上式中的速度为零,得

$$\begin{cases} v_\infty \cos\theta + \dfrac{q_V}{2\pi r} = 0 \\ -v_\infty \sin\theta = 0 \end{cases} \Rightarrow \begin{cases} \theta = \pi \\ r = \dfrac{q_V}{2\pi v_\infty} \end{cases}$$

即为滞止点。

4.4.38 如图 4-20 所示,V 形槽的宽度为 b,水自入流管注入的流量为 q_v。

(1) 导出 $\dfrac{\mathrm{d}h}{\mathrm{d}t}$;

(2) 试求液面高度 h_1 升至 h_2 所需的时间。

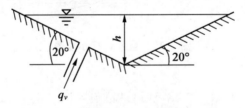

图 4-20 题 4.4.38 示意图

解:由于 $A\dfrac{\mathrm{d}h}{\mathrm{d}t} = q_v$,则

$$\frac{\mathrm{d}h}{\mathrm{d}t} = \frac{q_v}{A} = \frac{q_v}{(h \cdot \cot 20°) \cdot h \cdot b}$$

从而得

$$\Delta t = \int_{t_1}^{t_2} \mathrm{d}t = C\int_{h_1}^{h_2} h^2 \mathrm{d}h = C \cdot \frac{1}{3}[h^3]_{h_1}^{h_2} = \frac{C}{3}(h_2^3 - h_1^3)$$

· 162 ·

式中，$C = \dfrac{b \cdot \cot 20°}{q_v}$。

4.4.39 如图 4-21 所示，一个圆柱形水池，水深 $H = 3$ m，池底面直径 $D = 5$ m，在池底侧壁开设一个直径 $d = 0.5$ m 的孔口，水从孔口流出时，水池液面逐渐下降。试求水池中的水全部泄空所经历的时间 T。

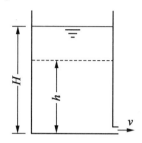

图 4-21 题 4.4.39 示意图

解：设在时刻 t，池中水位是 $h(t)$，显然，出流速度为 $v = \sqrt{2gh}$。连续性方程为

$$v_0 \frac{\pi D^2}{4} = v \frac{\pi d^2}{4} \tag{1}$$

式中，v_0 为水池液面下降的速度，即

$$v_0 = -\frac{\mathrm{d}h}{\mathrm{d}t} \tag{2}$$

式(2)代入式(1)并积分，得

$$\int_0^T \mathrm{d}t = -\left(\frac{D}{d}\right)^2 \int_H^0 \frac{\mathrm{d}h}{\sqrt{2gh}}$$

$$T = \left(\frac{D}{d}\right)^2 \frac{2\sqrt{H}}{\sqrt{2g}}$$

代入数据得到水池的泄空时间 $T = 78.22$ s。

4.4.40 控制体质量守恒积分方程为

$$\oiint_{cs} \rho(v \cdot n)\,\mathrm{d}A + \frac{\mathrm{d}}{\mathrm{d}t} \iiint_{cv} \rho\,\mathrm{d}V = 0$$

试根据该质量守恒积分方程导出连续性微分方程。

解：根据高斯公式有

$$\oiint_{cs} \rho(v \cdot n)\,\mathrm{d}A = \iiint_{cv} \nabla \cdot (\rho v)\,\mathrm{d}V$$

因为 $\rho = (x, y, z, t)$，而 $\mathrm{d}V = \mathrm{d}x\mathrm{d}y\mathrm{d}z$，故 ρ 沿控制体积分时，时间 t 是参数变量，且积分限为控制体体积（与 t 无关），因此

$$\frac{\mathrm{d}}{\mathrm{d}t} \iiint_{cv} \rho\,\mathrm{d}V = \iiint_{cv} \frac{\partial \rho}{\partial t}\,\mathrm{d}V$$

将二者代入控制体质量守恒积分方程可得

$$\iiint_{cv} \nabla \cdot (\rho v) \, dV + \iiint_{cv} \frac{\partial \rho}{\partial t} dV = 0$$

或

$$\iiint_{cv} \left[\nabla \cdot (\rho v) + \frac{\partial \rho}{\partial t} \right] dV = 0$$

因对封闭体积的积分为零则被积函数为零,所以

$$\nabla \cdot (\rho v) + \frac{\partial \rho}{\partial t} = 0$$

或

$$\frac{\partial \rho}{\partial t} + \frac{\partial(\rho v_x)}{\partial x} + \frac{\partial(\rho v_y)}{\partial y} + \frac{\partial(\rho v_z)}{\partial z} = 0$$

4.4.41 某流体绕流扁平状物体时的速度分布为

$$v_x = -\left(A + \frac{Cx}{x^2 + y^2}\right)$$

$$v_y = -\frac{Cy}{x^2 + y^2}$$

$$v_z = 0$$

式中,A,C 为常数。试判断该流体是否为不可压缩流体。

解:不可压缩流体运动过程中应满足连续性方程 $\nabla \cdot v = 0$。根据以上速度分布有

$$\frac{\partial v_x}{\partial x} = \frac{C(x^2 - y^2)}{(x^2 + y^2)^2}$$

$$\frac{\partial v_y}{\partial y} = -\frac{C(x^2 - y^2)}{(x^2 + y^2)^2}$$

$$\frac{\partial v_z}{\partial z} = 0$$

由此可知

$$\nabla \cdot v = \frac{\partial v_x}{\partial x} + \frac{\partial v_y}{\partial y} + \frac{\partial v_z}{\partial z} = 0$$

即该流体运动过程中满足方程 $\nabla \cdot v = 0$(体积应变速率为零),所以为不可压缩流体。

4.4.42 在 $r\text{-}\theta\text{-}z$ 柱坐标系下取微元体 $dr\text{-}rd\theta\text{-}dz$ 做质量衡算,导出柱坐标下的连续性微分方程。

解:柱坐标下,微元体体积 $dV = rdrd\theta dz$,微元体的瞬间质量及其时间变化率分别为

$$m_{cv} = \rho dV = \rho r dr d\theta dz$$

$$\frac{\partial m_{cv}}{\partial t} = \frac{\partial \rho}{\partial t} dV = \frac{\partial \rho}{\partial t} dV = \frac{\partial \rho}{\partial t} r dr d\theta dz$$

对于微元体 $dr\text{-}rd\theta\text{-}dz$,其输入的质量流量 q_{m1} 和输出的质量流量 q_{m2} 分别为

$$q_{m1} = \rho v_r r d\theta dz + \rho v_\theta dr dz + \rho v_z r d\theta dr$$

$$q_{m2} = \left(\rho v_r r + \frac{\partial \rho v_r r}{\partial r} dr\right) d\theta dz + \left(\rho v_\theta + \frac{\partial \rho v_\theta}{r\partial \theta} r d\theta\right) dr dz + \left(\rho v_z r + \frac{\partial \rho v_z r}{\partial z} dz\right) d\theta dr$$

根据控制体质量守恒一般方程有

$$q_{m2} - q_{m1} + \frac{\partial m_{cv}}{\partial t} = 0 \rightarrow \frac{\partial \rho v_r r}{\partial r} + \frac{\partial \rho v_\theta}{\partial \theta} + \frac{\partial \rho v_z r}{\partial z} + \frac{\partial \rho}{\partial t} r = 0$$

即

$$\frac{\partial \rho}{\partial t} + \frac{1}{r}\frac{\partial}{\partial r}(\rho r v_r) + \frac{1}{r}\frac{\partial}{\partial \theta}(\rho v_\theta) + \frac{\partial}{\partial z}(\rho v_z) = 0$$

4.4.43 已知 x-y 平面流动系统的流线方程为 $v_y dx = v_x dy$。试根据 x-y 平面问题的 N-S 方程导出重力场中沿流线的伯努利方程。

解:因伯努利方程的前提条件是理想不可压缩流体的稳态流动,即 $\mu = 0$、$\rho = \text{const}$、$\frac{\partial}{\partial t} = 0$,所以可首先根据这些条件对 x-y 平面问题的 N-S 方程进行简化,得到理想流体稳态流动的运动微分方程——欧拉方程;其次,取 y 轴正方向垂直向上(与 g 相反),则 x、y 方向单位质量流体的体积力分别为 $f_x = 0$,$f_y = -g$,将其代入后可得欧拉方程为

$$v_x \frac{\partial v_x}{\partial x} + v_y \frac{\partial v_x}{\partial y} = -\frac{1}{\rho}\frac{\partial p}{\partial x}$$

$$v_x \frac{\partial v_y}{\partial x} + v_y \frac{\partial v_y}{\partial y} = -g - \frac{1}{\rho}\frac{\partial p}{\partial y}$$

将以上两式分别乘 dx、dy,可得

$$v_x \frac{\partial v_x}{\partial x} dx + v_y \frac{\partial v_x}{\partial y} dx = -\frac{1}{\rho}\frac{\partial p}{\partial x} dx$$

$$v_x \frac{\partial v_y}{\partial x} dy + v_y \frac{\partial v_y}{\partial y} dy = -g dy - \frac{1}{\rho}\frac{\partial p}{\partial y} dy$$

再应用流线方程 $v_y dx = v_x dy$,可将以上两式表示为

$$v_x \left(\frac{\partial v_x}{\partial x} dx + \frac{\partial v_x}{\partial y} dy\right) = -\frac{1}{\rho}\frac{\partial p}{\partial x} dx$$

$$v_y \left(\frac{\partial v_y}{\partial x} dx + \frac{\partial v_y}{\partial y} dy\right) = -g dy - \frac{1}{\rho}\frac{\partial p}{\partial y} dy$$

根据速度全微分概念可知,以上两式又可表示为

$$v_x dv_x = -\frac{1}{\rho}\frac{\partial p}{\partial x} dx$$

$$v_y dv_y = -g dy - \frac{1}{\rho}\frac{\partial p}{\partial y} dy$$

两式相加,并应用压力全微分概念可得

$$d\frac{v_x^2}{2} + d\frac{v_y^2}{2} = -g dy - \frac{1}{\rho} dp \rightarrow d\left(\frac{v_x^2 + v_y^2}{2} + gy + \frac{p}{\rho}\right) = 0$$

即
$$\frac{v^2}{2}+gz+\frac{p}{\rho}=C$$

此即沿流线的伯努利方程,它表明沿流线各点机械能守恒,且不同流线可有不同的 C。

4.4.44 已知 x-y 平面势流流场的势函数如下。

(1) $\varphi=xy$;

(2) $\varphi=x^3-3xy^2$;

(3) $\varphi=\dfrac{x}{(x^2+y^2)}$;

(4) $\varphi=\dfrac{(x^2-y^2)}{(x^2+y^2)^2}$。

试判断相应流场是否为不可压缩流场,并确定不可压缩流场的流函数。

解:解题思路是由 φ 求导确定速度,然后计算 $\nabla \cdot v$,$\nabla \cdot v=0$ 才有流函数。求解流函数 ψ 有两种方法:根据 ψ 的全微分方程求解,或根据 ψ 的定义式求解。以下交替使用两方法。

(1) 首先根据势函数定义式求导得到速度分量,即

$$v_x=-\frac{\partial \varphi}{\partial x}=-y$$

$$v_y=-\frac{\partial \varphi}{\partial y}=-x$$

根据该速度可以验证 $\nabla \cdot v=0$,故该流场是不可压缩平面势流,同时有流函数存在。在此用 ψ 的全微分方程求解 ψ。ψ 的全微分方程及其解的一般形式为

$$\mathrm{d}\psi=-v_y\mathrm{d}x+v_x\mathrm{d}y \rightarrow \psi=\int -v_y\mathrm{d}x+\int v_x\mathrm{d}y+C$$

注意:上式对 x 积分时 y 为常数,对 y 积分时 x 为常数,且两积分结果相同时只取其一。于是,将 v_x、v_y 代入上式积分可得该流场的流函数为

$$\psi=\int x\mathrm{d}x+\int -y\mathrm{d}y+C=\frac{x^2}{2}-\frac{y^2}{2}+C=\frac{(x^2-y^2)}{2}+C$$

若取坐标原点 $\psi=0$,则

$$\psi=\frac{(x^2-y^2)}{2}$$

(2) 速度为

$$v_x=-\frac{\partial \varphi}{\partial x}=-3x^2+3y^2$$

$$v_y=-\frac{\partial \varphi}{\partial y}=6xy$$

根据该速度可以验证 $\nabla \cdot v=0$,故该流场是不可压缩平面势流,同时有流函数存在。

在此根据 ψ 的定义式求解 ψ。方法是根据流函数定义式之一积分得到流函数,即

$$\frac{\partial \psi}{\partial x}=-v_y=-6xy \rightarrow \psi=-3x^2y+f(y)$$

式中,$f(y)$ 为偏微分积分常数。然后,根据流函数定义式之二建立微分方程求得 $f(y)$,即

$$\frac{\partial \psi}{\partial y}=v_x \rightarrow -3x^2+f'(y)=-3x^2+3y^2 \rightarrow f'(y)=3y^2 \rightarrow f(y)=y^3+C$$

由此可知流函数

$$\psi=y^3-3x^2y+C$$

若取坐标原点 $\psi=0$,则

$$\psi=y^3-3x^2y$$

(3)速度为

$$v_x=-\frac{\partial \varphi}{\partial x}=\frac{x^2-y^2}{(x^2+y^2)^2}$$

$$v_y=-\frac{\partial \varphi}{\partial y}=\frac{2xy}{(x^2+y^2)^2}$$

由此可以验证 $\nabla \cdot v=0$,流场同时有流函数存在,且流函数为

$$\psi=\int -v_y \mathrm{d}x+\int v_x \mathrm{d}y+C=\int \frac{-2xy}{(x^2+y^2)^2}\mathrm{d}x+\int \frac{x^2-y^2}{(x^2+y^2)^2}\mathrm{d}y+C$$

积分结果表明,以上两积分结果相同,故只取其一可得该流场的流函数,即

$$\psi=\frac{y}{(x^2+y^2)}+C$$

取 x 轴线上 $\psi=0$ 则

$$\psi=\frac{y}{(x^2+y^2)}$$

(4)速度为

$$v_x=-\frac{\partial \varphi}{\partial x}=\frac{2x^3-6xy^2}{(x^2+y^2)^3}$$

$$v_y=-\frac{\partial \varphi}{\partial x}=-\frac{2y^3-6yx^2}{(x^2+y^2)^3}$$

由此可以验证 $\nabla \cdot v=0$,流场同时有流函数存在,且根据流函数定义式有

$$\frac{\partial \psi}{\partial x}=-v_y=\frac{2y^3-6yx^2}{(x^2+y^2)^3} \rightarrow \psi=\frac{2xy}{(x^2+y^2)^2}+f(y)$$

$$\frac{\partial \psi}{\partial y}=v_x \rightarrow \frac{2x^3-6xy^2}{(x^2+y^2)^3}+f'(y)=\frac{2x^3-6xy^2}{(x^2+y^2)^3} \rightarrow f(y)=C$$

即

$$\psi=\frac{2xy}{(x^2+y^2)^2}+C$$

取 x 与 y 轴线上 $\psi=0$ 有

$$\psi = \frac{2xy}{(x^2+y^2)^2}$$

4.4.45 已知 $\psi = x^2 - y^2$ 是不可压缩平面流场的流函数,流动是否有势?如果有,给出势函数 φ。

解:首先根据流函数定义式求导确定速度,即

$$v_x = \frac{\partial \psi}{\partial y} = -2y$$

$$v_y = -\frac{\partial \psi}{\partial x} = -2x$$

若该不可压缩平面流场有势函数 φ,则 $\omega_z = 0$ 或 $\nabla^2 \varphi = 0$。由以上速度分布可知

$$\omega_z = \frac{1}{2}\left(\frac{\partial v_y}{\partial x} - \frac{\partial v_x}{\partial y}\right) = \frac{1}{2}(-2+2) = 0$$

或

$$\frac{\partial \varphi}{\partial x} = -v_x = 2y$$

$$\frac{\partial \varphi}{\partial y} = -v_y = 2x \rightarrow \frac{\partial^2 \varphi}{\partial x^2} + \frac{\partial^2 \varphi}{\partial y^2} = 0$$

所以该流场无旋,流动为不可压缩平面势流,有势函数存在,且根据 φ 的全微分有

$$d\varphi = -v_x dx - v_y dy = 2y dx + 2x dy = d(2xy)$$

即势函数为

$$\varphi = 2xy + C$$

4.4.46 已知不可压缩平面流场中 x 方向的速度分量为 $v_x = \frac{xy}{(x^2+y^2)^{3/2}}$,且 x 轴上各点速度为零。试确定该流场 y 方向的速度分量 v_y 和流函数 ψ,并判断该流场是否有旋。

解:对于不可压缩流动,$\nabla \cdot v = 0$。将此应用于 x-y 平面问题有

$$\frac{\partial v_x}{\partial x} + \frac{\partial v_y}{\partial y} = 0 \rightarrow \frac{\partial v_y}{\partial y} = -\frac{\partial v_x}{\partial x} = \frac{-y}{(x^2+y^2)^{3/2}} + \frac{3x^2 y}{(x^2+y^2)^{5/2}}$$

该式对 y 积分得

$$v_y = \frac{y^2}{(x^2+y^2)^{3/2}} + f(x)$$

式中,$f(x)$ 为偏微分积分常数。因为 x 轴上各点速度为零,即对于任意 x,$y=0$ 时 $v_y = 0$,所以积分常数 $f(x) = 0$。由此可写出该不可压缩平面流场的速度分布为

$$v_x = \frac{xy}{(x^2+y^2)^{3/2}}$$

$$v_y = \frac{y^2}{(x^2+y^2)^{3/2}}$$

不可压缩平面流场存在流函数,且流函数为

$$\psi = \int -v_y \mathrm{d}x + \int v_x \mathrm{d}y + C = \int -\frac{y^2}{(x^2+y^2)^{3/2}}\mathrm{d}x + \int \frac{xy}{(x^2+y^2)^{3/2}}\mathrm{d}y + C$$

以上两积分有相同结果,故只取其一可得该流场的流函数,即

$$\psi = -\frac{x}{\sqrt{x^2+y^2}} + C$$

此外,根据以上确定的速度分布,可求得该流场流体质点的转动速率为

$$\omega_z = \frac{1}{2}\left(\frac{\partial v_y}{\partial x} - \frac{\partial v_x}{\partial y}\right) = \frac{1}{2}\left(\frac{-3xy^2}{(x^2+y^2)^{5/2}} - \frac{x^3-2xy^2}{(x^2+y^2)^{5/2}}\right) = -\frac{1}{2}\frac{x}{(x^2+y^2)^{3/2}} \neq 0$$

由此可见,该流场存在 $\omega_z \neq 0$ 的区域,故为有旋流场(无速度势函数)。

4.4.47 已知 x-y 平面速度场为 $v_x = kx^2$, $v_y = -2kxy$(k 为常数)。
(1)判断该速度场是否为不可压缩平面势流流场;
(2)根据判断结果,求流场的流函数或速度势函数;
(3)已知零流线过坐标原点,且通过(1,2)和(2,3)两点间连线的线流量为 40 m²/s,试确定通过这两点的流线方程,并确定常数 k。

解:(1)不可压缩平面势流流场应同时满足 $\nabla \cdot v = 0$ 和 $\omega_z = 0$ 的条件。根据给定速度有

$$\frac{\partial v_x}{\partial x} + \frac{\partial v_y}{\partial y} = 2kx - 2kx = 0$$

$$\omega_z = \frac{1}{2}\left(\frac{\partial v_y}{\partial x} - \frac{\partial v_x}{\partial y}\right) = -2ky - 0 = -ky \neq 0$$

由此可见,该流场为不可压缩流场,但流动有旋,故不是势流流场,流场无势函数。
(2)不可压缩平面流场有流函数,且流函数为

$$\psi = \int -v_y \mathrm{d}x + \int v_x \mathrm{d}y + C = \int 2kxy\mathrm{d}x + \int kx^2 \mathrm{d}y + C$$

以上两积分有相同结果,故只取其一可得该流场的流函数,即

$$\psi = kx^2 y + C$$

(3)定义 $\psi = 0$ 的流线(零流线)过坐标原点,则 $C=0$;此定义下,流函数在点(1,2)和点(2,3)的值分别为

$$\psi_1 = 2k$$

$$\psi_2 = 12k$$

因为 $\psi_1 \neq \psi_2$,所以通过这两点的流线不是同一条流线(同一流线 ψ 值相等)。将 ψ_1、ψ_2 分别代入流函数方程,可得通过点(1,2)和点(2,3)的流线方程分别为

$$y_1 = \frac{2}{x^2}$$

$$y_2 = \frac{12}{x^2}$$

此外,因为两流线的流函数数值之差等于两流线间连线的线流量,现已知通过点

(1,2)和点(2,3)的流线的流函数数值,而两点间连线的线流量为 40 m²/s,所以
$$q_{1-2}=\psi_2-\psi_1 \to 40=12k-2k$$
由此可确定
$$k=4 \text{ (m·s)}^{-1}$$

4.4.48 已知 x-y 平面流场的速度分布为
(1) $v=(x+t)\boldsymbol{i}+(y+t)\boldsymbol{j}$;
(2) $v=U_0\boldsymbol{i}+V_0\cos(kx-\beta t)\boldsymbol{j}$。
求这两种流场的速度势函数和等势线方程、流函数和流线方程。

解:解该问题首先应明确:无旋流动才有势函数,不可压缩平面流动才有流函数。
(1)对于第一种流场,流体质点的转动速率和体积应变速率分别为
$$\omega_z=\frac{1}{2}\left(\frac{\partial v_y}{\partial x}-\frac{\partial v_x}{\partial y}\right)=\frac{1}{2}(0-0)=0$$
$$\nabla \cdot v=\frac{\partial v_x}{\partial x}+\frac{\partial v_y}{\partial y}=1+1=2 \neq 0$$

由此可见,该平面流场是无旋流场,但非不可压缩流场,因此仅有势函数存在。且根据速度势函数的全微分方程有
$$d\varphi=-v_x dx-v_y dy=-(x+t)dx-(y+t)dy=-d\left[\frac{(x+t)^2}{2}+\frac{(y+t)^2}{2}\right]$$

势函数 φ 的全微分针对的是同一 t 时刻的流场,故微分运算中时间 t 可视为常数,但积分常数应为 t 的函数。由此积分上式并用 $f(t)$ 表示积分常数可得
$$\varphi=f(t)-\frac{(x+t)^2}{2}-\frac{(y+t)^2}{2}$$

等势线即 φ 为常数的流体线,因此根据上式可得 $\varphi=C$ 的等势线方程为
$$\frac{(x+t)^2}{2}+\frac{(y+t)^2}{2}=f(t)-C$$

此方程也可直接根据等势线方程 $v_x dx=-v_y dy$ 确定。

若定义任何 t 时刻通过坐标原点($x=0,y=0$)的等势线的势函数 $\varphi=0$,则 $f(t)=t^2$,此条件下的势函数及 $\varphi=C$ 的等势线方程分别为
$$\varphi=t^2-\frac{(x+t)^2}{2}-\frac{(y+t)^2}{2}$$
$$\frac{(x+t)^2}{2}+\frac{(y+t)^2}{2}=t^2-C$$

需要指出,此流场虽无流函数,流线仍然存在,但非流函数等值线。
(2)对于第二种流场,流体质点的转动速率和体积应变速率分别为
$$\omega_z=\frac{1}{2}\left(\frac{\partial v_y}{\partial x}-\frac{\partial v_x}{\partial y}\right)=\frac{1}{2}[-V_0 k\sin(kx-\beta t)-0]=-\frac{1}{2}V_0 k\sin(kx-\beta t) \neq 0$$
$$\nabla \cdot v=\frac{\partial v_x}{\partial x}+\frac{\partial v_y}{\partial y}=0+0=0$$

由此可见，该平面流场是不可压缩有旋流场，仅有流函数 ψ 存在，且 ψ 的全微分为

$$\mathrm{d}\psi = -v_y \mathrm{d}x + v_x \mathrm{d}y = -V_0 \cos(kx-\beta t) \mathrm{d}x + U_0 \mathrm{d}y = \mathrm{d}\left[U_0 y - \frac{V_0}{k}\sin(kx-\beta t)\right]$$

注意：以上流函数 ψ 的全微分针对的是同一 t 时刻的流场，故微积分运算中时间 t 可视为常数，但积分常数应为 t 的函数。由此积分上式并用 $f(t)$ 表示积分常数可得

$$\psi = U_0 y - \frac{V_0}{k}\sin(kx-\beta t) + f(t)$$

因为 ψ 为常数的流体线为流线，故根据上式可得 $\psi = C$ 的流线方程为

$$y = \frac{V_0}{U_0 k}\sin(kx-\beta t) + \frac{C-f(t)}{U_0}$$

此方程也可直接根据流线方程 $v_y \mathrm{d}x = v_x \mathrm{d}y$ 确定。

若定义任何时刻通过坐标原点 $(x=0, y=0)$ 的流线的 $\psi=0$，则积分常数 $f(t)$ 为

$$f(t) = -\frac{V_0}{k}\sin(\beta t)$$

且此条件下的流函数及 $\psi = C$ 的流线方程分别为

$$\psi = U_0 y - \frac{V_0}{k}[\sin(kx-\beta t) + \sin(\beta t)]$$

$$y = \frac{V_0}{U_0 k}[\sin(kx-\beta t) + \sin(\beta t)] + \frac{C}{U_0}$$

需要指出，流场无势函数时，垂直于流线的曲线仍然存在，但非等势线。

4.4.49 图 4-22 所示为飞机上用于测量马赫数的皮托管。已知驻点压力测管的读数为 $p_{02} = 150$ kPa，静压测管的读数为 $p_1 = 40$ kPa（注：静压测口位于马赫波后区域，因马赫波前后压力变化无限小，故该区域测试的静压代表激波前方静压），且前端正激波后的滞止温度 $T_{02} = 360$ K。试确定飞机飞行的马赫数 M_1 和速度 v_1。

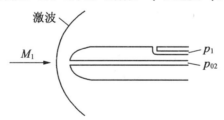

图 4-22 题 4.4.49 示意图

解：取 $k=1.4$、$\dfrac{p_{02}}{p_1} = \dfrac{150}{40} = 3.75$，试差可得

$$M_1 = 0.471\ 5$$

或

$$M_1 = 1.586\ 3$$

因波前为超声速，故 $M_1 = 1.586\ 3$。

因气流穿越正激波为绝热过程,滞止温度守恒,故激波前气流滞止温度 $T_{01} = T_{02} =$ 360 K。于是根据滞止温度公式可得激波前气流的静温为

$$T_1 = T_{01}[1+0.5(k-1)M_1^2]^{-1} = 360 \times (1+0.2 \times 1.5863^2)^{-1} = 239.5(\text{K})$$

由此可得飞机飞行速度为

$$v_1 = M_1 a_1 = M_1\sqrt{kRT_1} = 1.5863 \times \sqrt{1.4 \times 287 \times 239.5} = 492.1(\text{m/s})$$

4.4.50 如图 4-23 所示,一支垂直放置的等截面 U 形管内盛有不可压缩液体,由于晃动,U 形管两臂中初始液面有高差 H。由于液面高差,管内液体失去平衡,发生震荡,假定流体是理想的,U 形管液柱的总长度是 L,计算震荡的频率和液面的运动规律。

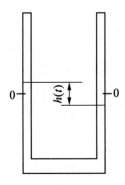

图 4-23 题 4.4.50 示意图

解:在等截面 U 形管中,根据连续方程,速度 U 在液柱内是常数。利用 $\frac{\partial U}{\partial t}+\frac{\mathrm{d}}{\mathrm{d}x}\left(\frac{U^2}{2}+\frac{p}{\rho}+\Pi\right)=0$,沿液柱从高液面到低液面间积分,得

$$\int_0^L \frac{\partial U}{\partial t}\mathrm{d}x + \int_0^L \frac{\partial\left(\frac{p}{\rho}+\Pi\right)}{\partial x}\mathrm{d}x = 0$$

U 形管两边液面上压强都是大气压强,因此压强项的积分等于零。积分式的结果是

$$\frac{\partial U}{\partial t}L + \Pi(L) - \Pi(0) = 0$$

$\Pi(L) - \Pi(0) = -gh$,故

$$\frac{\partial U}{\partial t}L - gh = 0$$

以平衡液面作为坐标面,左液面坐标是 $\frac{h}{2}$,右液面坐标是 $-\frac{h}{2}$。震荡时,左液面下降,故

$$U = -\frac{1}{2}\frac{\mathrm{d}h}{\mathrm{d}t}$$

代入前面公式,得

$$\frac{\partial^2 h}{\partial t^2}+\frac{2g}{L}h=0$$

以上常微分方程的解是

$$h=A\sin \omega t+B\cos \omega t$$

$\omega^2=\frac{2g}{L}$,震荡频率 $\omega=\sqrt{\frac{2g}{L}}$。初始时刻 $t=0$:液柱处于静止状态,$h=H$,$\frac{dh}{dt}=U=0$,于是液面的运动方程为

$$h=H\cos \omega t$$

4.4.51 设复势为 $W(z)=(1+i)\ln(z^2+1)+\frac{1}{z}$,试分析它是由哪些基本流动所组成的(包括强度和位置),并求沿圆周 $x^2+y^2=9$ 的速度环量 Γ 及通过该圆周的流体体积流量。

解:

$$W(z)=(1+i)\ln(z^2+1)+\frac{1}{z}=\ln(z+i)(z-i)+i\ln(z+i)(z-i)+\frac{1}{z}$$

流动由下列简单平面势流叠加而成:

(1)位于±i 处,强度为 $m=2\pi$ 的源;

(2)位于±i 处,强度为 $\Gamma=2\pi$ 的点涡(顺时针旋向);

(3)位于原点 $z=0$ 处,强度为 $M=2\pi$ 的偶极子(源→汇为 x 方向)。

复速度

$$\frac{dW}{dz}=\frac{1}{z+i}+\frac{1}{z-i}+\frac{i}{z+i}+\frac{i}{z-i}-\frac{1}{z^2}$$

$$\oint_c \frac{dW}{dz}dz=\int_c\left[\frac{1}{z+i}+\frac{1}{z-i}+\frac{i}{z+i}+\frac{i}{z-i}-\frac{1}{z^2}\right]dz$$

式中,c 为 $x^2+y^2=3^2$,或 $|z|=3$,显然它包含了这些奇点。

由留数定理

$$\oint_c \frac{dW}{dz}dz=\int_c\left[\frac{1+i}{z+i}+\frac{1+i}{z-i}-\frac{1}{z^2}\right]dz=(1+i)2\pi i+(1+i)2\pi i$$

$$=4\pi i-4\pi=\Gamma+iQ$$

故速度环量为

$$\Gamma_{|z|=3}=-4\pi$$

体积流量为

$$Q_{|z|=3}=4\pi$$

4.4.52 已知复势:

(1) $W(z)=(1+i)z$;

(2) $W(z)=(1+i)\ln\left(\frac{z+1}{z-4}\right)$;

(3) $W(z)=-6iz+i\frac{24}{z}$。

试分析以上流动的组成,绘制流线图,并计算通过圆周 $x^2+y^2=9$ 的流量,以及沿这一圆周的速度环量。

解:(1)
$$W(z) = (1+i)z = (1+i)(x+iy) = (x-y)+i(x+y)$$

$\varphi = x-y, \psi = x+y$ 为均流。

令 $\psi = C$,流线方程为
$$x+y=C$$
$$\frac{dW}{dz} = 1+i$$

将其沿 $x^2+y^2=3^2$ 积分得
$$\oint_{|z|=3} \frac{dW}{dz} dz = (1+i)\oint_{|z|=3} dz = 0$$

则
$$\Gamma_{|z|=3} = 0$$
$$Q_{|z|=3} = 0$$

故流线图如图 4-24(a)所示。

(2)
$$W(z) = (1+i)\ln\left(\frac{z+1}{z-4}\right) = \ln(z+1) + i\ln(z+1) - \ln(z-4) - i\ln(z-4)$$

流动由下列平面势流叠加而成:
① 在 $z=-1$ 处,强度为 2π 的源;
② 在 $z=4$ 处,强度为 2π 的汇;
③ 在 $z=-1$ 处,强度为 2π 的点涡(顺时针旋转);
④ 在 $z=4$ 处,强度为 2π 的点涡(逆时针旋转)。

$$\frac{dW}{dz} = (1+i)\left(\frac{1}{z+1} - \frac{1}{z-4}\right)$$

$$\oint_{|z|=3} \frac{dW}{dz} dz = (1+i)\oint_{|z|=3}\left(\frac{1}{z+1} - \frac{1}{z-4}\right)dz$$
$$= (1+i)\oint_{|z|=3} \frac{dz}{z+1} = (1+i)2\pi i = 2\pi i - 2\pi = \Gamma + iQ$$

则
$$\Gamma_{|z|=3} = -2\pi$$
$$Q_{|z|=3} = 2\pi$$

故流线图如图 4-24(b)所示。

(3)
$$W(z) = -6iz + i\frac{24}{z} = -6i\left(z - \frac{4}{z}\right) = 6e^{-\frac{\pi}{2}i}\left(z + \frac{2^2 e^{\pi i}}{z}\right)$$

这是 $U_0 = 6$ 的均流(速度沿 y 轴方向)绕半径 $a=2$ 的圆柱的绕流,即均流叠加强度为

$M = 48\pi e^{-\frac{\pi}{2}i}$ 的偶极（方向源→汇为 y 轴方向）。

$$\frac{dW}{dz} = -6i - \frac{24i}{z^2}$$

$$\oint_{|z|=3} \frac{dW}{dz} dz = \oint_{|z|=3} \left(-6i - \frac{24i}{z^2}\right) dz = 0$$

$$= \Gamma + iQ$$

则

$$\Gamma|_{|z|=3} = 0$$
$$Q|_{|z|=3} = 0$$

故流线图如图 4-24(c) 所示。

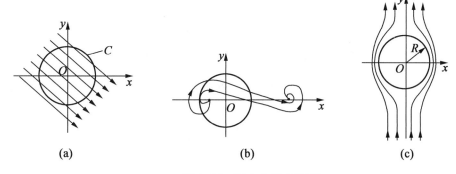

图 4-24　题 4.4.52 解答图

4.4.53　设流动复势为 $W(z) = m\ln\left(z - \frac{1}{z}\right)$ $(m>0)$，试求：

(1) 流动由哪些奇点组成；

(2) 用奇坐标表示的这一流动的速度势 φ 及流函数 ψ；

(3) 通过 $z_1 = i, z_2 = \frac{1}{2}$ 两点连线的流量；

(4) 用直角坐标表示的流线方程，并画出零流线。

解：(1)

$$W(z) = m\ln\left(z - \frac{1}{z}\right) = m\ln\frac{(z+1)(z-1)}{z}$$

以上平面势流由下列简单平面势流叠加而成：

① 位于 $(-1,0)$ 及 $(1,0)$ 处，强度均为 $2\pi m$ 的源；

② 位于 $(0,0)$ 处，强度为 $2\pi m$ 的汇。

(2)

$$W(z) = m\ln\left(z - \frac{1}{z}\right)$$
$$= m\ln\left(re^{i\theta} - \frac{1}{r}e^{-i\theta}\right) = m\ln\frac{r^2(\cos\theta + i\sin\theta) - (\cos\theta - i\sin\theta)}{r}$$

$$= m\ln\left[\frac{(r^2-1)\cos\theta}{r} + \mathrm{i}\frac{(r^2+1)\sin\theta}{r}\right]$$

$$= m\ln\left[\sqrt{\frac{r^4-2r^2\cos 2\theta+1}{r^2}}\, e^{\mathrm{i}\arctan\left(\frac{r^2+1}{r^2-1}\tan\theta\right)}\right]$$

故

$$\varphi = m\ln\frac{\sqrt{r^4-2r^2\cos 2\theta+1}}{r}$$

$$\psi = m\arctan\left(\frac{r^2+1}{r^2-1}\tan\theta\right)$$

(3) 通过点 $z_1=\mathrm{i}, z_2=\frac{1}{2}$ 两点连线的流量为

$$Q = \psi(z_1) - \psi(z_2) = \psi(\mathrm{i}) - \psi\left(\frac{1}{2}\right) = m\arctan\infty - m\arctan 0 = \frac{m\pi}{2}$$

(4) 用直角坐标表示的流线方程为

$$\psi = m\arctan\left(\frac{r^2+1}{r^2-1}\tan\theta\right) = C$$

由于

$$r^2 = x^2+y^2$$

$$\tan\theta = \frac{y}{x}$$

故

$$\psi = m\arctan\left[\frac{(x^2+y^2+1)y}{(x^2+y^2-1)x}\right] = C$$

或

$$\frac{y(x^2+y^2+1)}{x(x^2+y^2-1)} = C$$

零流线即 $C=0$, 得 $y=0$（即 x 轴）($x^2+y^2+1=0$, 无意义), $x=0$（即 y 轴）及 $x^2+y^2-1=0$ 也为流线, 但

$$\psi = \frac{m\pi}{2}$$

4.4.54 一沿 x 轴正向的均流，流速为 $U_0=10\text{ m/s}$，今与一位于原点的点涡相叠加。已知驻点位于点 $(0,-5)$，试求：

(1) 点涡的强度；

(2) $(0,-5)$ 点的流速；

(3) 通过驻点的流线方程。

解：(1) 设点涡的强度为 Γ。要使驻点位于 $(0,-5)$，则 Γ 应为顺时针转向，故复势

$$W(z) = U_0 z - \frac{\mathrm{i}\Gamma}{2\pi}\ln z$$

$$\frac{dW}{dz} = U_0 - \frac{i\Gamma}{2\pi}\frac{1}{z} = U_0 - \frac{i\Gamma}{2\pi r}(\cos\theta - i\sin\theta) = u - iv$$

将 $U_0 = 10$ m/s, $r = 5$, $\theta = -\frac{\pi}{2}$ 代入上式,并令 $\frac{dW}{dz} = 0$,则

$$10 - \frac{\Gamma}{2\pi \times 5}\sin\left(-\frac{\pi}{2}\right) = 0$$

故 $\Gamma = -100\pi$(即顺时针旋转)。

(2)由于

$$u = U_0 - \frac{\Gamma}{2\pi r}\sin\theta$$

$$v = \frac{\Gamma}{2\pi r}\cos\theta$$

将 $r = 5$, $\theta = -\frac{\pi}{2}$, $\Gamma = -100\pi$ 代入上式,得(0,-5)点的速度:

$$u = 10 + \frac{100\pi}{2\pi \times 5}\sin\frac{\pi}{2} = 20(\text{m/s})$$

$$v = 0$$

(3)

$$W(z) = U_0 z - \frac{i\Gamma}{2\pi}\ln z = U_0(x + iy) - \frac{i\Gamma}{2\pi}\ln re^{i\theta}$$

得

$$\psi = U_0 y - \frac{\Gamma}{2\pi}\ln\sqrt{x^2 + y^2}$$

在驻点(0,-5)处,即

$$\psi = 10 \times (-5) + 50\ln 5 = 50(\ln 5 - 1)$$

故流过驻点的流线方程为

$$10y + 50\ln\sqrt{x^2 + y^2} = 50(\ln 5 - 1)$$

整理得

$$\ln\left(0.2\sqrt{x^2 + y^2}\right) + 0.2y + 1 = 0$$

4.4.55 设一均匀直线流绕经一圆柱体,如图 4-25 所示。已知圆柱体中心位于坐标原点(0,0),半径为 $r_0 = 1$ m;均匀直线流速度 $u = 3$ m/s。试求 $x = -2$ m, $y = 1.5$ m 点处的速度分量 (u_ρ, u_φ) 和 (u_x, u_y)。

解:

$$\rho = \sqrt{x^2 + y^2} = \sqrt{(-2)^2 + 1.5^2} = 2.5(\text{m})$$

$$\varphi = \arctan\frac{y}{x} = \arctan\frac{1.5}{-2} = 143.13°(\text{第二象限})$$

$$u_\rho = u\cos\varphi\left(1 - \frac{r_0^2}{\rho^2}\right) = 3 \times \cos 143.13° \times \left(1 - \frac{1}{2.5^2}\right) = -2.02(\text{m/s})$$

$$u_\varphi = -u\sin\varphi\left(1+\frac{r_0^2}{\rho^2}\right) = -3\times\sin 143.13°\times\left(1+\frac{1}{2.5^2}\right) = -2.09(\text{m/s})$$

由图 4-25 可知,$\varphi' = 180°-\varphi = 180°-143.13° = 36.87°$,所以

$$u_x = u_\rho\cos\varphi' + u_\varphi\sin\varphi'(u_\rho、u_\varphi \text{ 均取正值})$$

$$u_x = 2.02\times\cos 36.87° + 2.09\times\sin 36.87° = 2.87(\text{m/s})$$

$$u_y = u_\varphi\cos\varphi' - u_\rho\sin\varphi' = 2.09\times\cos 36.87° - 2.02\times\sin 36.87° = 0.46(\text{m/s})$$

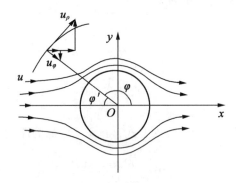

图 4-25　题 4.4.55 示意图

4.4.56　已知:

$$u_x = -\frac{kyt}{x^2+y^2}$$

$$u_y = \frac{kxt}{x^2+y^2}$$

$$u_z = 0$$

式中,k 为不为零的常数。试求:

(1)流线方程;

(2)$t=1$ 时,通过点 $A(1,0)$ 流线的形状。

解:$u_z = 0$,为平面(二维)流动。

(1)流线方程:

$$\frac{\mathrm{d}x}{u_x} = \frac{\mathrm{d}y}{u_y}$$

将 u_x、u_y 代入上式,得

$$\frac{-(x^2+y^2)}{kyt}\mathrm{d}x = \frac{x^2+y^2}{kxt}\mathrm{d}y$$

$$-(x^2+y^2)\mathrm{d}x\cdot kxt = (x^2+y^2)\mathrm{d}y\cdot kyt$$

$$(x^2+y^2)kxt\mathrm{d}x + (x^2+y^2)kyt\mathrm{d}y = 0$$

$$kt(x^2+y^2)\cdot(x\mathrm{d}x + y\mathrm{d}y) = 0$$

$$kt(x^2+y^2)\frac{1}{2}\mathrm{d}(x^2+y^2) = 0$$

第4章 流体运动学

积分得

$$\frac{kt}{2}(x^2+y^2) = C_1$$

流线方程一般形式：

$$(x^2+y^2)t = C_2$$

（2）$t=1, x=1, y=0$，代入上式，得 $C_2=1$；流线为 $x^2+y^2=1$，流线的形状为一圆。

4.4.57 设用一附有空气-水倒 U 形压差计装置的皮托管，来测定管流过流断面上若干点的流速，如图 4-26 所示。已知管径 $d=0.2$ m，各测点距管壁的距离 y 及其相应的压差计读数 h 分别为：$y=0.025$ m，$h=0.05$ m；$y=0.05$ m，$h=0.08$ m；$y=0.10$ m，$h=0.10$ m。皮托管校正系数 $c=1.0$。试求各测点流速，并绘出过流断面上流速分布图。

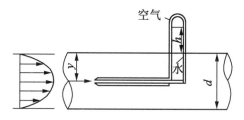

图 4-26 题 4.4.57 示意图

解：因 $u=\sqrt{2gh}$，所以

$$u_1 = c\sqrt{2gh_1} = 1\times\sqrt{2\times 9.8\times 0.05} = 0.99(\text{m/s})$$

$$u_2 = c\sqrt{2gh_2} = 1\times\sqrt{2\times 9.8\times 0.08} = 1.25(\text{m/s})$$

$$u_3 = c\sqrt{2gh_3} = 1\times\sqrt{2\times 9.8\times 0.10} = 1.40(\text{m/s})$$

过流断面上的流速分布如图 4-26 所示。

4.4.58 已知 $u_x = \dfrac{-y}{x^2+y^2}$，$u_y = \dfrac{x}{x^2+y^2}$，$u_z=0$，试求该流动的速度势函数，并检查速度势函数是否满足拉普拉斯方程。

解：（1）由题可得，该流动为有势流，所以存在速度势函数 φ。

$$d\varphi = u_x dx + u_y dy = \frac{-y}{x^2+y^2}dx + \frac{x}{x^2+y^2}dy = \frac{-ydx+xdy}{x^2+y^2} = \frac{1}{1+\left(\dfrac{y}{x}\right)^2}d\left(\frac{y}{x}\right)$$

积分上式可得 $\varphi = \arctan\dfrac{y}{x}$。

（2）

$$\frac{\partial^2 \Phi}{\partial x^2} = \frac{\partial}{\partial x}\left(\frac{-y}{x^2+y^2}\right) = \frac{2xy}{(x^2+y^2)^2}$$

$$\frac{\partial^2 \Phi}{\partial y^2} = \frac{\partial}{\partial y}\left(\frac{x}{x^2+y^2}\right) = \frac{-2xy}{(x^2+y^2)^2}$$

$$\frac{\partial^2 \Phi}{\partial z^2}=0$$

$$\frac{2xy}{(x^2+y^2)^2}-\frac{2xy}{(x^2+y^2)^2}+0=0$$

满足拉普拉斯方程。

4.4.59 设在一个很长的风洞中,温度 T 的变化规律为

$$T=T_0-a\mathrm{e}^{-x/L}\sin\left(\frac{2\pi t}{\tau}\right)$$

式中,T_0、a、L 和 τ 均为常数;x 为从风洞入口处起算的距离。流体质点以常速度 U 进入和通过风洞,求流体质点通过风洞过程中温度的变化率。

解:

$$\frac{DT}{Dt}=a\mathrm{e}^{-x/L}\left(\frac{U}{L}\sin\frac{2\pi t}{\tau}-\frac{2\pi}{\tau}\cos\frac{2\pi t}{\tau}\right)$$

4.4.60 已知某平面流动的速度分布为 $u=2x-3y,v=-3x-2y$。

(1) 确定该速度分布是否满足不可压缩平面流动的连续方程,若满足求出流函数 $\Psi(x,y)$;

(2) 确定流动是否无旋,若无旋求出速度势函数;

(3) 若同时存在流函数和速度势函数,求复位势。

解:(1) 将速度表示式代入不可压缩平面流动的连续方程,

$$\frac{\partial u}{\partial x}+\frac{\partial v}{\partial y}=2+(-2)=0$$

速度分布满足连续方程,存在流函数,则

$$\frac{\partial \Psi}{\partial y}=2x-3y \tag{1a}$$

$$-\frac{\partial \Psi}{\partial x}=-3x-2y \tag{1b}$$

积分式(1a),

$$\Psi=2xy-\frac{3}{2}y^2+f(x) \tag{2}$$

将上式代入式(1b),

$$-2y-f'(x)=-3x-2y$$
$$f'(x)=3x$$
$$f(x)=\frac{3}{2}x^2+c \tag{3}$$

取 $c=0$,将式(3)代入式(2),得流函数

$$\Psi=\frac{3}{2}x^2+2xy-\frac{3}{2}y^2 \tag{4}$$

(2) 将式(4)代入 $\Omega=-\nabla^2\Psi$,

$$\varOmega = -\left(\frac{\partial^2 \varPsi}{\partial x^2}+\frac{\partial^2 \varPsi}{\partial y^2}\right) = -[3+(-3)] = 0$$

流动无旋,存在速度势函数。由 $u=\frac{\partial \varphi}{\partial x}, v=\frac{\partial \varphi}{\partial y}$ 得

$$\frac{\partial \varphi}{\partial x} = 2x-3y \tag{5a}$$

$$\frac{\partial \varphi}{\partial y} = -3x-2y \tag{5b}$$

积分式(5a),

$$\varphi = x^2-3xy+g(y) \tag{6}$$

将式(6)代入式(5b),

$$-3x+g'(y) = -3x-2y$$
$$g'(y) = -2y$$
$$g(y) = -y^2+c_1 \tag{7}$$

取 $c_1=0$,将式(7)代入式(6),得速度势函数

$$\varphi = x^2-3xy-y^2 \tag{8}$$

用上述速度势函数和流函数组成复位势,

$$F = \varphi+\mathrm{i}\varPsi = (x^2-3xy-y^2)+\mathrm{i}\left(\frac{3}{2}x^2+2xy-\frac{3}{2}y^2\right) \tag{9}$$

利用直角坐标与极坐标关系 $x=r\cos\theta$ 和 $y=r\sin\theta$,上式可改写为

$$\begin{aligned}F &= (r^2\cos^2\theta-3r^2\sin\theta\cos\theta-r^2\sin^2\theta)+\mathrm{i}\left(\frac{3}{2}r^2\cos^2\theta+2r^2\sin\theta\cos\theta-\frac{3}{2}r^2\sin^2\theta\right)\\ &= \left(r^2\cos 2\theta-\frac{3}{2}r^2\sin 2\theta\right)+\mathrm{i}\left(\frac{3}{2}r^2\cos 2\theta+r^2\sin 2\theta\right)\\ &= r^2(\cos 2\theta+\mathrm{i}\sin 2\theta)+\frac{3\mathrm{i}}{2}r^2(\cos 2\theta+\mathrm{i}\sin 2\theta) = r^2\mathrm{e}^{2\mathrm{i}\theta}+\frac{3\mathrm{i}}{2}r^2\mathrm{e}^{2\mathrm{i}\theta}\end{aligned}$$

引用 $z=r\mathrm{e}^{\mathrm{i}\theta}$,上式可化简为

$$F(z) = \left(1+\frac{3\mathrm{i}}{2}\right)z^2$$

4.4.61 半柱体绕流由速度为 U、沿 x 轴正方向的均匀流和位于原点、源强为 Q 的点源叠加而成(图4-27)。

(1)试确定流场中驻点的位置;
(2)写出通过驻点的流线方程。

解:(1)均匀流与点源叠加后的复位势和复速度为

$$F(z) = Uz+\frac{Q}{2\pi}\ln z$$

$$W(z) = \frac{\mathrm{d}F(z)}{\mathrm{d}z} = U+\frac{Q}{2\pi z}$$

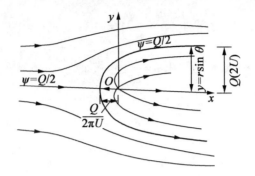

图 4-27 题 4.4.61 示意图

由 $W(z)=0$ 得驻点位置

$$z=-\frac{Q}{2\pi U}$$

考虑到上式右侧为负实数,则驻点用极坐标可表示为

$$\begin{cases} r=\dfrac{Q}{2\pi U} \\ \theta=\pi \end{cases} \tag{1}$$

(2)将 $z=re^{i\theta}$ 代入复位势表示式,并分离实部和虚部,

$$F(z)=Ur(\cos\theta+i\sin\theta)+\frac{Q}{2\pi}(\ln r+i\theta)$$

$$=Ur\cos\theta+\frac{Q}{2\pi}\ln r+i\left(Ur\sin\theta+\frac{Q}{2\pi}\theta\right)$$

复位势虚部即为流函数,

$$\Psi=Ur\sin\theta+\frac{Q}{2\pi}\theta \tag{2}$$

代入驻点坐标 $\left[\dfrac{Q}{2\pi U},\pi\right]$,得 $\Psi=\dfrac{Q}{2}$,即通过驻点流线的流函数值为 $\dfrac{Q}{2}$,于是过驻点流线方程可写为

$$Ur\sin\theta+\frac{Q}{2\pi}\theta=\frac{Q}{2}$$

整理上式,得

$$r=\frac{Q(\pi-\theta)}{2\pi U\sin\theta} \tag{3}$$

4.4.62 如图 4-28 所示,在 $(-a,0)$ 点放置一强度为 m 的点源,在 $(a,0)$ 点放置一等强度的点汇,上述点源和点汇与沿正 x 轴方向、速度为 U 的均匀流叠加可得兰金卵柱体扰流。

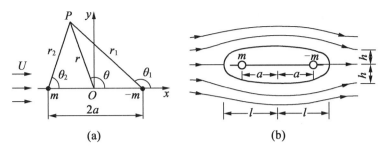

图 4-28 题 4.4.62 示意图

(1) 试求兰金卵柱体的前后驻点位置；
(2) 求通过驻点的流线方程；
(3) 求兰金卵柱体半厚度 h。

解：(1) 点源、点汇与均匀流叠加后的复位势为

$$F = Uz + \frac{m}{2\pi}\ln(z+a) - \frac{m}{2\pi}\ln(z-a) \qquad (1)$$

求复速度并令其等于零，

$$W = \frac{dF}{dz} = U + \frac{m}{2\pi}\frac{1}{z+a} - \frac{m}{2\pi}\frac{1}{z-a} = 0$$

整理上式，得

$$\frac{2a}{z^2-a^2} = \frac{2\pi U}{m}$$

$$z = \pm a\left(1+\frac{m}{\pi Ua}\right)^{1/2}$$

则前后驻点用极坐标可分别表示为

$$r = l = a\left(1+\frac{m}{\pi Ua}\right)^{1/2}, \theta = 0; r = l = a\left(1+\frac{m}{\pi Ua}\right)^{1/2}, \theta = \pi \qquad (2)$$

(2) 令 $z+a = r_2 e^{i\theta_2}, z-a = r_1 e^{i\theta_1}$，代入复位势表示式即式(1)，有

$$F = U(x+iy) + \frac{m}{2\pi}(\ln r_2 + i\theta_2) - \frac{m}{2\pi}(\ln r_1 + i\theta_1)$$

复位势虚部即流函数

$$\Psi = Uy + \frac{m}{2\pi}(\theta_2 - \theta_1) \qquad (3)$$

式中，$\theta_1 = \text{arccot}\left[\frac{x-a}{y}\right]$，$\theta_2 = \text{arccot}\left[\frac{x+a}{y}\right]$，之所以采用反余切来表示 θ_1 和 θ_2，是因为它们都在 $0 \sim \pi$ 的范围内变化。由式(2)和图 4-28 知驻点位于 x 轴上，$y=0$，且流线通过驻点时 $\theta_1 = \theta_2$，代入式(3)得 $\Psi = 0$，于是通过驻点的流线方程为

$$Uy + \frac{m}{2\pi}(\theta_2 - \theta_1) = 0 \qquad (4)$$

上式表示的曲线形状示于图 4-28(b) 中(粗实线)，可视为兰金卵柱体的型线。

令 $y=h$,代入式(4)有

$$Uh = \frac{m}{2\pi}(\theta_1 - \theta_2) \quad (5)$$

在 $(0,h)$ 点 $\theta_2 = \arctan\left(\dfrac{h}{a}\right)$, $\theta_1 = \pi - \theta_2$, 代入式(5),有

$$\frac{\pi}{2} - \arctan\left(\frac{h}{a}\right) = \frac{\pi Uh}{m}$$

等式两侧取余切,可得

$$\cot\left[\frac{\pi}{2} - \arctan\left(\frac{h}{a}\right)\right] = \cot\frac{\pi Uh}{m}$$

$$\frac{h}{a} = \cot\frac{\pi Uh}{m} \quad (6)$$

4.4.63 两无限大平行平板间充满静止液体,上板在初始时刻 $t=0$ 突然以常速度 U 在自身平面内开始运动,试求两平板间液体速度场的发展过程。

解:两平行平板间流动为平行剪切流动,非零速度为 u。令

$$u = u_1 + \frac{Uy}{h} \quad (1)$$

将上式代入 $\dfrac{\partial u}{\partial t} = -\dfrac{1}{\rho}\dfrac{\partial p}{\partial x} + v\nabla^2 u$,并注意到沿流动方向压强梯度为零,有

$$\frac{\partial u_1}{\partial t} = v\frac{\partial^2 u_1}{\partial y^2} \quad (2)$$

对于速度 u,初始条件和边界条件分别为

$$t=0, u=0 \,(0 \leqslant y < h)$$
$$y=h, u=U; y=0, u=0$$

当 $t \to \infty$, u 应趋于定常库埃特流动的速度分布 $u = \dfrac{Uy}{h}$,于是式(2)的初始条件和边界条件应为

$$t=0, u_1 = -\frac{Uy}{h} \quad (3)$$
$$y=h, u_1=0; y=0, u_1=0 \quad (4)$$

当 $t \to \infty$,则有

$$u_1 = 0 \quad (5)$$

求解式(2)得到 u_1,代入式(1)即可得到 u。令 $u_1 = f(y)g(t)$,代入式(2)有

$$\frac{1}{v}\frac{g'}{g} = \frac{f''}{f} = -\lambda^2$$

整理上式,得

$$g' + v\lambda^2 g = 0$$
$$f'' + \lambda^2 f = 0$$

上述两微分方程的通解为
$$g = ce^{-\lambda^2 vt}$$
$$f = A\sin(\lambda y) + B\cos(\lambda y)$$

为满足边界条件 $y=h, u_1=0$ 和 $y=0, u_1=0$，需 $B=0, \lambda=\dfrac{n\pi}{h}$，于是

$$u_1 = \sum_{n=1}^{\infty} c_n e^{-(n\pi/h)^2 vt} \sin\left(\dfrac{n\pi}{h}y\right) \tag{6}$$

式(6)中已把积分常数 c 和 A 合并为 c_n。式(6)已满足条件 $t\to\infty$ 时，$u_1=0$，还需满足初始条件 $t=0, u_1 = -\dfrac{Uy}{h}$。令 $t=0$，有

$$-U\dfrac{y}{h} = \sum_{n=1}^{\infty} c_n \sin\left(\dfrac{n\pi}{h}y\right)$$

由上式可确定系数 c_n，

$$c_n = \dfrac{1}{h}\int_{-h}^{h} -U\dfrac{y}{h}\sin\left(\dfrac{n\pi}{h}y\right)\mathrm{d}y = \dfrac{2U}{n\pi}(-1)^n$$

将上式代入式(6)，得

$$u_1 = \sum_{n=1}^{\infty} \dfrac{2U}{n\pi}(-1)^n e^{-v(n\pi/h)^2 t}\sin\left(\dfrac{n\pi}{h}y\right) \tag{7}$$

再将式(7)代入式(1)，得

$$\dfrac{u}{U} = \dfrac{y}{h} + \sum_{n=1}^{\infty}(-1)^n \dfrac{2}{n\pi} e^{-v(n\pi/h)^2 t}\sin\left(\dfrac{n\pi}{h}y\right) \tag{8}$$

式(8)表示的速度发展过程在图 4-29 中示出。本例的控制方程是含有两个自变量的抛物线型偏微分方程，但由于存在特征长度 h，因此不存在相似解。

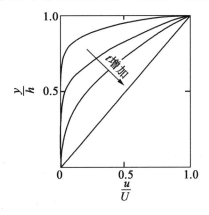

图 4-29　题 4.4.63 解答图

4.4.64　设有如图 4-30 所示的容器以加速度 a 向左运动，尺寸 l, h_1 和 h_2 为已知，求隔板不受力时 a 的表达式。

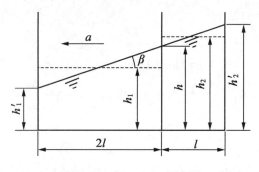

图 4-30 题 4.4.64 示意图

解：隔板不受力时前后箱中的液面应形成一条直线，此直线斜率应为

$$\tan\beta = \frac{a}{g}$$

设箱中液面间的关系如图 4-30 所示，其中

$$\tan\beta = \frac{h_2' - h_1'}{3l}$$

由液体运动前后体积不变的关系可得

$$h_1 = \frac{h_1' + h}{2}$$

$$h_2 = \frac{h + h_2'}{2}$$

即

$$h_1' = 2h_1 - h$$
$$h_2' = 2h_2 - h$$

将以上关系代入 $\tan\beta$ 的表达式中可得

$$\tan\beta = \frac{a}{g} = \frac{2h_2 - h - (2h_1 - h)}{3l}$$

于是

$$a = \frac{2g}{3} \frac{h_2 - h_1}{l}$$

4.4.65 已知速度场及其温度分布为

$$v = xt\mathbf{i} + yt\mathbf{j} + zt\mathbf{k}, \quad T = \frac{At^2}{(x^2 + y^2 + z^2)}$$

式中，A 为常数。试求：

(1) 流场空间点 (x, y, z) 处的温度变化率和加速度；
(2) 流场空间点 (x, y, z) 处流体质点的温度变化率和加速度；
(3) $t = 0$ 时通过 $(x = a, y = b, z = c)$ 点处的流体质点的温度变化率和加速度。

解：速度 v、温度 T 为欧拉物理量，二者都是三维、非稳态问题，且

$$v_x = xt$$
$$v_y = yt$$
$$v_z = zt$$

(1)流场空间点处的温度变化率和加速度指空间点上温度 T 和速度 v 对时间 t 的变化率,可由 T、v 直接对 t 求导获得(空间点处的加速度称为局部加速度,用 $\boldsymbol{a}_1$ 表示),即

$$\frac{\partial T}{\partial t} = \frac{2At}{x^2+y^2+z^2}$$

$$\boldsymbol{a}_1 = \frac{\partial \boldsymbol{v}}{\partial t} = x\boldsymbol{i} + y\boldsymbol{j} + z\boldsymbol{k}$$

(2)流体质点的温度变化率和加速度是温度和速度的质点导数,即

$$\frac{DT}{Dt} = \frac{\partial T}{\partial t} + v_x \frac{\partial T}{\partial x} + v_y \frac{\partial T}{\partial y} + v_z \frac{\partial T}{\partial z}$$

$$\boldsymbol{a} = \frac{D\boldsymbol{v}}{Dt} = \frac{\partial \boldsymbol{v}}{\partial t} + v_x \frac{\partial \boldsymbol{v}}{\partial x} + v_y \frac{\partial \boldsymbol{v}}{\partial y} + v_z \frac{\partial \boldsymbol{v}}{\partial z}$$

由 v、T 表达式对时间和坐标求导并代入速度分量,整理可得

$$\frac{DT}{Dt} = \frac{2At(1-t^2)}{x^2+y^2+z^2}$$

$$\boldsymbol{a} = (1+t^2)(x\boldsymbol{i}+y\boldsymbol{j}+z\boldsymbol{k})$$

(3)为将以上流体质点的温度变化率和加速度转化为拉普拉斯表达式,需首先建立迹线微分方程,并求解获得带积分常数的迹线参数方程,即

$$\frac{dx}{dt} = xt, \frac{dy}{dt} = yt, \frac{dz}{dt} = zt \rightarrow x = c_1 e^{t^2/2}, y = c_2 e^{t^2/2}, z = c_3 e^{t^2/2}$$

对于 $t=0$ 时通过 $(x=a, y=b, z=c)$ 的质点,$c_1=a, c_2=b, c_3=c$,故

$$x = ae^{t^2/2}, y = be^{t^2/2}, z = ce^{t^2/2}$$

将此代入欧拉变量表示的 $\dfrac{DT}{Dt}$ 和 $\boldsymbol{a}$ 中,即可得该质点的温度变化率和加速度

$$\frac{DT}{Dt} = \frac{2At(1-t^2)}{(a^2+b^2+c^2)e^{t^2}}$$

$$\boldsymbol{a} = (1+t^2)e^{t^2/2}(a\boldsymbol{i}+b\boldsymbol{j}+c\boldsymbol{k})$$

4.4.66 如图 4-31 所示,有一储液车,车身长 L,当它做匀加速直线运动时,求储液罐前后液位的高度差。

解:在储液车上设立坐标系 (x,z),加速度 a 的正方向与 x 轴一致,同时坐标系原点在自由面上。根据等压面方程

$$p = -\rho g z - \rho a x + p_a$$

自由面方程为 $p_a = -\rho g z - \rho a x + p_a$,即 $gz + ax = 0$,即储液车中自由液面的斜率为

$$\frac{dz}{dx} = -\frac{a}{g}$$

或

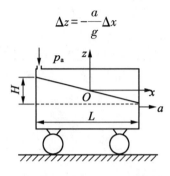

图 4-31 题 4.4.66 示意图

故前后端液位差为

$$H = \frac{a}{g}L$$

上式表明车厢前面的液位下降，车厢后面的液位上升，液面的高度差和储液车加速度成正比。

4.5 知识拓展

4.5.1 一摩擦泵结构如图 4-32 所示，一长为 L、直径为 D 的圆柱以角速度 Ω 在内径为 $(D+2h)$ 的同心圆柱面内旋转，受旋转圆柱表面摩擦力作用，流体被携带进入泵内，绕行一周后流出，沿顺时针旋转一周的流体压强 $\Delta p = p_{out} - p_{in}$。一分割板将入流和出流分开，防止流体由出口的高压区 p_{out} 泄漏入进口的低压区 p_{in}。

（1）确定通过摩擦泵的流体体积流量 Q；

（2）求在定常运转条件下需施加在转子上的力矩 T；

（3）设泵的输出功率 $P_{out} = Q\Delta P$，求最大功率时的 ΔP，以及此时的效率 $\eta = \dfrac{P_{out}}{P_{in}}$，输入功率 $P_{in} = \Omega T$。

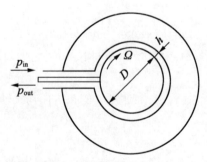

图 4-32 题 4.5.1 示意图

解：(1) 当转子与内圆柱面之间缝隙很小时，泵内的流动可近似为两无限大平壁间的库埃特-泊肃叶流动，速度分布可近似为

$$u = -\frac{h^2}{2\mu}\frac{y}{h}\left(1-\frac{y}{h}\right)\frac{dp}{dx} + \frac{y}{h}U \tag{1}$$

积分求通过泵的体积流量：

$$Q = L\int_0^h u\,dy = L\left(-\frac{h^3}{12\mu}\frac{dp}{dx} + \frac{1}{2}Uh\right) \tag{2}$$

对于摩擦泵有

$$\begin{cases} U = \frac{1}{2}\Omega D \\ \frac{dp}{dx} = \frac{P_{out}-P_{in}}{\pi D} = \frac{\Delta P}{\pi D} \end{cases} \tag{3}$$

将式(3)代入式(2)，可得

$$Q = L\left[\frac{\Omega Dh}{4} + \frac{h^3}{12\mu}\left(-\frac{\Delta P}{\pi D}\right)\right] = \frac{L\Omega Dh}{4}\left(1 - \frac{h^2\Delta P}{3\pi\mu\Omega D^2}\right) \tag{4}$$

(2) 作用在转子表面的切应力：

$$\tau_0 = \mu\left(\frac{\partial u}{\partial y}\right)_{y=h} = \mu\left[-\frac{1}{2\mu}(h-2y)\frac{dp}{dx} + \frac{U}{h}\right]_{y=h} = \frac{h}{2}\frac{dp}{dx} + \mu\frac{U}{h}$$

将式(3)代入上式，

$$\tau_0 = \frac{h}{2}\frac{\Delta P}{\pi D} + \mu\frac{D\Omega}{2h}$$

于是作用在转子上的力矩可计算为

$$T = \tau_0(\pi DL)\frac{D}{2} = \frac{\pi D^2 L}{2}\left(h\frac{\Delta P}{2\pi D} + \frac{\mu\Omega D}{2h}\right) = \frac{\pi\mu L\Omega D^3}{4h}\left(1 + \frac{h^2\Delta P}{\pi\mu\Omega D^2}\right) \tag{5}$$

摩擦泵输出功率：

$$P_{out} = Q\Delta P = \frac{L\Omega Dh}{4}\left(1 - \frac{h^2\Delta P}{3\pi\mu\Omega D^2}\right)\Delta P$$

令 $\dfrac{\partial P_{out}}{\partial(\Delta P)} = 0$，得

$$1 - \frac{2h^2\Delta P}{3\pi\mu\Omega D^2} = 0$$

$$\Delta P = \frac{3\pi\mu\Omega D^2}{2h^2} \tag{6}$$

于是最大输出功率为

$$P_{out,max} = \frac{L\Omega Dh}{4}\left(\frac{1}{2}\right)\frac{3\pi\mu\Omega D^2}{2h^2} = \frac{3\pi\mu L\Omega^2 D^3}{16h} \tag{7}$$

相应的输出功率：

$$P_{\text{in}} = \Omega T = \frac{\pi \mu L \Omega^2 D^3}{4h}\left(\frac{5}{2}\right) = \frac{5\pi \mu L \Omega^2 D^3}{8h}$$

泵最高效率：

$$\eta = \frac{P_{\text{out}}}{P_{\text{in}}} = \frac{3\pi}{16} \times \frac{8}{5\pi} = 30\% \tag{8}$$

第5章 黏性流体运动及其阻力计算

5.1 基本定义

层流:定向有规律的定常流动;流体质点平行向前推进,各层之间无掺混。层流以黏性力为主,表现为质点的摩擦和变形。

湍流:不定向混杂的流动;单个流体质点无规则运动,不断掺混、碰撞,整体以平均速度向前推进。湍流以惯性力为主,表现为质点的撞击和混掺。

布拉休斯的边界层求解方法:只适用于流动方向完全平行于平板的流动。但是,它经常被用于沿固体壁面发展的边界层的快速估算,其边界层不一定平坦,也不完全平行于流动,例如汽车的引擎罩。在实际工程问题中,要得到雷诺数比临界雷诺数大的流动并不难。当边界层变成湍流边界层时,需要格外注意层流边界层求解方法此时已不再适用了。

沿程阻力:流体沿流动路程所受的阻碍。

局部阻力:流体流经各种局部障碍(如阀门、弯头、变截面管等)时,由于水流变形、方向变化、速度重新分布,质点间进行剧烈动量交换而产生的阻力。

形成**层流切应力**的主要原因是黏滞切应力;形成**湍流切应力**的主要原因是黏性切应力和惯性切应力。

水力光滑:$\Delta<\delta_0$ 的壁面。固壁的粗糙度记为 Δ,黏性底层的厚度记为 δ_0。

水力粗糙:$\Delta>\delta_0$ 的壁面。

圆管中层流流速分布:层流时,过水断面上流速按抛物线分布。

圆管中湍流流速分布:湍流时,过水断面上流速按对数规律分布。湍流时由于液体质点的混掺作用,发生动量交换,使流速分布均匀化。

湍流中黏性底层:在近壁处,因液体质点受到壁面的限制,不能产生横向运动,没有混掺现象,流速 $\frac{dv}{dy}$ 很大,黏滞切应力 $\tau=\mu\frac{dv}{dy}$ 仍然起主要作用。黏性底层厚度与雷诺数 Re、质点混掺能力有关。随 Re 的增大,黏性底层厚度减小。黏性底层很薄,但对能量损失有极大的影响。

5.2 思 考 题

5.2.1 对管道湍流而言,相同流速下,越细的管道越倾向于层流;对高雷诺数的平板边界层而言,壁面附近湍流度最高,主流是层流的。那么,壁面的存在对湍流的效果到底是增强还是减弱?

答:雷诺数公式为 $Re = \dfrac{UD}{\nu}$。对于管道湍流而言,相同流速下,管道越细意味着管道直径越小,雷诺数相应越小,所以流动状态越倾向于层流。

5.2.2 有一圆管如图 5-1 所示,长为 L,水头为 H,沿程损失系数为 λ,流动处于阻力平方区(不计局部损失)。现拟将管道延长(管径不变)ΔL,试问水平伸长 ΔL 和转弯伸长 ΔL,哪一种布置流量较大?如果考虑弯头的局部损失呢?用哪些方法来测流量?

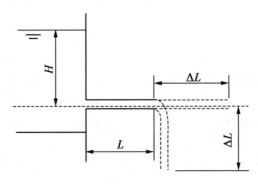

图 5-1 题 5.2.2 示意图

答:根据伯努利方程

$$\frac{P_1}{\rho g}+\frac{v_1^2}{2g}+z_1=\frac{P_2}{\rho g}+\frac{v_2^2}{2g}+z_2+\lambda\frac{L}{D}\frac{v_2^2}{2g}$$

如果 1 点取在自由面上,2 点取在管流出口点,$P_1 = P_2 = P_{atm}$,$v_1 = 0$,当管道没有延长时,

$$H=\left(1+\lambda\frac{L}{D}\right)\frac{v_2^2}{2g},\quad V_2\neq 0$$

(1) 如果将管道水平延长至 $L' = L + \Delta L$,$z_1 - z_2 = H$,$H = \left(1+\lambda\dfrac{L'}{D}\right)\dfrac{v_{21}^2}{2g}$,其中,沿程损失系数 λ 不变,则随着管长增大,则 $v_{21} < v_2$,只有低管道内的流速才能实现等式两侧平衡。

(2) 如果将管道转弯向下延长,但不计局部损失,$H + \Delta L = \left(1+\lambda\dfrac{L'}{D}\right)\dfrac{v_{22}^2}{2g}$,按照比例关系可以确定的是,$v_{22} > v_{21}$,竖直延长的出口速度 v_{22} 大于水平延长的出口速度 v_{21}。

(3) 如果还要考虑局部弯头的损失,则 $H + \Delta L = \left(1+\lambda\dfrac{L'}{D}+\xi\right)\dfrac{v_{22}^2}{2g}$,则出口速度 v_{22} 的大小不能确定。

(4) 可以采用流量计进行测量,例如常见的文丘里流量计。

5.2.3 机翼分别在风洞和水洞中做实验,翼型的尺寸相同,要求翼型实验结果具有相似性,实验中应满足什么条件?

答:机翼分别在风洞和水洞中做实验,主要是流体工质有很大差别,要保证翼型试验具有相似性,根据相似定理,一般情况下,需要保证雷诺数、马赫数相等。但是,雷诺数达到一定的数值后,就可以不用保证雷诺数相等而满足相似原理了,这时只需要保证马赫数相等就可以。

5.2.4 为什么说任何固定壁面上的湍动能和雷诺应力都等于零?此时湍动能生成率和耗散率也等于零吗?为什么?

答:湍动能是指湍流的平均动能,湍动能等于湍流速度涨落方差与流体质量乘积的 $\frac{1}{2}$,即 $k=\frac{1}{2}\overline{u_i'^2}$,雷诺应力是指湍流脉动所产生的附加应力,即 $-\rho \overline{u_i' u_j'}$。根据湍动能和雷诺应力的计算公式,可知二者均与湍流脉动相关,而在固定壁面附近,由于黏性的作用,速度为0,脉动速度也为0。湍动能生成率是指单位时间单位体积流体所获得的湍动能,与流体的速度梯度正相关,速度梯度越大,湍动能生成率越大。湍动能耗散率是指单位时间单位体积流体所失去的湍动能,和湍流的黏性力相关,黏性力越大,湍动能耗散率也越大。在固定壁面附近,由于黏性的作用,在边界层内速度梯度最大,黏性剪切力最大,所以湍动能生成率和湍动能耗散率均为最大。

5.2.5 在槽道或圆管中的湍流运动,中心平均速度最大,"该处的湍流脉动和湍动能生成率也最大"的说法是否正确?为什么?

答:不对。湍流脉动大小与湍流的速度梯度正相关,速度梯度越大,流体层脉动所引起的涡体横向升力(或下沉力)越强。湍动能生成率是指单位时间单位体积流体所获得的湍动能,与流体的速度梯度正相关,速度梯度越大,湍动能生成率越大。在管道中心处,速度最大,但速度梯度为零,所以湍流脉动和湍动能生成率并不是最大,最大处应在靠近壁面处速度梯度最大区域。

5.2.6 在风洞工作段(没有模型)中要达到流向压强梯度等于零,可以采用外扩工作段壁面的方法,为什么?如何计算扩张量?也可采用壁面吸气的方法,为什么?吸气量怎么计算?

答:对于风洞而言,流体在壁面上形成边界层,边界层内存在较大的速度梯度,即存在一定的流速损失,对应一定的排挤损失厚度,当一部分流体由于边界层黏性被排挤到主流中时,相当于主流流量增加,从而引起增速,所以需要对这部分排挤流量进行补偿和修正,则风洞工作段必须保持一定的扩张角。当计算这部分补偿时,主要是依据边界层厚度发展增厚的幅度进行修正,当然,也可采用壁面吸气的方法,即在壁面开设抽吸槽缝或者抽吸孔洞,当边界层发展到一定厚度的时候,吸走绝大部分边界层内的流体,保持主流流速的稳定。吸气量同样按照当地边界层发展厚度来确定。

5.2.7 在高雷诺数圆球绕流中,为什么提高来流的湍流度可以使圆球阻力减小?为什么在前半圆球处施加壁面扰动也可使圆球阻力减小?

答:对于圆球扰流来讲,提高雷诺数可以提高流体流动的湍流脉动,即促进流体在圆球壁面所形成的边界层提早发生转捩转变为湍流边界层,湍流边界层发生分离的位置相比于层流边界层更靠近下游,相应的分离区所形成的尾涡低压区相对较小,阻力也偏小。对于圆球扰流,前半圆球处为顺压梯度,边界层为层流,如果在前半圆球处施加壁面扰动,比如添加凹坑等,可以促进层流向湍流转捩,进而抑制边界层提早分离,减小圆球扰流的飞行阻力。

5.2.8 在机翼绕流或其他钝体绕流中,分离点附近吸气或吹气都能减小阻力,为什么?

答:在机翼绕流或其他钝体绕流中,在分离点附近吸气或吹气,可以消除边界层的分离流动,推迟分离流动的发生,防止分离流动改变钝体叶型,避免失速,更重要的是减少由于分离产生的尾迹低压区,减少飞行阻力。

5.2.9 时均速度和断面平均速度定义有何不同?

答:湍流流动存在比较强烈的无规律随机脉动现象,时均速度是指湍流流动速度在一段时间内的平均值。而断面平均速度是指在空间范围内对于速度分布的平均值。二者之间存在时间和空间上的差别。

5.2.10 层流的断面速度分布符合抛物线规律,湍流的断面速度分布情况是怎样的?

答:湍流的边界层速度分布呈现对数分布,具体来说,湍流边界层呈现三个区域:黏性底层、过渡层和湍流外层。各层的速度型分布并不相同,但是湍流外层所占比例相对较大,可以认为湍流边界层为对数分布。湍流流动断面为钝头形,湍流速度剖面比层流速度剖面更"扁平",并且这个平坦度随雷诺数增加而增加。

5.2.11 实际工业管道和尼古拉兹实验中的人工管道在粗糙形式上是不同的,尼古拉兹实验相关公式能否应用于实际工业管道?如何应用?

答:实际工业管道和尼古拉兹实验中的人工管道在粗糙形式上确实不完全相同,但是,粗糙度的概念是基于统计基础的,即描述一定长度范围内物体表面波峰波谷的特征,这在本质上与尼古拉兹实验中处理壁面粗糙形式的原理是一样的,所以尼古拉兹实验相关公式可以应用于实际工业管道的流阻计算。基于简便原则,目前主要根据莫迪对于尼古拉兹实验的进一步深化研究所得到的莫迪图来获得管道的摩擦损失系数,即通过雷诺数和粗糙度两个参数查图获得。

5.2.12 减少管内流动损失的措施有哪些?

答:①使用流线型的管道和部件,减小管道的长度和弯曲程度,避免管道直径突然增大或变小,减小流体在管道内的湍流和旋涡。②增加管道的直径,降低流体的速度。③优化管道内部的表面粗糙度,采用内壁光滑的管道或者在管道内部添加涂层。④使用流体动力学的原理,通过在管道内部安装适当的减阻装置,如流量调节器、纵向肋条等,以减小流体的阻力。⑤以上措施的综合应用。

5.2.13 如何判断流动是层流还是湍流?

答:一般可根据流动的雷诺数来判断。

5.2.14 层流和湍流的速度分布符合怎样的规律?

答:层流边界层速度分布符合抛物线形规律,湍流边界层呈现三个区域:黏性底层、过渡层和湍流外层,各层的速度型分布并不相同,但是,湍流外层所占比例相对较大,湍流外层速度型为对数分布,所以可以认为湍流边界层为对数分布。

5.2.15 层流中是否也存在黏性底层?

答:层流边界层不分层,不存在黏性底层。

5.2.16 湍流近壁面有何特征?

答:湍流边界层呈现三个区域:黏性底层、过渡层和湍流外层。各层的速度型分布并不相同,黏性底层黏性剪切占主导地位,速度分布为线性分布;过渡层大尺度湍流涡旋剪切占主导地位,速度分布为不确定;湍流外层黏性和湍流效应同等重要,速度分布为对数分布。

5.2.17 在圆管流动的 5 个阻力区段中,沿程损失系数 λ 在哪些区段仅与雷诺数 Re 相关,在哪些区段仅与相对粗糙度 $\dfrac{\varepsilon}{d}$ 有关?

答:圆管流动有 5 个阻力区段:层流区、过渡区、湍流水力光滑区、湍流过渡区、湍流水力粗糙区。在层流区、过渡区、湍流水力光滑区沿程损失系数只与雷诺数相关,在湍流过渡区与雷诺数和相对粗糙度都相关,在湍流水力粗糙区只与相对粗糙度相关。

5.2.18 局部损失产生的原因是什么?如何减小沿程损失和局部损失?

答:局部损失产生的主要原因是流动出现了流动空间的突然变化,相应产生了较大的剪切流动和漩涡区,导致发生较大的流动动能的耗散而引起流动损失。

减小沿程损失和局部损失,应尽量使用流线形的管道和部件,减小管道的长度和弯曲程度,避免管道直径突然增大或变小,减小流体在管道内的湍流和旋涡。

5.2.19 如何理解圆柱形管嘴出流,收缩断面出现真空,相当于把管嘴的作用水头增加了75%?

答:管嘴出流,是指对于装满水的容器,在水下一定深度的侧壁开孔,并在孔口周边连接一个长为 3~4 倍孔径的短管,水经过短管并在出口断面满管流出的水力现象。

如图 5-2 所示,假设水箱水位自由面保持不变,自由面 0 处为大气压强,收缩管嘴断面 c—c 处为自由出流。

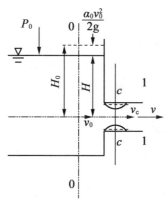

图 5-2 题 5.2.19 解答图

根据伯努利原理有

$$\frac{P_0}{\rho g}+\frac{\alpha_1 V_0^2}{2g}+Z_0=\frac{P_c}{\rho g}+\frac{\alpha_2 V_c^2}{2g}+Z_c+\xi\frac{v_2^2}{2g}$$

当势能没有变化时，$P_1 = P_{atm}$，$\alpha_1 \approx \alpha_2 \approx 1$，$Z_0 - Z_c = H = H_0$，$V_0 = 0$。
所以，

$$\frac{P_a - P_c}{\rho g} = (1+\xi)\frac{vc^2}{2g} - H$$

$$V_c = \frac{A}{A_c}V = \frac{1}{\epsilon}V$$

ε 是喷嘴的面积收缩系数，$V = \psi\sqrt{2gH_0}$，Φ 为管嘴的流速系数。
取 $\varepsilon = 0.64$，$\Psi = 0.82$，管嘴阻力系数 $\zeta = 0.06$，有

$$\frac{Pv}{\rho g} = = (1+\xi)\frac{\varphi^2}{\epsilon}H - H = 0.75H = 0.75H_0$$

所以，圆柱形管嘴收缩断面处真空度可达作用水头的 0.75 倍。

5.2.20 离心式水泵的工作原理是什么？为什么离心式水泵启动前一般要向泵内注水？

答：离心式水泵启动前应先向泵里注满水，启动后旋转的叶轮带动泵里的水高速旋转，水做离心运动向外甩出，水被甩出后，叶轮附近的压强减小，在转轴附近就形成一个低压区，低于大气压，外面的水就在大气压的作用下通过进水管进入泵内。叶轮在动力机的带动下不断高速旋转，水就源源不断地被注入和甩出，水泵带动水流由低处被抽到高处。

5.2.21 何谓水击(亦称水锤)？产生水击的原因是什么？

答：水击现象又称水锤现象，是指水或其他液体在输送过程中，由于阀门突然开关、水泵骤然启停等原因，流速突然变化且压强大幅波动，水流突然产生强烈的冲击力，使承载其流动的管道或容器发出声响和震动的一种现象。正常条件下，由于管道内壁光滑，水在管道内部流动自如。当阀门突然关闭或水泵停止，管道不通畅，先至的水流流动出现严重阻力甚至断流。由于管壁光滑，后续水流在惯性的作用下，对先至水流产生强烈的挤压碰撞作用，动能迅速转化为压力能，形成高压区，使承载其流动的管道或容器发出声响和震动，严重时可产生破坏作用，也就是正水锤。相反，关闭的阀门突然打开或水泵启动后，也会产生水锤，称为负水锤，但没有前者效果明显。

5.2.22 对于同一系统同一初始流速条件下的水击，柔性管道与刚性管道相比，何者引起的水击压强升高更显著？

答：水击现象是指水或其他液体输送过程中，由于阀门突然开关、水泵骤然启停等原因，流速突然变化且压强大幅波动的现象，主要表现为水流突然产生强烈的冲击力，使管道受到强烈的冲击，发出巨大的声响和震动，使管道强烈振动甚至发生管道断开。相对而言，刚性管道受到的冲击力相对较大，对于管道破坏的危害较大；柔性管道借助一些弹性阻尼可以耗散一部分水锤冲击，破坏性相对较小。

5.3 简 答 题

5.3.1 为什么不宜用临界流速作为判别水流流态的标准?

答:临界雷诺数是判断黏性流体状态的参数,雷诺数为无量纲数,$Re = \dfrac{UD}{\nu}$,根据雷诺数的定义,影响水流流动状态的参数包括流速、水利直径和运动黏性,只凭借水流的速度达到了所谓的临界流速,不足以保证流动的雷诺数达到临界雷诺数。

5.3.2 临界雷诺数 $Re_{cr} = 2\,300$ 是根据均匀流得到的,它是否也适用于非均匀流?

答:均匀流是指流动参数和空间坐标无关,不均匀流是指流动参数和空间坐标相关。临界雷诺数 $Re_{cr} = 2\,300$ 是针对管内流动状态的下临界雷诺数,其针对的速度为管流截面的平均速度。对不可压缩流动,当管径不变时,平均速度沿流动方向都是相等的,但是,实际上管道内流动在径向上是存在速度不均匀分布的。所以,临界雷诺数适用于均匀流和非均匀流。

5.3.3 雷诺数的物理意义在于反映了水流惯性力和黏性力的比值关系。雷诺数越大,说明惯性力也越大吗? 在恒定均匀流中,加速度为零,惯性力应等于零,为什么雷诺数又不等于零呢?

答:雷诺数的物理意义确实反映了流体惯性力和黏性力的相对比值关系,雷诺数越大,流体惯性力越占主导地位,流体受黏性力影响相对较小。但是,雷诺数并不是数学上直接将流体的惯性力与黏性力相除而得到的,雷诺数表达公式中也并不包含惯性力加速度项。在恒定均匀流中,加速度为零,惯性力为零,但是按雷诺数公式计算的雷诺数并不为零。

5.3.4 为什么用下临界雷诺数而不用上临界雷诺数作为层流与湍流的判别准则?

答:上临界雷诺数不稳定,而下临界雷诺数较稳定,只与水流的过水断面形状有关。

5.3.5 当管流的直径由小变大时,其下临界雷诺数如何变化?

答:不变。Re_{cr} 只取决于水流边界形状,即水流的过水断面形状。

5.3.6 根据二维 N-S 方程推导出描述空调出气口处的流体流动方程。

答:可以认为射流是与边界层流动相同的流动,且处于湍流状态,所以控制方程为

$$\frac{\partial \bar{u}}{\partial x} + \frac{\partial \bar{v}}{\partial y} = 0$$

$$\frac{\partial \bar{u}}{\partial t} + \bar{u}\frac{\partial \bar{u}}{\partial x} + \bar{v}\frac{\partial \bar{u}}{\partial y} = -\frac{1}{\rho}\frac{\partial \bar{p}}{\partial x} + \nu\frac{\partial^2 \bar{u}}{\partial y^2} - \frac{\partial \overline{u'^2}}{\partial x} - \frac{\partial \overline{u'v'}}{\partial y} - \frac{1}{\rho}\frac{\partial \bar{p}}{\partial y} - \frac{\partial \overline{v'^2}}{\partial y} = 0$$

式中,x 为射流的流出方向,y 为喷流的截面方向。

5.3.7 既然层流运动时沿程水头损失与流速的一次方成正比,即 $h_f \propto v^{1.0}$,为什么又称 $h_f = \lambda \dfrac{l}{d} \dfrac{v^2}{2g}$ 为计算沿程水头损失的通用公式? 这里沿程水头损失不是与流速的二次方成正比吗?

答：$h_f = \lambda \dfrac{l}{d} \dfrac{v^2}{2g}$ 的确是计算沿程水头损失的通用公式，但是层流和紊流中沿程水头损失系数的计算方法不同。

层流时，沿程水头损失系数和 Re 成反比，即

$$\lambda = \dfrac{64}{Re} = \dfrac{64}{\dfrac{vd}{\nu}} = \dfrac{64\nu}{vd}$$

则

$$h_f = \lambda \dfrac{l}{d} \dfrac{v^2}{2g} = \dfrac{64\nu}{vd} \dfrac{l}{d} \dfrac{v^2}{2g} = \dfrac{64\nu l}{d^2} \dfrac{v}{2g}$$

即 $h_f \propto v^{1.0}$。

而对于紊流粗糙区，沿程水头损失系数 $\lambda = f\left(\dfrac{\Delta}{d}\right)$，则

$$h_f = \lambda \dfrac{l}{d} \dfrac{v^2}{2g} = f\left(\dfrac{\Delta}{d}\right) \dfrac{l}{d} \dfrac{v^2}{2g}$$

即 $h_f \propto v^{2.0}$。

5.3.8 如图 5-3 所示，已知水头为 H，管径为 d，沿程阻力系数为 λ，且流动在阻力平方区。

(1) 在铅垂方向接一长度为 b 的同管径同材质的水管；
(2) 在水平方向接一长度为 b 的同管径同材质的水管。
问：哪种情况流量大？为什么？（忽略局部水头损失。）

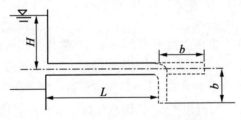

图 5-3　题 5.3.8 示意图

答：第一种情况流量大。

(1) 以管轴线为基准面，列水箱自由液面和管道出口的能量方程：

$$H = -b + \dfrac{v_1^2}{2g} + \lambda \dfrac{L+b}{d} \dfrac{v_1^2}{2g} \Rightarrow v_1 = \sqrt{2g\left(\dfrac{H+b}{1+\lambda\dfrac{L+b}{d}}\right)}$$

则

$$q_{V1} = \dfrac{\pi}{4} d^2 \sqrt{2g\left(\dfrac{H+b}{1+\lambda\dfrac{L+b}{d}}\right)}$$

(2) 以管轴线为基准面，列水箱自由液面和管道出口的能量方程：

第5章 黏性流体运动及其阻力计算

$$H = \frac{v_2^2}{2g} + \lambda \frac{L+b}{d} \frac{v_2^2}{2g} \Rightarrow v_2 = \sqrt{2g\left(\frac{H}{1+\lambda \frac{L+b}{d}}\right)}$$

则

$$q_{V2} = \frac{\pi}{4}d^2 \sqrt{2g\left(\frac{H}{1+\lambda \frac{L+b}{d}}\right)}$$

由上述过程可看出第一种情况流量大。

5.3.9 若切应力 $\tau = \tau_w + \alpha y$，其中 α 为常数，求内层速度分布（在黏性底层之外的部分）。最后的积分常数将取决于什么量纲一参数？

解：因

$$\frac{\partial u}{\partial y} = \frac{\left(\frac{\tau}{\rho}\right)^{1/2}}{\kappa y}, \quad \tau = \tau_w + \alpha y$$

则

$$\frac{\partial u}{u_\tau} = \frac{\left(1+\frac{\alpha y}{\tau_w}\right)^{1/2}}{\kappa y}$$

$$u^+ = \frac{u}{u_\tau} = \int \frac{\left(1+\frac{\alpha y}{\tau_w}\right)^{1/2}}{\kappa y} \mathrm{d}y$$

令 $1+\frac{\alpha y}{\tau_w} = z^2$，则得

$$u^+ = \frac{1}{\kappa}\left(2z + \ln\frac{z-1}{z+1}\right) + \text{const}$$

将对数项自变量上下乘 $1+z$，并注意到 $\ln(1+z)^2 = 2\ln(1+z)$，则对数项成为

$$\ln\frac{\alpha y}{\tau_w} - 2\ln\left(1+\sqrt{1+\frac{\alpha y}{\tau_w}}\right)$$

当 $\alpha \to 0$ 时，应与对数律 $u^+ = \frac{1}{\kappa}\ln y^+ + C$ 相容，且应逐项检查，以选择常数，则得

$$u^+ = \frac{1}{\kappa}\ln\frac{u_\tau y}{\nu} + C - \frac{2}{\kappa}\ln\left(\frac{1+\sqrt{1+\frac{\alpha y}{\tau_w}}}{2}\right) + \frac{2}{\kappa}\left(\sqrt{1+\frac{\alpha y}{\tau_w}} - 1\right)$$

这里的 C 应取决于由 α 与内层参数 u_τ、ρ 和 ν 构成的无量纲参数，即 $C = f\left[\frac{\alpha \nu}{\rho u_\tau^3}\right]$。

5.3.10 对比层流边界层和湍流边界层中的流动分离。哪一种边界层更能抵抗流动分离？为什么？基于对以上问题的分析，解释为什么高尔夫球有凹坑。

答：对于绕流运动来讲，层流流动流体层之间的动量交换相对较小，所以层流边界层

内的黏性耗散现象相对更强烈,边界层内靠近壁面处的流体速度更容易被黏性阻力耗尽,然后发生速度反向流动,即发生分离流动,分离点相对靠前。相比之下,湍流流动流体层之间存在强烈的脉动,流体层之间交换的动量使得边界层内克服黏性阻力的能力更强,湍流边界层的分离点相对更靠后。

当气流流过光滑球表面时,湍流边界层很容易发生流动分离现象,球后形成低压区,球体在前后压力梯度作用下获得较大的绕流流动阻力和反向加速度,使其快速减速。当气流流过高尔夫球凹坑表面时,凹坑附近产生的小旋涡促进壁面附近的流体更快地由层流转捩为湍流,湍流的分离点相对更靠近下游,所以带凹坑高尔夫球湍流分离点下游形成的低压涡流区比同尺寸光滑球要小很多,形成的绕流流动阻力相对较小。

5.3.11 一个小型的轴对称低速风洞用来对热线进行校正。试验段的直径为 6.68 in,长度为 12.5 in。空气温度为 60 °F。试验段入口为 5 ft/s 的均匀来流。试验段出口中心线上的空气速度会加速多少?

解:应考虑边界层补偿,对称风洞直段可按流向零压力梯度处理。

1 in = 25.4 mm,试验段直径为 $D = 169.672$ mm,长度为 $X = 317.5$ mm。入口速度为 $U = 1.524$ m/s,

60 °F 为 15.5 °C,室温条件空气的运动黏度为 $\nu = 0.151\mathrm{e}^{-4}$ m²/s。

边界层的雷诺数为

$$Re_x = \frac{Ux}{\nu} = \frac{1.524 \times 0.3175}{0.151\mathrm{e}^{-4}} = 3.2\mathrm{e}^4$$

平板边界层所在位置雷诺数小于 $Re_x < 3.2\mathrm{e}^5$ 时,为层流状态。

布拉休斯精确解,出口边界层厚度为 $\delta_x = \dfrac{4.98x}{\sqrt{Re_x}}$,计算得到 $8.87\mathrm{e}^{-3}$ m。

边界层的排挤厚度 $\delta_1 = \dfrac{1.721x}{\sqrt{Re_x}}$,计算得到 $3\mathrm{e}^{-3}$ m。

去掉边界层影响区域的面积为 $A = \pi\left(\dfrac{D}{2} - \delta_x\right)^2$,为 0.018 m²。

而实际考虑排挤厚度的通流面积为 $A_1 = \pi\left(\dfrac{D}{2} - \delta_x + \delta_1\right)^2$,为 0.019 6 m²。

所以,中心区的实际速度应该增速为 U_1,即

$$U_1 = \frac{UA_1}{A} = 1.659 \text{ m/s}$$

5.3.12 为了避免边界层干扰,工程上设计"边界层戽斗"排出大型风洞中的边界层(图 5-4)。戽斗由很薄的金属片构成。空气温度为 20 °C,空气流速为 45.0 m/s。在下游距离 $x = 1.45$ m 处的戽斗应设计为多高?

解:长度为 $x = 1.45$ m,入口速度为 $U = 45$ m/s,20 °C 室温条件,空气的运动黏度为 $\nu = 0.151\mathrm{e}^{-4}$ m²/s,边界层的雷诺数为

$$Re_x = \frac{Ux}{\nu} = \frac{45 \times 1.45}{0.151\mathrm{e}^{-4}} = 4.32\mathrm{e}^6$$

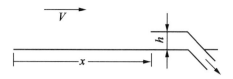

图 5-4 题 5.3.12 示意图

平板边界层在位置雷诺数小于 $Re_x > 3.2e^5$ 时,为湍流状态。

对于湍流边界层,根据大量试验总结出的经验公式,出口边界层厚度为 $\delta_x = \dfrac{0.37x}{Re_x^{0.2}}$,计算得到边界层厚度 0.042 5 m。

所以,在下游距离 $x = 1.45$ m 处的戽斗应设计为 0.042 5 m 高。

5.3.13 边界层内是否一定是层流?影响边界层内流态的主要因素有哪些?

答:否,有层流、湍流边界层;主要因素有黏性、流速、距离。

5.3.14 叙述流体运动的边界条件中"静止固壁边界条件"是如何表示的?

答:流体流经固体壁时必须满足不可穿透的条件,即流体不能穿入固壁,也不能离开固壁而形成空隙。对理想流体:法向速度 $v_n = 0$(因为不可穿透),流体是连续地流过表面(滑过去)。对黏性流体:因为不可穿透,则 $v_n = 0$;同时需满足无滑脱条件,则 $v_\tau = 0$。两个条件合起来就是 $v = 0$,即对黏性流体,流体质点将黏附在固壁上。

5.3.15 一平板顺流放置于均流中。若将平板的长度增加一倍,试问:平板所受的摩擦阻力将增加几倍?(设平板边界层内的流动为层流。)

解:当平板边界层为层流边界层时,由 Blasius 公式得,摩擦阻力因数为

$$C_{Df} = \dfrac{1.328}{\sqrt{R_l}}$$

按题意,即 $C_{Df} \sim \dfrac{1}{\sqrt{l}}$。

由

$$F_D = C_{Df} \dfrac{1}{2} \rho U_0^2 A$$

则

$$F_D \propto \sqrt{l}$$

当平板的长度增加一倍时,摩擦阻力将增加 n 倍,即

$$n = \dfrac{F_{D2}}{F_{D1}} \propto \dfrac{\sqrt{2l}}{\sqrt{l}} = \sqrt{2}$$

5.3.16 圆管(图 5-5)内的一维稳态流动分析。不可压缩流体在水平圆管内沿轴向做稳态层流流动。试写出该条件下的连续性方程和运动微分方程,并确定管道截面上的压力分布和速度分布。

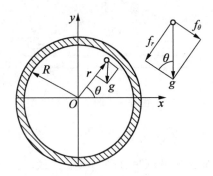

图 5-5　题 5.3.16 示意图

解：本题将从 N-S 方程应用的角度分析该问题。

如图 5-5 所示，在设置的柱坐标下，根据不可压缩一维稳态层流的特点及圆管对称性，可写出本问题的特征条件：

$$\rho = \text{const}$$

$$v_r = v_\theta = 0$$

$$\frac{\partial v_z}{\partial t} = 0$$

$$\frac{\partial v_z}{\partial \theta} = 0$$

如图 5-5 所示，由于只受到重力场作用且管道处于水平方位，因此在图示坐标系下管道截面上任意点处 r、θ、z 方向的单位质量力分量分别为

$$f_r = -g\sin\theta$$

$$f_\theta = -g\cos\theta$$

$$f_z = 0$$

依据上述条件，柱坐标系不可压缩流体的连续性方程可简化为

$$\frac{1}{r}\underbrace{\frac{\partial(rv_r)}{\partial r}}_{0} + \frac{1}{r}\frac{\partial v_\theta}{\partial \theta} + \frac{\partial v_z}{\partial z} = 0 \rightarrow \frac{\partial v_z}{\partial z} = 0$$

由此可见，v_z 既非 θ 的函数，又非 z 的函数，又因稳态流动，故 v_z 仅为 r 的函数，即 $v_z = v_z(r)$。

进一步，依据上述条件及质量守恒结果 $\frac{\partial v_z}{\partial z} = 0$，可对柱坐标下 r、θ、z 方向的一般运动方程进行简化（依据前提分析给出的特征条件确定其中为 0 的项）。

$$r: \underbrace{\frac{\partial v_r}{\partial t} + v_r\frac{\partial v_r}{\partial r} + \frac{v_\theta}{r}\frac{\partial v_r}{\partial \theta} - \frac{v_\theta^2}{r} + v_z\frac{\partial v_r}{\partial z}}_{0} = f_r - \frac{1}{\rho}\frac{\partial p}{\partial r} + \frac{\mu}{\rho}\underbrace{\left[\frac{\partial}{\partial r}\left(\frac{1}{r}\frac{\partial rv_r}{\partial r}\right) + \frac{1}{r^2}\frac{\partial^2 v_r}{\partial \theta^2} - \frac{2}{r^2}\frac{\partial v_\theta}{\partial \theta} + \frac{\partial^2 v_r}{\partial z^2}\right]}_{0}$$

$$\theta: \underbrace{\frac{\partial v_\theta}{\partial t} + v_r\frac{\partial v_\theta}{\partial r} + \frac{v_\theta}{r}\frac{\partial v_\theta}{\partial \theta} + \frac{v_r v_\theta}{r} + v_z\frac{\partial v_\theta}{\partial z}}_{0} = f_\theta - \frac{1}{\rho r}\frac{\partial p}{\partial \theta} + \frac{\mu}{\rho}\underbrace{\left[\frac{\partial}{\partial r}\left(\frac{1}{r}\frac{\partial rv_\theta}{\partial r}\right) + \frac{1}{r^2}\frac{\partial^2 v_\theta}{\partial \theta^2} + \frac{2}{r^2}\frac{\partial v_r}{\partial \theta} + \frac{\partial^2 v_\theta}{\partial z^2}\right]}_{0}$$

第5章 黏性流体运动及其阻力计算

$$z: \underbrace{\frac{\partial v_z}{\partial t}+v_r\frac{\partial v_z}{\partial r}+\frac{v_\theta}{r}\frac{\partial v_z}{\partial \theta}+v_z\frac{\partial v_z}{\partial z}}_{0}=f_z-\frac{1}{\rho}\frac{\partial p}{\partial z}+\frac{\mu}{\rho}\left[\frac{1}{r}\frac{\partial}{\partial r}\left(r\frac{\partial v_z}{\partial r}\right)+\underbrace{\frac{1}{r^2}\frac{\partial^2 v_z}{\partial \theta^2}+\frac{\partial^2 v_z}{\partial \theta^2}}_{0}\right]$$

去除上述方程中为 0 的项,并将质量力代入,则 r、θ、z 方向运动方程可分别简化为

$$\frac{\partial p^\circ}{\partial r}=0$$

$$\frac{\partial p^\circ}{\partial \theta}=0$$

$$\frac{\partial p^\circ}{\partial z}=\frac{\mu}{r}\frac{\partial}{\partial r}\left(r\frac{\partial v_z}{\partial r}\right)$$

式中,$p^\circ=p+\rho gr\sin\theta$,且根据 r、θ 方向的运动方程可知,p° 只能是 z 的函数,即

$$p+\rho gr\sin\theta = C(z) \tag{1}$$

由于同一截面上 $C(z)$ 为恒定值,所以式(1)就是轴向坐标为 z 的管道截面上的压力分布方程;其中 $C(z)$ 是 $r=0$ 即管道截面中心点 O 的压力,记为 $p_{O(z)}$;$r\sin\theta$ 则是截面上任意点 (r,θ) 距离截面中心 O 的垂直高度 y。因此,式(1)又可表示为

$$p+\rho gy = p_{O(z)} \text{ 或 } p = p_{O(z)} - \rho gy \tag{2}$$

这就是重力场静止液体中任意两点的压力递推公式。换句话说,在充分发展流动的横截面上,压力分布满足重力场静力学定律。

此外,由于 p° 仅是 z 的函数,而 $v_z=v_z(r)$ 仅为 r 的函数,因此根据微分方程理论,z 方向运动方程两边必然为常数。取 $\frac{\partial p^\circ}{\partial z}$ 为常数,又因为 $\frac{\partial p^\circ}{\partial z}=\frac{\partial p}{\partial z}$,所以可用管道长度 L 对应压力梯度 $\frac{-\Delta p}{L}$ 替代 $\frac{\partial p^\circ}{\partial z}$,于是 z 方向运动方程可表示为

$$\frac{\mu}{r}\frac{\partial}{\partial r}\left(r\frac{\partial v_z}{\partial r}\right)=\frac{\partial p^\circ}{\partial z} \rightarrow \frac{\mu}{r}\frac{d}{dr}\left(r\frac{dv_z}{dr}\right)=-\frac{\Delta p}{L}$$

式中,$\Delta p=(p_0-p_L)$ 为长度为 L 的管段对应的压力降。积分上式,并应用定解条件 $v_z|_{r=R}=0$,$\left(\frac{dv_z}{dr}\right)|_{r=R}=0$,可得速度分布方程为

$$v_z=\frac{\Delta p}{L}\frac{R^2}{4\mu}\left(1-\frac{r^2}{R^2}\right)$$

5.3.17 如图 5-6 所示的烟囱底部 1—1 断面处装设 U 形液体压差计,测出的相对压强通常为负值(即出现真空)。既然烟囱底部 1—1 断面的势能小于烟囱顶部 2—2 断面的势能,而两断面的动能又相等,试问是什么力量驱使烟气在烟囱中从下向上流动的?

解:位压提供了烟气在烟囱内向上流动的能量。因此,自然排烟需要有一定的位压,为此烟气要有一定的温度,同时烟囱还需要有一定的高度,否则将不能维持自然排烟。

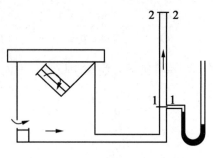

图 5-6 题 5.3.17 示意图

5.4 计 算 题

5.4.1 圆管层流流动的切应力与压力降。如图 5-7 所示，黏度为 μ 的流体在圆形管道中做充分发展的层流流动，其速度分布为

$$u = 2u_m\left(1 - \frac{r^2}{R^2}\right)$$

式中，u_m 为管内流体的平均速度。

(1) 求管中流体切应力 τ 的分布公式；

(2) 如长度为 L 的水平管道两端的压力降为 $\Delta p\,(\Delta p = p_1 - p_2)$，求压力降 Δp 的表达式。

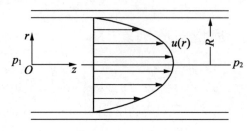

图 5-7 题 5.4.1 示意图

解：(1) 根据牛顿剪切定律及速度分布有

$$\tau = \mu\frac{du}{dr} = -4\mu u_m \frac{r}{R^2}$$

由上式可知，流体内的切应力随半径增加而线性增加，管中心 $\tau = 0$，壁面切应力 τ_0 最大，且

$$\tau_0 = \mu\frac{du}{dr}\Big|_{r=R} = -\frac{4\mu u_m}{R}$$

式中，负号表示管壁面流体受到的切应力 τ_0 方向与 z 方向相反。

(2) 对于直管中的充分发展流动，管道两端流体所受压力与流体表面摩擦力相平衡，即

$$\pi R^2(p_1-p_2) = |\tau_0|\pi DL$$

由此可得

$$\Delta p = (p_1 - p_2) = \frac{8\mu u_m L}{R^2}$$

5.4.2 已知圆管中层流运动(图5-8)的断面流速分布公式为

$$v_x = \frac{\rho g J}{4\mu}(r_0^2 - r^2)$$

试分析流体微团的运动形式。

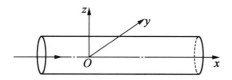

图 5-8 题 5.4.2 示意图

解：将流速分布变换至直角坐标系：

$$v_x = \frac{\rho g J}{4\mu}[r_0^2 - (y^2 + z^2)]$$

$$v_y = v_z = 0$$

线变形速度

$$\begin{cases} \theta_x = \dfrac{\partial v_x}{\partial x} = 0 \\ \theta_y = \dfrac{\partial v_y}{\partial y} = 0 \\ \theta_z = \dfrac{\partial \tau_z}{\partial z} = 0 \end{cases}$$

所以无拉伸变形。

角变形速度

$$\begin{cases} \varepsilon_x = \dfrac{1}{2}\left(\dfrac{\partial v_z}{\partial y} + \dfrac{\partial v_y}{\partial z}\right) = 0 \\ \varepsilon_y = \dfrac{1}{2}\left(\dfrac{\partial v_x}{\partial z} + \dfrac{\partial v_z}{\partial x}\right) = -\dfrac{\rho g J}{4\mu}z \neq 0 \\ \varepsilon_z = \dfrac{1}{2}\left(\dfrac{\partial v_y}{\partial x} + \dfrac{\partial v_x}{\partial y}\right) = -\dfrac{\rho g J}{4\mu}y \neq 0 \end{cases}$$

所以有剪切变形。

旋转角速度

$$\begin{cases} \omega_x = \frac{1}{2}\left(\frac{\partial v_z}{\partial y} - \frac{\partial v_y}{\partial z}\right) = 0 \\ \omega_y = \frac{1}{2}\left(\frac{\partial v_x}{\partial z} - \frac{\partial v_z}{\partial x}\right) = -\frac{\rho g J}{4\mu} z \neq 0 \\ \omega_z = \frac{1}{2}\left(\frac{\partial v_y}{\partial x} - \frac{\partial v_x}{\partial y}\right) = -\frac{\rho g J}{4\mu} y \neq 0 \end{cases}$$

所以流动有旋。

因此，流体微团运动为无拉伸变形、有剪切变形的有旋流动。

5.4.3 同心圆筒壁面间的切向流动分析。两同心圆筒如图 5-9 所示，外筒半径为 R，以角速度 ω 转动；内筒半径为 kR，$k<1$；不可压缩流体在外筒带动下稳态流动。这种流动形式常见于滑动轴承等结构。设重力影响和端部效应可以忽略，试确定筒壁间流体的速度分布、切应力分布和转动外筒所需的力矩。

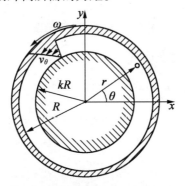

图 5-9 题 5.4.3 示意图

解：本题将关注对流动问题的常规认识与实际情况的符合性，以说明理论分析结果接受实践检验的必要性。

参照图 5-9 中的柱坐标系统。对于本问题，忽略端部效应后所有参数沿 z 方向不变，属于 r-θ 平面问题；在此基础上，又认为只有 θ 方向的速度 v_θ，且 v_θ 与 θ 无关（对称性特点），压力 p 也与 θ 无关（纯剪切流动）。因此，本问题（r-θ 平面问题）的特点可由以下特征条件描述：$v_r = 0$, $v_\theta = v_\theta(r)$, $\frac{\partial v_\theta}{\partial t} = 0$, $\frac{\partial v_\theta}{\partial \theta} = 0$, $\frac{\partial p}{\partial \theta} = 0$, $f_r = f_\theta = 0$。

对于 r-θ 平面的不可压缩流动问题，其一般形式的连续性方程和运动微分方程可由柱坐标下的连续性方程和运动微分方程去除所有与 z 相关的项得到，即连续性方程

$$\underbrace{\frac{1}{r}\frac{\partial}{\partial r}(rv_r)}_{0} + \frac{1}{r}\frac{\partial v_\theta}{\partial \theta} = 0$$

$$r: \underbrace{\frac{\partial v_r}{\partial t} + v_r \frac{\partial v_r}{\partial r} + \frac{v_\theta}{r}\frac{\partial v_r}{\partial \theta} - \frac{v_\theta^2}{r}}_{0} = \underbrace{f_r}_{0} - \frac{1}{\rho}\frac{\partial p}{\partial r} + \nu\underbrace{\left(\frac{\partial}{\partial r}\left[\frac{1}{r}\frac{\partial}{\partial r}(rv_r)\right] + \frac{1}{r^2}\frac{\partial^2 v_r}{\partial \theta^2} - \frac{2}{r^2}\frac{\partial v_\theta}{\partial \theta}\right)}_{0}$$

$$\theta: \underbrace{\frac{\partial v_\theta}{\partial t}}_{0} + v_r \frac{\partial v_\theta}{\partial r} + \frac{v_\theta}{r}\frac{\partial v_\theta}{\partial \theta} + \frac{v_r v_\theta}{r} = \underbrace{f_\theta}_{0} - \frac{1}{\rho}\frac{1}{r}\frac{\partial p}{\partial \theta} + \nu\left(\frac{\partial}{\partial r}\left[\frac{1}{r}\frac{\partial}{\partial r}(rv_\theta)\right] + \underbrace{\frac{1}{r^2}\frac{\partial^2 v_\theta}{\partial \theta^2} + \frac{2}{r^2}\frac{\partial v_r}{\partial \theta}}_{0}\right)$$

方程中标注为 0 的项,是根据本问题的特征条件确定的。去除这些为 0 的项后,上述连续性方程及 r、θ 方向的运动微分方程将分别简化为

$$\frac{\partial v_\theta}{\partial \theta} = 0$$

$$\rho \frac{v_\theta^2}{r} = \frac{\partial p}{\partial r}$$

$$0 = \frac{\partial}{\partial r}\left[\frac{1}{r}\frac{\partial}{\partial r}(rv_\theta)\right]$$

简化后的连续性方程表明,速度 v_θ 仅是 r 的函数(与假设一致)。由于 v_θ 仅与 r 有关,故 θ 方向的运动方程是常微分方程,积分该方程并由边界条件 $v_\theta|_{r=kR}=0$ 和 $v_\theta|_{r=R}=R\omega$ 可得

$$v_\theta = \frac{\omega r k^2}{1-k^2}\left(\frac{1}{k^2} - \frac{R^2}{r^2}\right)$$

根据该速度分布,并应用柱坐标下的牛顿流体本构方程可得切应力分布为

$$\tau_{r\theta} = \mu\left[r\frac{\partial}{\partial r}\left(\frac{v_\theta}{r}\right)\right] = 2\mu\omega\frac{k^2}{(1-k^2)}\frac{R^2}{r^2}$$

于是,流体受到的力矩即转动外筒所需的力矩为

$$M = 2\pi R L \tau_{r\theta}|_{r=R} R = 4\pi R^2 L \mu \omega \frac{k^2}{(1-k^2)}$$

进一步,由 r 方向运动方程可知,压力 p 也只是 r 的函数,故积分可得压力分布为

$$p_R - p = \frac{\rho R^2 \omega^2}{2}\frac{k^2}{(1-k^2)^2}\left[\frac{1}{k^2}\left(1-\frac{r^2}{R^2}\right) - 4\ln\left(\frac{R}{r}\right) - k^2\left(1-\frac{R^2}{r^2}\right)\right], \quad \frac{dp}{dr} > 0$$

式中,p_R 为 $r=R$ 处(外壁面)的压力。

5.4.4 流体在长为 l 的水平放置的等直径圆管中做恒定流动,若已知沿程水头损失系数为 λ,管壁切应力为 τ,截面平均流速为 v,流体密度为 ρ,试证明:$\tau = \frac{\lambda}{8}\rho v^2$。

解:设管道半径、直径分别为 r,d,上下游截面中心的压强分别为 p_1、p_2,作用在流体上的外力的合力为零,即

$$(p_1 - p_2)\pi r^2 - \tau 2\pi r l = 0 \tag{1}$$

则

$$\tau = \frac{p_1 - p_2}{l}\frac{r}{2}$$

对于管流的两个任意断面,由于高程相同,流速相等,因此黏性总流的伯努利方程为

$$\frac{p_1}{\rho g} = \frac{p_2}{\rho g} + h_f$$

那么
$$h_f = \frac{p_1 - p_2}{\rho g} \quad (2)$$

将式(1)代入式(2),得
$$h_f = \frac{4\tau l}{\rho g d}$$

将 $h_f = \lambda \frac{l}{d} \frac{v^2}{2g}$ 代入上式得
$$\tau = \frac{\lambda}{8} \rho v^2$$

5.4.5 水平输水管长度为 l,均匀流动,沿程阻力系数 λ 一定,试分析当管道两端压差保持不变,直径减小1%时,流量减少百分之几。

解:设管道原直径为 d,流量为 q_V,减小后的直径为 $d_1 = 0.99d$,流量为 q_{V1}。由 $\frac{\Delta p}{\rho g}$ 一定及流动为均匀流,得

$$\lambda \frac{l}{d} \frac{q_V^2}{2g\left(\frac{\pi}{4}d^2\right)^2} = \lambda \frac{l}{d_1} \frac{q_{V1}^2}{2g\left(\frac{\pi}{4}d_1^2\right)^2}$$

得
$$\frac{q_V^2}{d^5} = \frac{q_{V1}^2}{d_1^5}, \quad \frac{q_{V1}}{q_V} = \left(\frac{d_1}{d}\right)^{5/2} = 0.99^{5/2} = 0.975$$

则
$$\frac{q_V - q_{V1}}{q_V} \times 100\% = \frac{q_V - 0.975 q_V}{q_V} \times 100\% = 2.5\%$$

5.4.6 应用细管式黏度计测定油的黏度,已知细管直径 $d = 6$ mm,测量段长 $l = 2$ m,如图 5-10 所示。实测油的流量 $q_V = 77$ cm³/s,水银压差计的读数 $\Delta h = 30$ cm,油的密度 $\rho = 900$ kg/m³。试求油的运动黏度和动力黏度。

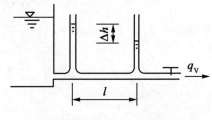

图 5-10 题 5.4.6 示意图

解:
$$v = \frac{4 q_V}{\pi d^2} = \frac{4 \times 77 \times 10^{-6}}{\pi \times (6 \times 10^{-3})^2} = 2.73 \, (\text{m/s})$$

$$h_f = \left(z_1 + \frac{p_1}{\rho g}\right) - \left(z_2 + \frac{p_2}{\rho g}\right) = \frac{\rho_{Hg} - \rho_{油}}{\rho_{油}} \Delta h = \frac{13.6 \times 10^3 - 900}{900} \times 30 \times 10^{-2} = 4.23(\text{m})$$

假设管中流态为层流,

$$h_f = \lambda \frac{l}{d} \frac{v^2}{2g} = \frac{64}{Re} \frac{l}{d} \frac{v^2}{2g} = \frac{64\nu}{vd} \frac{l}{d} \frac{v^2}{2g}$$

那么

$$\nu = h_f \frac{2gd^2}{64vl} = 4.23 \times \frac{2g \times (6 \times 10^{-3})^2}{64 \times 2.73 \times 2} = 8.54 \times 10^{-6} (\text{m}^2/\text{s})$$

校核流态

$$Re = \frac{vd}{\nu} = \frac{2.73 \times 6 \times 10^{-3}}{8.54 \times 10^{-6}} = 1\,918 < 2\,300 \text{ 为层流}$$

$$\mu = \rho\nu = 900 \times 8.54 \times 10^{-6} = 7.69 \times 10^{-3} (\text{Pa} \cdot \text{s})$$

5.4.7 流量 $q_V = 0.1$ L/s 的输水管道,接入一渐缩管,如图 5-11 所示,其长度 $l = 40$ cm,$d_1 = 8$ cm,$d_2 = 2$ cm,已知水的运动黏度 $\nu = 1.308 \times 10^{-2}$ cm²/s。

(1)试判别在该锥形管段中能否发生流态的转变;
(2)求临界雷诺数断面的位置。

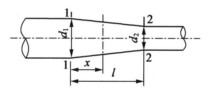

图 5-11 题 5.4.7 示意图

解:

$$v_1 = \frac{4q_V}{\pi^2 d_1} = \frac{4 \times 0.1 \times 10^{-3}}{\pi \times 0.08^2} = 0.019\,9 (\text{m/s})$$

$$v_2 = \frac{4q_V}{\pi d_2^2} = \frac{4 \times 0.1 \times 10^{-3}}{\pi \times 0.02^2} = 0.318 (\text{m/s})$$

1—1 断面前管流的雷诺数:

$$Re_1 = \frac{0.019\,9 \times 0.08}{1.308 \times 10^{-6}} = 1\,217.1 < 2\,300, \text{为层流}$$

2—2 断面后管流的雷诺数:

$$Re_2 = \frac{0.318 \times 0.02}{1.308 \times 10^{-6}} = 4\,867.1 > 2\,300, \text{为紊流}$$

由上述计算可知渐缩管中水流发生流态转变,即由层流过渡到紊流。
设临界雷诺数发生在距 1—1 断面 x 处,该处锥形管直径为

$$d = d_1 - \frac{x}{L}(d_1 - d_2) = 0.08 - \frac{x}{0.4}(0.08 - 0.02) = 0.08 - 0.15x$$

该断面的断面平均流速为

$$v_2 = \frac{4q_V}{\pi d_2^2} = \frac{4\times 0.1\times 10^{-3}}{\pi\times(0.08-0.15x)^2} = \frac{1.27\times 10^{-4}}{(0.08-0.15x)^2}$$

其雷诺数为

$$Re_{cr} = \frac{vd}{\nu} = \frac{4q_V}{\pi\nu d} = \frac{1.27\times 10^{-4}}{(0.08-0.15x)\times 1.308\times 10^{-6}} = 2\,300$$

即

$$0.08 - 0.15x = 0.042\,2$$

则

$$x = 0.252 \text{ m} = 25.2 \text{ cm}$$

5.4.8 在半径为 r_0 的管道中,流体做层流运动,试问 $\dfrac{r}{r_0}$ 等于多少时其点流速 u 正好等于断面平均流速 v?

解:流体做层流运动,点流速为

$$u = \frac{\Delta p}{l}\frac{r_0^2}{4\mu}\left(1-\frac{r^2}{r_0^2}\right)$$

断面平均流速

$$v = \frac{1}{2}u_{\max} = \frac{1}{2}\frac{\Delta p}{l}\frac{r_0^2}{4\mu}$$

点流速 u 等于断面平均流速 v,则

$$\frac{\Delta p}{l}\frac{r_0^2}{4\mu}\left(1-\frac{r^2}{r_0^2}\right) = \frac{1}{2}\frac{\Delta p}{l}\frac{r_0^2}{4\mu}$$

$$1-\frac{r^2}{r_0^2} = \frac{1}{2}$$

那么

$$\frac{r}{r_0} = 0.707$$

5.4.9 如图 5-12 所示,水平安置的圆管,已知管径为 d、长度为 l、断面平均流速为 v、流体的动力黏度为 μ,管道流动为层流。

(1) 试证明流经长度 l 的压强损失为 $\Delta p = \dfrac{32\mu v l}{d^2}$;

(2) 试从 $\Delta p = \dfrac{32\mu v l}{d^2}$ 出发推导保证原型和模型流动相似时,压强比尺 λ_p 应满足的相似准则为 $\dfrac{\lambda_p}{\lambda_\rho \lambda_v^2} = 1$(欧拉准则)。

第5章 黏性流体运动及其阻力计算

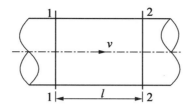

图 5-12 题 5.4.9 示意图

解:(1)流体做层流运动,

$$v = \frac{1}{2}u_{\max} = \frac{1}{2}\frac{\Delta p}{l}\frac{r_0^2}{4\mu} = \frac{1}{2}\frac{\Delta p}{l}\frac{\left(\frac{d}{2}\right)^2}{4\mu} = \frac{1}{2}\frac{\Delta p}{l}\frac{d^2}{16\mu}$$

则

$$\Delta p = \frac{32\mu v l}{d^2}$$

(2)将 $\Delta p = \dfrac{32\mu v l}{d^2}$ 以比尺形式表示:

$$\lambda_p = \lambda_\mu \lambda_v \lambda_l^{-1} = \lambda_\rho \lambda_\nu \lambda_v \lambda_l^{-1}$$

有压管流流体流动,要保证原型和模型流动相似,必须遵循雷诺准则,即 $\lambda_v \lambda_l = \lambda_\nu$,则

$$\lambda_p = \lambda_\rho \lambda_\nu \lambda_v \lambda_l^{-1} = \lambda_\rho \lambda_v \lambda_l \lambda_v \lambda_l^{-1} = \lambda_\rho \lambda_v^2$$

即

$$\frac{\lambda_p}{\lambda_\rho \lambda_v^2} = 1$$

5.4.10 如图 5-13 所示,厚度为 h、宽度为 b 的液体薄层在斜面上向下均匀流动,试证明:

(1)断面流速分布 $u = \dfrac{g}{2\nu}(h^2 - y^2)\sin\alpha$;

(2)流经断面的流量 $q_V = \dfrac{g}{3\nu}bh^3 \sin\alpha$。

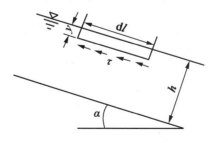

图 5-13 题 5.4.10 示意图

解:(1)取水流方向为 x 轴正方向,取一微元水体,厚度为 y,长度为 dl,x 方向微元水体所受外力平衡,则

$$\tau(b\mathrm{d}l) = \rho g(by\mathrm{d}l)\sin\alpha$$

即
$$\tau = \rho gy\sin\alpha$$

根据牛顿内摩擦定律 $\tau = \mu\dfrac{\mathrm{d}u}{\mathrm{d}z} = -\mu\dfrac{\mathrm{d}u}{\mathrm{d}y}$,得

$$-\mu\frac{\mathrm{d}u}{\mathrm{d}y} = \rho gy\sin\alpha$$

积分,得
$$u = -\frac{1}{\nu}g\sin\alpha\,\frac{y^2}{2} + C$$

当 $y = h$ 时,$u = 0$,得
$$C = \frac{1}{\nu}g\sin\alpha\,\frac{h^2}{2}$$

代入积分式,得
$$u = \frac{g}{2\nu}(h^2 - y^2)\sin\alpha$$

(2)
$$q_V = \int_A u\mathrm{d}A = \int_A \frac{g}{2\nu}(h^2 - y^2)\sin\alpha\,b\mathrm{d}y = \frac{g}{2\nu}b\sin\alpha\int_0^h (h^2 - y^2)\,\mathrm{d}y = \frac{g}{3\nu}bh^3\sin\alpha$$

5.4.11 利用如图 5-14 所示装置测定阀门的局部阻力系数 ζ。已知管道直径 $d = 50$ mm,水流速度 $v = 3$ m/s,3 根测压管的间距及测压管高度分别为 $l_1 = 1$ m,$l_2 = 2$ m,$h_1 = 150$ cm,$h_2 = 125$ cm,$h_3 = 40$ cm。

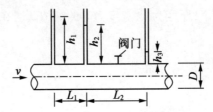

图 5-14 题 5.4.11 示意图

解:以管轴线所在的水平面为基准面,列 1、2 两根测压管所在断面的伯努利方程:

$$z_1 + \frac{p_1}{\rho g} + \frac{v^2}{2g} = z_2 + \frac{p_2}{\rho g} + \frac{v^2}{2g} + \lambda\frac{L_1}{D}\frac{v^2}{2g}$$

$$\left(z_1 + \frac{p_1}{\rho g}\right) - \left(z_2 + \frac{p_2}{\rho g}\right) = h_1 - h_2 = \lambda\frac{L_1}{D}\frac{v^2}{2g}$$

$$1.5 - 1.25 = \lambda \times \frac{1}{0.05} \times \frac{3^2}{2g}$$

$$\lambda = 0.027\,2$$

列 2、3 两根测压管所在断面的伯努利方程:

$$z_2+\frac{p_2}{\rho g}+\frac{v^2}{2g}=z_3+\frac{p_3}{\rho g}+\frac{v^2}{2g}+\lambda\frac{L_2}{D}\frac{v^2}{2g}+\zeta\frac{v^2}{2g}$$

$$\left(z_2+\frac{p_2}{\rho g}\right)-\left(z_3+\frac{p_3}{\rho g}\right)=h_2-h_3=\lambda\frac{L_2}{D}\frac{v^2}{2g}+\zeta\frac{v^2}{2g}$$

$$1.25-0.4=0.027\ 2\times\frac{2}{0.05}\times\frac{3^2}{2g}\times\zeta\frac{3^2}{2g}$$

$$\zeta=0.763$$

5.4.12 利用如图 5-15 所示的装置测量输油管道中弯管和阀门的局部损失系数。管径 $d=150$ mm,管中油的流量 $q_V=0.012$ m³/s,密度 $\rho=850$ kg/m³,水银压差计左右两边的水银面高差 $\Delta h=10$ mm,试求此处的局部损失系数。

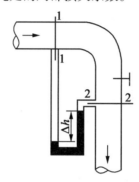

图 5-15 题 5.4.12 示意图

解:

$$v=\frac{4q_V}{\pi d^2}=\frac{4\times 0.012}{\pi\times 0.15^2}=0.679(\text{m/s})$$

列连接两测压管处断面的伯努利方程:

$$z_1+\frac{p_1}{\rho g}+\frac{\alpha_1 v_1^2}{2g}=z_2+\frac{p_2}{\rho g}+\frac{\alpha_2 v_2^2}{2g}+(\zeta_\text{弯}+\zeta_\text{阀})\frac{v_2^2}{2g}$$

取 $\alpha_1=\alpha_2=1$,$v_1=v_2=v$。

$$(\zeta_\text{弯}+\zeta_\text{阀})\frac{v_2^2}{2g}=\left(z_1+\frac{p_1}{\rho g}\right)-\left(z_2+\frac{p_2}{\rho g}\right)$$

$$\left(z_1+\frac{p_1}{\rho g}\right)-\left(z_2+\frac{p_2}{\rho g}\right)=\frac{\rho_\text{Hg}-\rho_\text{油}}{\rho_\text{油}}\Delta h$$

$$(\zeta_\text{弯}+\zeta_\text{阀})\frac{v_2^2}{2g}=\frac{\rho_\text{Hg}-\rho_\text{油}}{\rho_\text{油}}\Delta h$$

$$(\zeta_\text{弯}+\zeta_\text{阀})\frac{0.679^2}{2g}=\frac{13.6\times 10^3-850}{850}\times 10\times 10^{-3}$$

$$\zeta_\text{弯}+\zeta_\text{阀}=6.38$$

5.4.13 某喷泉设计的铅直喷头为长度 $l=0.5$ m、直径 $d_1=40$ mm、$d_2=20$ mm 的截头圆锥体,如图 5-16(a) 所示。若喷嘴能量损失 $h_w=1.6$ m,喷嘴及液体质量、空气阻力等可以忽略不计,设计喷出高度 $H=8$ m,试求:

(1) 喷嘴的喷出流量 q_V;

(2) 固定喷嘴的螺钉受到的拉力 F。

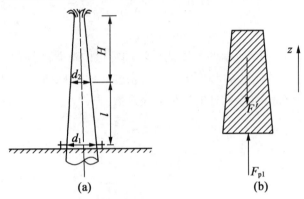

图 5-16 题 5.4.13 示意图

解:(1) 由 $H=\dfrac{v_2^2}{2g}$ 得

$$v_2=\sqrt{2gH}=\sqrt{2\times9.8\times8}=12.52(\text{m/s})$$

$$q_V=\frac{\pi}{4}d_2^2 v_2=\frac{\pi}{4}\times0.02^2\times12.52=0.00393(\text{m}^3/\text{s})=3.93(\text{L/s})$$

(2) 对喷嘴螺钉固定处断面和喷嘴出口断面列恒定总流的伯努利方程

$$0+\frac{p_1}{\rho g}+\frac{\alpha_1 v_1^2}{2g}=l+0+\frac{\alpha_2 v_2^2}{2g}+h_w$$

式中,$\alpha_1=\alpha_2=1.0$。

$$v_1=\left(\frac{d_2}{d_1}\right)^2 v_2=\left(\frac{20}{40}\right)^2\times12.52=3.13(\text{m/s})$$

故

$$p_1=\rho g(l+h_w)+\frac{\rho}{2}(v_2^2-v_1^2)=\rho g(0.5+1.6)+\frac{\rho}{2}(12.52^2-3.13^2)=94.06(\text{kPa})$$

取如图 5-16(b) 所示控制体,在 z 方向列动量方程:

$$F_{p1}-F'=\rho q_V(\beta_2 v_2-\beta_1 v_1)$$

式中,$\beta_1=\beta_2=1.0$。

$$F_{p1}=\frac{\pi}{4}d_1^2 p_1$$

故得

$$F' = \frac{\pi}{4}d_1^2 p_1 - \rho q_v(v_2 - v_1)$$

$$= \frac{\pi}{4} \times 0.04^2 \times 94\,060 - 1\,000 \times 0.003\,93 \times (12.52 - 3.13)$$

$$= 81.2(\text{N})$$

5.4.14 如图 5-17 所示的二维流动,有两平行平板,下板固定,上板以速度 U_e 移动,沿流向无压差,流体完全由上板因黏性而拖动,设为定常不可压缩层流流动,忽略彻体力,速度场为

$$u = \frac{U_e}{2}\left(\frac{y}{h}+1\right), \quad v = 0$$

(1) 求黏性应力分布;
(2) 求单位容积的流体所受的表面力在 x 方向的分量;
(3) 检验 x 方向动量方程是否得到了满足;
(4) 求压力沿 y 方向的分布。

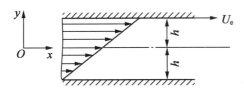

图 5-17 题 5.4.14 示意图

解:(1) 黏性应力

$$\sigma_{xx} = 2\mu\frac{\partial u}{\partial x} = 0$$

$$\sigma_{yy} = 2\mu\frac{\partial v}{\partial y} = 0$$

$$\tau_{xy} = \tau_{yx} = \mu\left(\frac{\partial u}{\partial y} + \frac{\partial v}{\partial x}\right) = \frac{\mu U_e}{2h}$$

(2) 单位容积流体所受 x 向表面力为

$$\frac{\partial \sigma_x}{\partial x} + \frac{\partial \tau_{yx}}{\partial y} = -\frac{\partial p}{\partial x} + \frac{\partial \sigma_{xx}}{\partial x} + \frac{\partial \tau_{yx}}{\partial y} = 0$$

(3) x 方向动量方程左端为

$$u\frac{\partial u}{\partial x} + v\frac{\partial u}{\partial y} = 0$$

由上可知,右端也为 0,所以 x 方向动量方程得到了满足。

(4) 由 y 方向动量方程知

$$\frac{\partial p}{\partial y} = \frac{\partial \sigma_{yy}}{\partial y} + \frac{\partial \tau_{xy}}{\partial x} - \rho u\frac{\partial u}{\partial x} - \rho v\frac{\partial v}{\partial y}$$

而此式右端各项均为零,故知 $\dfrac{\partial p}{\partial y}=0$,即压力沿 y 方向不变。

5.4.15 试推导扰动压力 p' 的泊松方程 $\nabla^2 p' = -2\rho \dfrac{\partial U_k}{\partial x_j}\dfrac{\partial u_j}{\partial x_k}$。

解:将式

$$\dfrac{\partial u'_k}{\partial t}+U_j\dfrac{\partial u'_k}{\partial x_j}+u'_j\dfrac{\partial U_k}{\partial x_j}=-\dfrac{1}{\rho}\dfrac{\partial^2 p'}{\partial x_k}+\nu\nabla^2 u'_k$$

各项对 x_k 求导数,且暂不采用取和约定,则得

$$\dfrac{\partial}{\partial t}\left(\dfrac{\partial u'_k}{\partial x_k}\right)+\dfrac{\partial U_i}{\partial x_k}\dfrac{\partial u'_k}{\partial x_j}+U_j\dfrac{\partial}{\partial x_k}\dfrac{\partial u'_k}{\partial x_j}+\dfrac{\partial u'_j}{\partial x_k}\dfrac{\partial U_k}{\partial x_j}+u'_j\dfrac{\partial}{\partial x_k}\dfrac{\partial U_k}{\partial x_j}=-\dfrac{1}{\rho}\dfrac{\partial^2 p'}{\partial x_k^2}+\nu\nabla^2\dfrac{\partial u'_k}{\partial x_k}$$

应用取和约定,并注意

$$\dfrac{\partial U_k}{\partial x_k}=\dfrac{\partial u'_k}{\partial x_k}=0$$

$$\dfrac{\partial U}{\partial x_k}\dfrac{\partial u'_k}{\partial x_j}=\dfrac{\partial U_k}{\partial x_j}\dfrac{\partial u'_j}{\partial x_k}$$

$$\dfrac{\partial^2 p'}{\partial x_k \partial x_k}=\nabla^2 p'$$

则可得

$$\nabla^2 p' = -2\rho\dfrac{\partial U_k}{\partial x_j}\dfrac{\partial u_j}{\partial x_k}$$

5.4.16 如图 5-18 所示,油在管中以 $v=1$ m/s 的速度流动,油的密度 $\rho=920$ kg/m³,$L=3$ m,$d=25$ mm,水银压差计测得 $h=9$ cm,试求:

(1)油在管中的流态;

(2)油的运动黏滞系数 v;

(3)若保持相同的平均流速反向流动,压差计的读数有何变化。

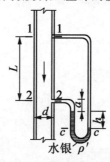

图 5-18 题 5.4.16 示意图

解:在断面 1—1 和 2—2 之间建立能量方程:

$$\begin{cases} z_1+\dfrac{p_1}{\rho g}+\dfrac{v_1^2}{2g}=z_1+\dfrac{p_2}{\rho g}+\dfrac{v_2^2}{2g}+h_\mathrm{f} \\ v_1=v_2 \end{cases}$$

解得

$$h_{f_{1-2}} = (z_1 - z_2) + \frac{p_1 - p_2}{\rho g}$$

$$z_1 - z_2 = L \tag{1}$$

c—c 为等压面,有

$$\begin{cases} p_c = p_2 + \rho g a + \rho' g h \\ p_c = p_1 + \rho g (L + a + h) \end{cases}$$

解得

$$\frac{p_1 - p_2}{\rho g} = \left(\frac{\rho'}{\rho} - 1\right)h - L$$

代入式(1),得

$$h_f = \left(\frac{\rho'}{\rho} - 1\right)h = \left(\frac{10^3 \times 13.6}{920} - 1\right) \times 0.09 = 1.24 \text{ (m)} \tag{2}$$

又,沿程损失为

$$h_f = \lambda \frac{L}{d} \frac{v^2}{2g}$$

假设流态为层流,则

$$\lambda = \frac{64}{Re} \sim \frac{64\nu}{vd}$$

代入上式,得

$$v = \frac{gd^2 h_f}{32L\nu} = \frac{9.807 \times 0.025^2 \times 1.24}{32 \times 3 \times 1} = 79.17 \times 10^{-6} \text{ (m}^2/\text{s)}$$

校核:

$$Re = \frac{vd}{\nu} = \frac{1 \times 0.025}{79.17 \times 10^{-6}} = 316 < 2\,000$$

流态为层流,假设正确。

若流动反向(断面 2—2 为上游,断面 1—1 为下游),平均流速不变,相关量上标加撇表示,且假设压差计液面仍为左高右低,同理可得

$$\begin{cases} h_f' = (z_2 - z_1) + \frac{p_2' - p_1'}{\rho g} \\ \frac{p_2' - p_1'}{\rho g} = L - \left(\frac{\rho'}{\rho} - 1\right)h' \\ h_f' = -\left(\frac{\rho'}{\rho} - 1\right)h' \end{cases} \tag{3}$$

由于反向后平均流速 v 不变,自然沿程损失系数 λ 也不变,这样,根据达西公式,沿程损失在反向前后相等:

$$h_f' = h_f$$

比较式(2)和式(3)可见
$$h' = -h$$
这表示反向后压差计左侧液面低于右侧液面,但读数并不改变。

答:(1)层流;(2)$v = 79.17 \times 10^{-6}$ m²/s;(3)压差计读数不变。

5.4.17 为测定90°弯头的局部阻力系数ζ,可采用如图5-19所示的装置。已知AB段管长$L = 10$ m,管径$d = 50$ mm,$\lambda = 0.03$。实测数据为:A、B两断面测压管水头差$\Delta h = 0.629$ m;经2 min流入水箱的水量为0.329 m³。求弯头的局部阻力系数ζ。

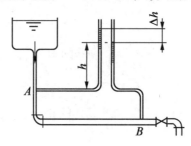

图5-19 题5.4.17示意图

解:管路流量
$$Q = \frac{0.329}{2 \times 60} = 0.00274 \, (\text{m}^3/\text{s})$$

$$v = \frac{Q}{A} = \frac{0.00274}{\frac{\pi}{4} \times 0.050^2} = 1.40 \, (\text{m/s})$$

对AB段建立能量方程:
$$z_A + \frac{p_A}{\rho g} + \frac{v^2}{2g} = 0 + \frac{p_B}{\rho g} + \frac{v^2}{2g} + h_L$$

$$h_L = \frac{p_A - p_B}{\rho g} + z_A \tag{1}$$

由
$$p_A = \rho g (\Delta h + h)$$
$$p_B = \rho g (h + z_A)$$

得
$$\frac{p_A - p_B}{\rho g} = \Delta h - z_A$$

代入式(1),得
$$h_L = \Delta h = 0.629 \text{ m}$$

又
$$h_L = h_f + h_m = \left(\lambda \frac{L}{d} + \zeta \right) \frac{v^2}{2g}$$

$$\zeta = \frac{2gh_L}{v^2} - \lambda \frac{L}{d} = \frac{2 \times 9.807 \times 0.629}{1.4^2} - 0.03 \times \frac{10}{0.05}$$
$$= 0.29$$

因此,$\zeta = 0.29$(取 $v = = 1.4$ m/s)。

5.4.18 如图 5-20 所示,圆柱形油罐长 $L = 4$ m,直径 $D = 2$ m。下部泄油管长 $l = 8$ m,直径 $d = 0.06$ m,沿程阻力系数 $\lambda = 0.3$。初始时液深 $h_0 = D$。求油的泄空时间 T。

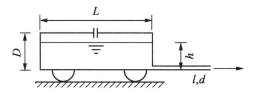

图 5-20 题 5.4.18 示意图

解:设在 dt 时间间隔内流动为恒定流。

对液面 1 到泄油管出口 2 建立能量方程,由题意不计局部损失,有

$$\begin{cases} h = \lambda \dfrac{L}{d} \dfrac{v^2}{2g} \\ v = \sqrt{\dfrac{2gh}{\lambda \dfrac{L}{d}}} \end{cases} \quad (1)$$

式中,$v = v(t)$,$h = h(t)$。

又由质量守恒(连续性方程)得

$$-dhA = \frac{\pi d^2}{4} v dt \quad (2)$$

式中,$-dh$ 为 dt 时间内液面下降的距离;A 为液面面积,$A = A(t)$。

$$A = 2L\sqrt{R^2 - (h-R)^2} = 2L\sqrt{2Rh - h^2} \quad (3)$$

式中,$R = \dfrac{D}{2} = 1$ m。

将式(1)和式(3)代入式(2),得

$$dt = -\frac{4A}{\pi d^2} \frac{dh}{v} = -\frac{4L}{\pi d^2} \sqrt{\frac{\lambda l}{2gd}} \sqrt{2R-h} \, dh$$
$$= -1\,277.6 \sqrt{2R-h} \, dh$$
$$\int_0^T dt = \int_{h_0}^0 -1\,277.6 \sqrt{2-h} \, dh$$

积分得

$$T = 2\,049 \text{ s}$$

因此,泄空时间 $T = 2\,049$ s。

5.4.19 如图 5-21 所示,一水平方向射流射向水平位置上的小车左侧面壁上,已知

射流的密度为 ρ,速度为 V_0,过流断面面积为 A_0,小车在射流作用下以速度 v 向右运动。求:

(1)小车受射流作用力 F;

(2)当小车运动速度 v 为何值时,可由射流获得最大功率。

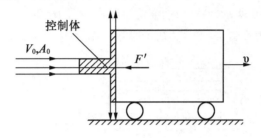

图 5-21 题 5.4.19 示意图

解:(1)取动坐标系下的控制体。控制体的入流速度为相对速度 $v_r = V_0 - v$,流量为相对流量 $q_{v_r} = v_r A = (V_0 - v)A$,控制面上的压强除壁面外均为大气压强。设小车给射流的作用力为 F',列水平方向动量方程,可得

$$\sum F = -F' = -\rho q_{v_r} v_r = -\rho A(V_0 - v)^2 \quad F' = \rho A(V_0 - v)^2$$

小车受射流作用力 $F = -F'$,方向向右,其大小为

$$F = \rho A(V_0 - v)^2$$

(2)小车由射流获得的功率为

$$P = Fv = \rho A(V_0 - v)^2 v$$

上式对 v 求导并令其为零,有

$$\frac{dP}{dv} = \rho A(V_0^2 - 4V_0 v + 3v^2) = 0$$

即

$$V_0^2 - 4V_0 v + 3v^2 = 0$$

解得

$$v_1 = V_0$$
$$v_2 = \frac{1}{3} V_0$$

舍去 $v_1 = V_0$,得出当 $v = \frac{1}{3} V_0$ 时,$P = P_{\max}$。

$$P_{\max} = \rho A \left(V_0 - \frac{1}{3} V_0\right)^2 \frac{1}{3} V_0 = \frac{4}{27} \rho A V_0^3$$

5.4.20 如图 5-22 所示,管径由 $d_1 = 50$ mm 突然扩大到 $d_2 = 100$ mm 的管道,流过流量 $q_V = 16$ m³/h 的水。在截面改变处插入内充四氯化碳($\rho = 1\,600$ kg/m³)的压差计,读得的液面高度差 $h = 173$ mm。试求管径扩大处的损失系数,并把求得的结果与按理论计算的结果相比较。

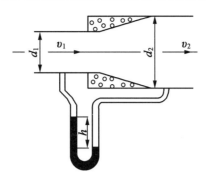

图 5-22 题 5.4.20 示意图

解：

$$z_1+\frac{p_1}{\rho_{H_2O}g}+\frac{v_1^2}{2g}=z_2+\frac{p_2}{\rho_{H_2O}g}+\frac{v_2^2}{2g}+h_W$$

$$z_1=z_2$$

$$h_W=h_j=\xi_2\frac{v_2^2}{2g}$$

$$p_2-p_1=(\rho-\rho_{H_2O})g\Delta h$$

$$v_1=\frac{d_2^2}{d_1^2}v_2$$

$$v_2=\frac{4q_V}{\pi d_2^2}=\frac{4\times16}{3\,600\times3.14\times0.1^2}=0.566\,2(\text{m/s})$$

整理得

$$\xi_2=\left(\frac{d_2}{d_1}\right)^4-1-\frac{2(\rho-\rho_{H_2O})g\Delta h}{\rho_{H_2O}v_2^2}$$

$$=\left(\frac{100}{50}\right)^4-1-\frac{2\times(1\,600-1\,000)\times9.8\times0.173}{1\,000\times0.562\,2^2}=8.653$$

理论值：

$$\xi_2=\left(\frac{A_2}{A_1}-1\right)^2=\left(\frac{d_2^2}{d_1^2}-1\right)^2=\left(\frac{100^2}{50^2}-1\right)^2=9$$

或

$$v_2=\frac{d_1^2}{d_2^2}v_1$$

$$v_1=\frac{4q_V}{\pi d_1^2}=\frac{4\times16}{3\,600\times3\,014\times0.05^2}=2.264\,7(\text{m/s})$$

$$\xi_1 = 1-\left(\frac{d_1}{d_2}\right)^4 - \frac{2(\rho-\rho_{H_2O})g\Delta h}{\rho_{H_2O}v_1^2}$$

$$= 1-\left(\frac{50}{100}\right)^4 - \frac{2\times(1\ 600-1\ 000)\times 9.8\times 0.173}{1\ 000\times 2.264\ 7^2} = 0.540\ 8$$

理论值：

$$\xi_1 = \left(1-\frac{A_1}{A_2}\right)^2 = \left(1-\frac{d_1^2}{d_2^2}\right)^2 = \left(1-\frac{50^2}{100^2}\right)^2 = 0.562\ 5$$

5.4.21 如图 5-23 所示，有一可用来测定流速方向的圆柱形测速管，它有 3 个径向钻孔，当两边孔的压强相等时，中间孔的方向就是流速方向。设绕圆柱体为不可压缩流体无旋流动，试求：

(1) 欲使两边孔测得的是测速管放入前该点的压强时，边孔应放置的角度 α；

(2) 在水流中测得中间孔与边孔的压差为 490 Pa 时的流速；

(3) 此测速管的灵敏度 $\dfrac{\partial p}{\partial \theta}$。

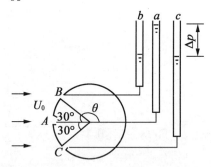

图 5-23　题 5.4.21 示意图

解：(1) 求边孔应放置的角度 α。

圆柱体无环量绕流的柱体表面压强分布为

$$p = p_0 + \frac{\rho U_0^2}{2}(1-4\sin^2\theta)$$

由题意，两边孔处 $p=p_0$，有

$$\frac{\rho U_0^2}{2}(1-4\sin^2\theta) = 0$$

$$\sin\theta = \frac{1}{2} \Rightarrow \theta = 30° \text{ 或 } 150°$$

$\theta=30°$ 位于圆柱体的后半部，该处压强的理论值与实际情况相差甚远，故取 $\theta=150°$，即 $\alpha=30°$。因黏性影响，实际上这种测速管 α 要比 30° 稍大。

(2) 求 $\Delta p = 490$ Pa 时的流速。

中间孔测得的是驻点压强 $p_A = p_0 + \dfrac{\rho U_0^2}{2}$，边孔测得的就是 p_0，因此

$$\Delta p = \frac{\rho U_0^2}{2}$$

$$\frac{\Delta p}{\rho g} = \frac{\rho U_0^2}{2\rho g}$$

$$\frac{490}{9\,800} = \frac{U_0^2}{2 \times 9.8} \Rightarrow U_0 = \sqrt{2 \times 9.8 \times 0.05} = 0.99\,(\text{m/s})$$

(3) 求灵敏度。对 $p = p_0 + \frac{\rho U_0^2}{2}(1 - 4\sin^2\theta)$ 求偏导数：

$$\frac{\partial p}{\partial \theta} = -4\sin\theta\cos\theta \rho U_0^2$$

将 $\theta = 150°$ 代入，得

$$\frac{\partial p}{\partial \theta} = \sqrt{3}\rho U_0^2$$

5.4.22 油液减震器由图 5-24 所示的柱塞和油缸所组成，柱塞直径为 $d = 7.5$ cm，长度为 $l = 10$ cm，同心间隙为 $\delta = 0.12$ cm，受载荷作用后柱塞匀速下降。在载荷 W 作用下，下降 5 cm 的时间为 100 s；在载荷 $W + W'$ 的作用下，下降 5 cm 的时间为 86 s。已知 $W' = 1.334$ N，试求载荷 W 的大小及油液的动力黏度 μ。

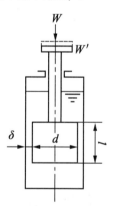

图 5-24 题 5.4.22 示意图

解：这是一个压差-剪切联合流动问题，压差流向上，剪切流向下，其基本公式是

$$q_v = \frac{\pi d \delta^3 p}{12\mu l} - \frac{\pi d \delta U}{2} \tag{1}$$

活塞下面的流体压强 p 与载荷有关，活塞下降速度 U 与缝隙流量有关。

(1) 当载荷为 W 时，

$$p_1 = \frac{4W}{\pi d^2}$$

$$U_1 = \frac{h_1}{t_1} = \frac{5}{100} = 0.05\,(\text{cm/s})$$

缝隙流量 $q_{v_1} = \dfrac{\pi d^2}{4} U_1$,代入式(1)可得

$$\frac{\pi d^2}{4} U_1 = \frac{\pi d \delta^3 p_1}{12\mu l} - \frac{\pi d \delta U_1}{2} = \frac{W\delta^3}{3d\mu l} - \frac{\pi d \delta U_1}{2}$$

由此解出

$$\mu = \frac{4W\delta^3}{3\pi d^2 l(d+2\delta) U_1} \tag{2}$$

式中,载荷 W、动力黏度 μ 仍然是待求未知数。

(2) 当载荷为 $W+W'$ 时,

$$p_2 = \frac{4(W+W')}{\pi d^2}$$

$$U_2 = \frac{h_2}{t_2} = \frac{5}{86} = 0.058 (\text{cm/s})$$

缝隙流量为

$$q_{v_2} = \frac{\pi d^2}{4} U_2$$

由式(1)又可得

$$\frac{\pi d^2}{4} U_2 = \frac{\pi d \delta^3 p_2}{12\mu l} - \frac{\pi d \delta U_2}{2} = \frac{(W+W')\delta^3}{3d\mu l} - \frac{\pi d \delta U_1}{2}$$

由此解出

$$\frac{W+W'}{\mu} = \frac{3\pi d^2 l(d+2\delta) U_2}{4W\delta^3} \tag{3}$$

将式(2)代入式(3),消去 μ,则

$$\frac{W+W'}{W} = \frac{U_2}{U_1}$$

$$W = W' \frac{U_1}{U_2 - U_1} = 1.334 \times \frac{0.05}{0.058 - 0.050} = 8.34(\text{N}) \tag{4}$$

再将 W 代回式(2),即有

$$\mu = \frac{4 \times 8.34 \times (0.0012)^3}{3\pi \times 0.075^2 \times 0.1 \times (0.075 - 0.0024) \times 0.0005} = 0.281(\text{Pa} \cdot \text{s})$$

5.4.23 如图 5-25 所示,不可压缩流体沿铅垂壁面呈液膜状向下流动,液膜厚度 δ 不变,流动是定常层流流动,求液膜内的速度分布。

解:取 x 轴向方向垂直向下,根据题意 $v_y = v_z = 0$,由连续方程得

$$\frac{\partial v_x}{\partial x} = 0$$

考虑流动是定常的,且流动沿 z 轴方向无变化,得 $\dfrac{\partial v_x}{\partial t} = 0$,所以 $v_x = v_x(y)$。

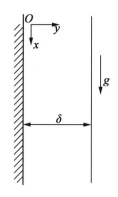

图 5-25 题 5.4.23 示意图

于是 N-S 方程可简化为

$$0 = \frac{\partial p}{\partial y} \tag{1}$$

$$0 = \frac{\partial p}{\partial z} \tag{2}$$

$$0 = \rho g - \frac{\partial p}{\partial x} + \mu \frac{d^2 v_x}{dy^2} \tag{3}$$

边界条件为 $y = 0, v_x = 0, y = \delta, \frac{dv_x}{dy} = 0$。

由式(1)、式(2)知,液膜在水平平面上压强无变化。而液膜自由面上的压强为大气压强,因此在整个液膜内压强都等于大气压强,于是 $\frac{\partial p}{\partial x} = 0$,那么式(3)可整理为

$$\frac{d^2 v_x}{dy^2} = -\frac{\rho g}{\mu}$$

积分得

$$v_x = -\frac{\rho g}{\mu} \frac{y^2}{2} + c_1 y + c_2$$

代入边界条件,可得 $c_1 = \frac{\rho g}{\mu} \delta, c_2 = 0$,于是液膜内的速度分布为

$$v_x = \frac{\rho g}{\mu} \delta^2 \left[\frac{y}{\delta} - \frac{1}{2} \left(\frac{y}{\delta} \right)^2 \right]$$

5.4.24 图 5-26 为二维风洞中测试某柱状体阻力系数的示意图,其中"二维"指流体速度平行于 x-y 平面,且垂直于该平面的方向各参数无变化。图中虚线框为控制体表面,其前端面气体速度 v_0 分布均匀,后端面因柱体干扰形成图中所示的 V 形对称速度分布,上下表面 x 方向速度等于 v_0。现已知柱体迎风面直径 $D = 50$ mm,$v_0 = 30$ m/s,气体密度 $\rho = 1.2$ kg/m^3,且整个流场气压 p 均匀。试确定此条件下单位长度柱体对气流的阻力和柱体的总阻力系数。

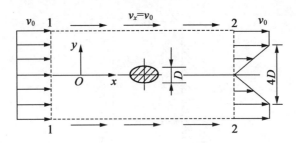

图 5-26 题 5.4.24 示意图

解:根据图中坐标系设置,后端面 V 形速度分布区在 $0 \leqslant y \leqslant 2D$ 范围内的速度分布式为

$$v = \frac{v_0 y}{2D}, \quad 0 \leqslant y \leqslant 2D$$

取控制体在垂直于 x-y 平面方向单位尺寸为单位厚度,并用 H 表示控制体 y 方向总高度,则控制体前端面输入的质量流量和后端面输出的质量流量分别为

$$q_{m1} = \rho v_0 H$$

$$q_{m2} = \rho v_0 (H - 4D) + \rho \left(\frac{v_0}{2}\right)(4D) = \rho v_0 H - \frac{4\rho v_0 D}{2}$$

由此结果并根据质量守恒可知,控制体上下表面必有流体输出;又因上下表面对称于 x 轴,故上下表面输出的质量流量相等,用 q_{m1-2} 表示其中一个表面输出的质量流量,则

$$2q_{m1-2} = q_{m1} - q_{m2} = \frac{4\rho v_0 D}{2} \quad \text{或} \quad q_{m1-2} = \rho v_0 D$$

因 1—1 截面上速度恒定为 v_0,故该截面输入的 x 方向的动量流量为

$$v_{1x} q_{m1} = v_0 (\rho v_0 H) = \rho v_0^2 H$$

因上下表面均有 $v_x = v_0$,故上下表面共同输出的 x 方向的动量流量为

$$2 v_x q_{m1-2} = \frac{4\rho v_0^2 D}{2}$$

2—2 截面上速度变化显著,其输出的 x 方向的动量流量应积分计算,即

$$v_{2x} q_{m2} = v_0 [\rho v_0 (H - 4D)] + 2\int_0^{2D} \rho v^2 \mathrm{d}y = \rho v_0^2 H - \frac{8}{3}\rho v_0^2 D$$

流场气压均匀时,控制体内气流受力仅有柱体阻力 F_x,故根据控制体动量守恒方程有

$$F_x = v_{2x} q_{m2} + 2 v_x q_{m1-2} - v_{1x} q_{m1} = -\frac{2}{3}\rho v_0^2 D = -\frac{2}{3} \times 1.2 \times 30^2 \times 0.05 = -36 (\text{N/m})$$

式中,负号表示气流所受阻力的方向沿 x 反方向。根据柱体绕流阻力系数的定义,并考虑单位长度柱体的迎风面积 $A_D = D$,可得柱体的阻力系数为

$$C_D = F_x \frac{2}{\rho v_0^2 A_D} = \frac{2}{3}\rho v_0^2 D \frac{2}{\rho v_0^2 D} = \frac{4}{3}$$

5.4.25 水流以流量 $q_V=0.1\ \mathrm{m^3/s}$ 流经变径弯管,弯管位于 x-y 水平平面,坐标方位如图5-27所示。其中,进口截面直径 $d_1=0.2\ \mathrm{m}$,表压 $p_1=120\ \mathrm{kPa}$,出口截面直径 $d_2=0.15\ \mathrm{m}$,进出口轴线夹角 $\theta=60°$,且已知弯管的总阻力损失 $\sum h_\mathrm{f}=\dfrac{0.3v_2^2}{2g}$。

(1)假定进出口截面流速分布均匀,且弯管管壁绝热,试确定流体出口压力 p_2 和温升 ΔT。

(2)确定水流对弯管作用力的大小和方向。

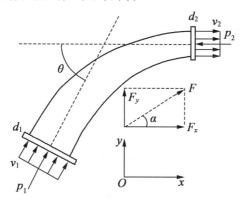

图5-27 题5.4.25示意图

解:弯管进出口的平均流速 v_1 和 v_2 分别为

$$v_1=\frac{4q_V}{\pi d_1^2}=\frac{4\times 0.1}{\pi\times 0.2^2}=3.183(\mathrm{m/s})$$

$$v_2=\frac{4q_V}{\pi d_2^2}=\frac{4\times 0.1}{\pi\times 0.15^2}=5.659(\mathrm{m/s})$$

(1)因为弯管位于水平平面,所以在进出口两截面之间应用引申伯努利方程有

$$\frac{p_1}{\rho g}+\frac{v_1^2}{2g}=\frac{p_2}{\rho g}+\frac{v_2^2}{2g}+\sum h_\mathrm{f}$$

由此得

$$p_2=p_1+\frac{\rho v_1^2}{2}-\frac{\rho v_2^2}{2}-\rho g\sum h_\mathrm{f}=p_1+\frac{\rho v_1^2}{2}-(1+0.3)\frac{\rho v_2^2}{2}$$

根据机械能守恒方程的说明可知,黏性流体的机械能损失转化为热能后,一方面用于增加流体内能,一方面用于对外散热,即

$$gh_\mathrm{f}=\Delta u-\frac{Q}{q_m}$$

因为此时弯管壁面绝热,即 $Q=0$,所以

$$gh_\mathrm{f}=\Delta u=c_p\Delta T\rightarrow \Delta T=\frac{g}{c_p}h_\mathrm{f}=0.3\frac{v_2^2}{2c_p}$$

代入已知数据并取水的密度 $\rho=1\,000\ \mathrm{kg/m^3}$,比定压热容 $c_p=4\,174\ \mathrm{J/(kg\cdot K)}$,可得

$$p_2 = 104.25 \text{ kPa}(\text{表})$$
$$\Delta T = 0.001 \text{ K}$$

(2) 设弯管管壁对水流作用力的分量为 F'_x、F'_y，则在进出口截面间应用动量方程有

$$x \text{ 方向}: F'_x + p_1 A_1 \cos\theta - p_2 A_2 = (v_2 - v_1 \cos\theta)\rho q_V$$

$$y \text{ 方向}: F'_y + p_1 A_1 \sin\theta = (0 - v_1 \sin\theta)\rho q_V$$

因水流对弯管的作用力 $F_x = -F'_x$，$F_y = -F'_y$，所以

$$F_x = -F'_x = p_1 A_1 \cos\theta - p_2 A_2 - (v_2 - v_1 \cos\theta)\rho q_V$$

$$F_y = -F'_y = p_1 A_1 \sin\theta + v_1 \sin\theta \rho q_V$$

代入数据有（压力用表压力，计算所得作用力不包括 p_0 的贡献）

$$F_x = -364.0 \text{ N}$$
$$F_y = 3540.5 \text{ N}$$

管壁所受合力 F 的大小及其与水平方向的夹角分别为

$$F = \sqrt{F_x^2 + F_y^2} = \sqrt{364.0^2 + 3540.5^2} = 3559.2(\text{N})$$

$$\alpha = \arctan\left(\frac{F_y}{F_x}\right) = \arctan\left(-\frac{3540.5}{364.0}\right) = -84.1(°)$$

5.4.26 某润滑系统部件由两平行圆盘组成，如图 5-28 所示。润滑油在两圆盘之间沿径向 r 做稳态一维层流流动。圆盘中心流体进口半径为 R_1，圆盘外半径 R_2。流动靠压差 $\Delta p = p_1 - p_2$ 推动，其中 p_1、p_2 分别为 R_1、R_2 截面的压力。仅考虑区域 $R_1 < r < R_2$ 的径向流动，且认为 $v_\theta = v_z = 0$。

(1) 试利用连续性方程和轴对称条件简化 N-S 方程，导出本系统 r、z 方向的运动方程

$$-\rho \frac{\varphi^2}{r^3} = -\frac{\partial p}{\partial r} + \frac{\mu}{r} \frac{d^2\varphi}{dz^2}, \quad \frac{\partial p}{\partial z} = -\rho g$$

式中，$\varphi = rv_r$，且 φ 仅是 z 的函数（与 r 无关），为什么？

(2) 针对蠕变流（creep flow）条件（即认为 $v_r^2 \approx 0$），证明存在一常数 λ 使得

$$r\frac{\partial p}{\partial r} = \mu \frac{d^2\varphi}{dz^2} = \lambda$$

(3) 求解以上蠕变流方程积分，证明

$$\lambda = -\frac{\Delta p}{\ln\left(\dfrac{R_2}{R_1}\right)}$$

$$v_r = \frac{b^2 \Delta p}{2\mu r \ln\left(\dfrac{R_2}{R_1}\right)}\left[1 - \left(\frac{z}{b}\right)^2\right]$$

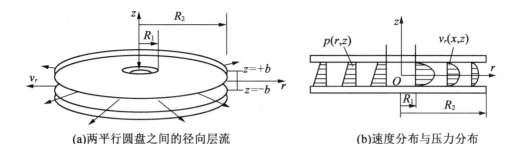

(a)两平行圆盘之间的径向层流 (b)速度分布与压力分布

图 5-28　题 5.4.26 示意图

解:参照图 5-28(a)所示柱坐标系,有 $f_r=0, f_z=-g$。

因为流体不可压缩且流动定常,流动轴对称且 $v_\theta=0$,所以本问题是 $r-z$ 平面不可压缩稳态流动问题,且 $v_z=0$。

(1)将以上条件代入柱坐标系下不可压缩流体 $r-z$ 平面问题的连续性方程,可得

$$\frac{1}{r}\frac{\partial rv_r}{\partial r}+\underbrace{\frac{\partial v_z}{\partial z}}_{0}=0 \rightarrow \frac{\partial(rv_r)}{\partial r}=0 \rightarrow rv_r=f(z) \text{ 或 } \varphi=rv_r=f(z)$$

该结果表明 φ 仅是 z 的函数(与 r 无关)。

将以上条件代入柱坐标系下不可压缩定常流动 $r-z$ 平面问题的运动方程,有

$$v_r\frac{\partial v_r}{\partial r}+\underbrace{v_z\frac{\partial v_r}{\partial z}}_{0}=\underbrace{f_r}_{0}-\frac{1}{\rho}\frac{\partial p}{\partial r}+\nu\left[\underbrace{\frac{\partial}{\partial r}\left(\frac{1}{r}\frac{\partial rv_r}{\partial r}\right)}_{}+\frac{\partial^2 v_r}{\partial z^2}\right]$$

$$\underbrace{v_r\frac{\partial v_z}{\partial r}+v_z\frac{\partial v_z}{\partial z}}_{0}=f_z-\frac{1}{\rho}\frac{\partial p}{\partial z}+\nu\underbrace{\left[\frac{1}{r}\frac{\partial}{\partial r}\left(r\frac{\partial v_z}{\partial r}\right)+\frac{\partial^2 v_z}{\partial z^2}\right]}_{0}$$

简化后得

$$\rho v_r\frac{\partial v_r}{\partial r}=-\frac{\partial p}{\partial r}+\mu\frac{\partial^2 v_r}{\partial z^2}$$

$$\frac{\partial p}{\partial z}=-\rho g$$

又因为 $v_r=\dfrac{\varphi}{r}$ 且 $\varphi=f(z)$,所以

$$v_r\frac{\partial v_r}{\partial r}=-\frac{\varphi^2}{r^3}$$

$$\frac{\partial^2 v_r}{\partial z^2}=\frac{\partial^2}{\partial z^2}\left(\frac{\varphi}{r}\right)=\frac{1}{r}\frac{\partial^2\varphi}{\partial z^2}=\frac{1}{r}\frac{\mathrm{d}^2\varphi}{\mathrm{d}z^2}$$

故 r 方向运动方程为

$$-\rho\frac{\varphi^2}{r^3}=-\frac{\partial p}{\partial r}+\frac{\mu}{r}\frac{\mathrm{d}^2\varphi}{\mathrm{d}z^2}$$

(2)在蠕变流(creep flow)条件下,认为流速 v_r 非常小,即 $v_r^2\approx 0$,则

$$-\frac{\rho\varphi^2}{r^3} = -\frac{\rho v_r^2}{r} \approx 0$$

这样，r 方向运动方程简化为

$$r\frac{\partial p}{\partial r} = \mu\frac{\mathrm{d}^2\varphi}{\mathrm{d}z^2}$$

对 z 方向运动方程积分，然后对 r 求导，可得

$$p = -\rho g z + f(r) \rightarrow \frac{\partial p}{\partial r} = f'(r)$$

由此可知，r 方向运动方程左侧仅为 r 的函数，右侧仅为 z 的函数（因 φ 仅为 z 的函数），所以根据微分方程理论，该方程两边必须为同一常数 λ，即

$$r\frac{\partial p}{\partial r} = \mu\frac{\mathrm{d}^2\varphi}{\mathrm{d}z^2} = \lambda$$

(3) 首先，令上式左侧为常数 λ，进行积分可得

$$r\left(\frac{\partial p}{\partial r}\right) = \lambda \rightarrow p = \lambda \ln r + C(z)$$

该式与 $p = -\rho g z + f(r)$ 对比可知

$$C(z) = -\rho g z + c$$

或

$$p = \lambda \ln r - \rho g z + c$$

设 $r = R_1$、$z = 0$ 处点的压力为 $p_{1,0}$，则由此确定常数 c 后，可得圆盘间的压力分布为

$$p = p_{1,0} + \lambda \ln\left(\frac{r}{R_1}\right) - \rho g z$$

该式表明：压力 p 是 r 和 z 的函数；在 r 相同的流动截面上，p 则随 z 线性变化（满足静力学关系）。若用 p_1 表示 R_1 截面的压力分布，p_2 表示 R_2 截面的压力分布，则

$$p_1 = p_{1,0} - \rho g z$$

$$p_2 = p_{1,0} + \lambda \ln\left(\frac{R_2}{R_1}\right) - \rho g z$$

由此可见，R_1 与 R_2 两截面对应高度（z 相同）的压差都是相同的（与 z 无关），即

$$\Delta p = p_1 - p_2 = -\lambda \ln\left(\frac{R_2}{R_1}\right)$$

由此可将常数 λ 用进出口截面压差 Δp 表示为

$$\lambda = -\frac{\Delta p}{\ln\left(\frac{R_2}{R_1}\right)}$$

其次，令蠕变流 r 方向运动方程的右侧为常数 λ，积分可得

$$\mu\frac{\mathrm{d}^2\varphi}{\mathrm{d}z^2} = \lambda \rightarrow \varphi = \frac{\lambda}{\mu}\frac{z^2}{2} + C_1 z + C_2$$

根据边界条件 $z = \pm b$，$v_r = 0(\varphi = 0)$，确定积分常数并将 λ 代入，可得速度分布为

$$\varphi = rv_r = -\frac{\lambda b^2}{2\mu}\left[1-\left(\frac{z}{b}\right)^2\right]$$

或

$$v_r = \frac{b^2}{2\mu}\frac{\Delta p}{\ln\left(\frac{R_2}{R_1}\right)}\frac{1}{r}\left[1-\left(\frac{z}{b}\right)^2\right]$$

积分可得质量流量为

$$q_m = \frac{4\pi\rho b^3 \Delta p}{3\mu\ln\left(\frac{R_2}{R_1}\right)}$$

以上所得压力 p 和速度 v_r 的分布形态如图 5-28(b)所示。

5.4.27 如图 5-29 所示系统中,流体最初处于静止状态,在 $t=0$ 时刻底板突然启动并以恒定速度 U 沿 x 方向运动,从而带动各层流体沿 x 方向流动,其中系统 a [图 5-29(a)]的流体上方为固定平板,系统 b[图 5-29(b)]的流体上方无界。虽然两个系统上部边界条件不同,但流体的速度分布特征是一致的,即都是不可压缩流体的 x-y 平面流动问题,且 $v_y=0, v_x=v_x(y,t)$。设流动为层流,流体黏度为 μ,密度为 ρ。

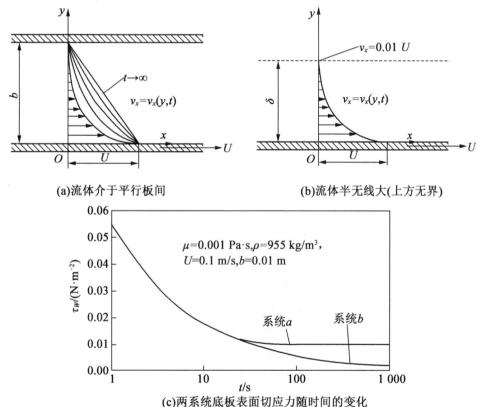

(a)流体介于平行板间 (b)流体半无线大(上方无界)

(c)两系统底板表面切应力随时间的变化

图 5-29 题 5.4.27 示意图

(1) 试对 x-y 平面问题的 N-S 方程进行简化，获得图示系统的运动微分方程；

(2) 分别针对系统 a 与 b，提出定解条件，并给出其速度分布方程；

(3) 确定系统 b 中流体速度 $v_x = 0.01U$ 对应的液层深度 δ，即动量渗透深度；

(4) 在 $\mu = 0.001$ Pa·s、$\rho = 955$ kg/m³、$U = 0.1$ m/s、$b = 0.01$ m 的条件下，什么时间范围内两系统速度分布近似相同？什么时间范围内两系统底板单位面积的摩擦力相差小于 1%？

解：本问题属不可压缩流体 x-y 平面非稳态流动问题，其中流体仅沿 x 方向水平流动，该方向无质量力，且流动是底板摩擦产生的纯剪切流，故流动方向无压力梯度，即 $v_y = 0$，$v_x = v_x(x, y, t)$，$f(x) = 0$，$f(y) = -g$，$\dfrac{\partial p}{\partial x} = 0$。

(1) 首先将 $v_y = 0$ 代入不可压缩流体 x-y 平面问题的连续性方程，有

$$\frac{\partial v_x}{\partial x} + \underbrace{\frac{\partial v_y}{\partial y}}_{0} = 0 \rightarrow \frac{\partial v_x}{\partial x} = 0 \rightarrow v_x = v_x(y, t)$$

即对于不可压缩流体的 x-y 平面问题，$v_y = 0$ 的条件下，v_x 只能是 y 和 t 的函数。

将此结果和以上条件代入不可压缩流体 x-y 平面问题的 N-S 方程，有 x 方向运动方程

$$\frac{\partial v_x}{\partial t} + \underbrace{v_x \frac{\partial v_x}{\partial x}}_{0} + \underbrace{v_y \frac{\partial v_x}{\partial y}}_{0} = f_x - \underbrace{\frac{1}{\rho}\frac{\partial p}{\partial x}}_{0} + \underbrace{\nu \frac{\partial^2 v_x}{\partial x^2}}_{0} + \nu \frac{\partial^2 v_x}{\partial y^2}$$

y 方向运动方程

$$\underbrace{\frac{\partial v_y}{\partial t} + v_x \frac{\partial v_y}{\partial x} + v_y \frac{\partial v_y}{\partial y}}_{0} = f_y - \frac{1}{\rho}\frac{\partial p}{\partial y} + \underbrace{\nu \frac{\partial^2 v_y}{\partial x^2} + \nu \frac{\partial^2 v_y}{\partial y^2}}_{0}$$

去除方程中标注为 0 的项，并将 f_y 代入，上述运动方程将分别简化为

$$\frac{\partial v_x}{\partial t} = \nu \frac{\partial^2 v_x}{\partial y^2}$$

$$\frac{\partial p}{\partial y} = -\rho g$$

其中，因 $\dfrac{\partial p}{\partial x} = 0$ (特征条件)，所以 $\dfrac{\partial p}{\partial y} = \dfrac{\mathrm{d} p}{\mathrm{d} y}$。于是，积分 y 方向的运动方程，并设运动平板表面压力为 p_b，可知流体压力沿 y 方向的变化满足静力学方程，即

$$p = p_b - \rho g y$$

(2) 根据图示坐标系可知，系统 a 与 b 的定解条件分别如下。

系统 a：$t = 0$，$v_x = 0$；$t > 0$，$v_x|_{y=0} = U$，$v_x|_{y=b} = 0$

系统 b：$t = 0$，$v_x = 0$；$t > 0$，$v_x|_{y=0} = U$，$v_x|_{y=\infty} = 0$

参照一维非稳态微分方程在以上定解条件下的解，可得速度分布为

系统 a：$\dfrac{v_x}{U} = \left(1 - \dfrac{y}{b}\right) - \sum_{n=1}^{\infty} \dfrac{2}{n\pi} \sin\left(n\pi \dfrac{y}{b}\right) \exp(-n^2 \alpha t)$

系统 b：$\dfrac{v_x}{U} = 1 - \dfrac{2}{\sqrt{\pi}}\int_0^\eta e^{-\eta^2}d\eta = 1 - \mathrm{erf}(\eta) = 1 - \mathrm{erf}\left(\dfrac{y}{\sqrt{4\nu t}}\right)$

其中

$$\alpha = \dfrac{\mu \pi^2}{\rho b^2}$$

$$\eta = \dfrac{y}{\sqrt{4\nu t}}$$

(3) 误差函数 erf(x) 可在 Excel 表中直接调用，输入 x 即可获得函数值；反之，给定函数值，可试差计算对应的 x 值。对于系统 b，定义 $v_x = 0.01U$ 对应的液层深度 y 为动量渗透深度 δ，则根据系统 b 的速度分布式试差可得 δ，即

$$\dfrac{v_x}{U} = 0.01 = 1 - \mathrm{erf}\left(\dfrac{\delta}{\sqrt{4\nu t}}\right) \rightarrow \dfrac{\delta}{\sqrt{4\nu t}} = 1.821 \rightarrow \delta = 1.821\sqrt{4\nu t}$$

(4) 动量扩散深度 δ 表示了平板运动影响区（动量扩散影响区）深度随时间的传播。显然，对于系统 a，只要其运动平板的影响区 δ 未达到上部固定平板表面（即 $\delta \leq b$），则平板间的速度分布就可用系统 b 的速度分布式描述。

因此，在 $\mu = 0.001$ Pa·s、$\rho = 955$ kg/m³、$U = 0.1$ m/s、$b = 0.01$ m 的条件下，令 $\delta = b$ 可得

$$b = \delta = 1.821\sqrt{4\nu t} \rightarrow t = \dfrac{\left(\dfrac{b}{1.821}\right)^2}{4\nu} = 7.2\ \mathrm{s}$$

即在以上条件下，只要时间 $t < 7.2$ s，则系统 a 的速度可用系统 b 的速度分布式描述。

说明：系统 a 的速度分布式是带衰减函数的无穷级数，时间越短，计算所需的项数 n 越多，此时正好可用系统 b 的分布式计算。时间较长时（$\delta > b$），系统 b 的分布式不再适用，但此时用系统 a 的无穷级数分布式只需要取前几项计算即可。

根据系统 a、b 的速度分布，可得运动底板单位面积的摩擦力（切应力）为

系统 a：$\tau_w = \mu\dfrac{\partial v_x}{\partial y}\Big|_{y=0} = -\mu\dfrac{U}{b}\left[1 + 2\sum_{n=1}^{\infty}\exp(-n^2\alpha t)\right]$

系统 b：$\tau_w = \mu\dfrac{\partial v_x}{\partial y}\Big|_{y=0} = -\mu U\left(\dfrac{2}{\sqrt{\pi}}e^{-\eta^2}\dfrac{1}{\sqrt{4\nu t}}\right)_{y=0} = -\dfrac{\mu U}{\sqrt{\pi\nu t}}$

在以上给定数据下，两系统底板表面切应力随时间的变化如图 5-27(c) 所示。可见系统 a 的 τ_w 随 t 增加而减小并趋近于定值，流动达到稳定状态，系统 b 的 τ_w 随 t 增加不断减小，其中 $t < 15.3$ s 范围内，两系统底板表面的切应力相差小于 1%。

5.4.28 爆米花机如图 5-30 所示，玉米放置在金属丝网上，冷空气经过加热器加热后再加热玉米。当丝网上的玉米爆裂成玉米花后体积膨胀，所受空气曳力增大，因此被空气带入爆米花储存箱。设玉米及玉米花为球形颗粒，其中玉米粒径 6 mm，质量 0.15 g，玉米花直径 18 mm，热空气温度 150 ℃（保持不变），机内压力为常压，试从单颗玉米绕流阻力的角度（不考虑颗粒间的相互影响）确定合适的操作风速范围（以 20 ℃ 空气计）。

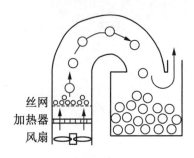

图 5-30 题 5.4.28 示意图

解：温度 150 ℃时，空气密度 $\rho = 0.835 \text{ kg/m}^3$，动力黏度 $\mu = 2.41 \times 10^{-5} \text{ Pa·s}$。玉米及玉米花的密度分别为

$$\rho_1 = m\left(\frac{6}{\pi d_1^3}\right) = \left(\frac{0.15}{1\,000}\right) \times \left[\frac{6}{(\pi \times 0.006^3)}\right] = 1\,326.3 \text{ (kg/m}^3\text{)}$$

$$\rho_2 = m\left(\frac{6}{\pi d_2^3}\right) = \left(\frac{0.15}{1\,000}\right) \times \left[\frac{6}{(\pi \times 0.018^3)}\right] = 49.1 \text{ (kg/m}^3\text{)}$$

空气操作风速应小于玉米的终端速度 u_1，大于玉米花的终端速度 u_2。设 Re 位于牛顿区，$500 < Re < 2 \times 10^5$，$C_D \approx 0.44$，则根据 $u_t = \sqrt{\dfrac{4(\rho_p - \rho)gd}{3\rho C_D}}$ 可得

$$u_1 = \sqrt{\frac{4(\rho_1 - \rho)gd}{3\rho C_D}} = \sqrt{\frac{4 \times (1\,326.3 - 0.835) \times 9.81 \times 0.006}{3 \times 0.835 \times 0.44}} = 16.827 \text{ (m/s)}$$

$$u_2 = \sqrt{\frac{4(\rho_1 - \rho)gd}{3\rho C_D}} = \sqrt{\frac{4 \times (49.1 - 0.835) \times 9.81 \times 0.018}{3 \times 0.835 \times 0.44}} = 5.561 \text{ (m/s)}$$

其中，u_1、u_2 对应的雷诺数为

$$Re_1 = \frac{\rho u_1 d_1}{\mu} = 3\,498$$

$$Re_2 = \frac{\rho u_2 d_2}{\mu} = 3\,468$$

结果表明：Re 确实位于牛顿区，因此热空气气速 u_f 的操作范围为

$$u_1 > u_f > u_2$$

即

$$16.83 \text{ m/s} > u_f > 5.56 \text{ m/s}$$

以 20 ℃空气计算，则

$$u_{20} = \frac{T_0}{T} u_2 = \frac{293}{423} \times 5.56 = 3.85 \text{ (m/s)}$$

$$u_{10} = \frac{293}{423} \times 16.83 = 11.66 \text{ (m/s)}$$

即 20 ℃空气的操作气速范围为 11.66 m/s $> u_f >$ 3.85 m/s。

5.4.29 弦长为 10 cm 的对称翼型,在水温为 20 ℃的水中以 10 m/s 的速度直线前进,试求:

(1)距前缘 1 cm 下游处的层流底层厚度;

(2)距前缘 5 cm 下游处的层流底层厚度。

解:由于对称翼型曲率较小,可将其作为平板来处理。

设其表面切应力为 τ_0,则由边界层理论可知

$$\tau_0 = 0.0233\rho U^2 \left(\frac{\nu}{U\delta}\right)^{0.25}$$

或

$$\frac{\tau_0}{\rho} = 0.0233 U^2 \left(\frac{\nu}{U\delta}\right)^{0.25} = 0.0233 U^2 \left[\frac{\nu}{U \times 0.382 x \left(\frac{Ux}{\nu}\right)^{-\frac{1}{5}}}\right]^{0.25}$$

式中,ρ 为流体密度;U 为流体速度;ν 为流体运动黏度;δ 为距前缘 x 处边界层的厚度。

而切应力速度为

$$u_* = \sqrt{\frac{\tau_0}{\rho}} = 0.153 U \times 1.27 \times \left(\frac{Ux}{\nu}\right)^{-0.1} = 0.194 U \left(\frac{Ux}{\nu}\right)^{-0.1}$$

设 $\nu_\text{水} = 1.011 \times 10^{-6}$ m²/s ($t = 20$ ℃时),则距前缘 $x = 1$ cm 处切应力速度为

$$u_* = 0.194 \times 10 \times \left(\frac{10 \times 0.01}{1.011 \times 10^{-6}}\right)^{-0.1} = 0.614 \text{ (m/s)}$$

$$\delta = 5.0 \times \frac{\nu}{u_*} = 5.0 \times \frac{1.011 \times 10^{-6}}{0.614} = 8.23 \times 10^{-3} \text{ (mm)}$$

距前缘 $x = 5$ cm 处切应力速度为

$$u_* = 0.194 \times 10 \times \left(\frac{10 \times 0.05}{1.011 \times 10^{-6}}\right)^{-0.1} = 0.523 \text{ (m/s)}$$

$$\delta = 5.0 \times \frac{\nu}{u_*} = 5.0 \times \frac{1.011 \times 10^{-6}}{0.523} = 9.67 \times 10^{-3} \text{ (mm)}$$

5.4.30 设顺流长平板上的层流边界层中,板面上的速度梯度为 $k = \frac{\partial u}{\partial y}\big|_{y=0}$。试证明板面附近的速度分布可表示为

$$u = \frac{1}{2\mu} \frac{\partial p}{\partial x} y^2 + ky$$

式中,$\frac{\partial p}{\partial x}$ 为板长方向的压强梯度;y 为至板面的距离。(设流动为恒定。)

解:对于恒定二维平板边界层,普朗特边界层方程为

$$u \frac{\partial u}{\partial x} + v \frac{\partial u}{\partial y} = -\frac{1}{\rho} \frac{\partial p}{\partial x} + \nu \frac{\partial^2 u}{\partial y^2} \tag{1}$$

由于平板很长,可以认为

$$\frac{\partial u}{\partial x}=0$$

由连续方程

$$\frac{\partial u}{\partial x}+\frac{\partial v}{\partial y}=0$$

故

$$\frac{\partial v}{\partial y}=0$$

在平板壁面上 $v=0$，因此在边界层内 $v=0$。由此式(1)可简化成

$$\frac{\partial^2 u}{\partial y^2}=\frac{1}{\rho v}\frac{\partial p}{\partial x}=\frac{1}{\mu}\frac{\partial p}{\partial x}$$

上式中右端是 x 的函数，左端是 y 的函数，两者要相等，必须使得

$$\frac{\partial p}{\partial x}=\text{const}$$

将其积分得

$$\frac{\partial u}{\partial y}=\frac{1}{u}\frac{\partial p}{\partial x}y+C$$

再积分得

$$u=\frac{1}{2u}\frac{\partial p}{\partial x}y^2+Cy+D$$

由题意，当 $y=0$ 时，$\frac{\partial u}{\partial y}=k$，故

$$C=k$$

当 $y=0$ 时，由无滑移条件 $u=0$，得 $D=0$，故

$$u=\frac{1}{2u}\frac{\partial p}{\partial x}y^2+ky$$

5.4.31 如图 5-31 所示，标准状态的空气从两平行平板构成的流道内通过，在入口处速度是均匀的，其值 $U_0=25$ m/s。假定从每个平板的前缘起，湍流边界层向下游逐渐发展，边界层内速度分布和厚度可近似表示为

$$\frac{u}{U}=\left(\frac{y}{\delta}\right)^{1/7}$$

$$\frac{\delta}{x}=0.38Re_x^{-1/5}\left(Re_x=\frac{U_0 x}{\nu}\right)$$

式中，U 为中心线上的速度，它为 x 的函数。设两板相距 $h=0.3$ m，板宽 $b\gg h$（即边缘影响可忽略不计），试求从入口至下游 5 m 处的压强降。（$\nu=1.32\times10^{-5}$ m²/s）

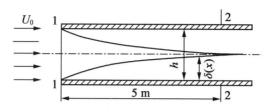

图 5-31 题 5.4.31 示意图

解:距前缘 5 m 处边界层厚度为

$$\delta\bigg|_{x=5} = 0.38x Re^{-\frac{1}{5}} = 0.38 \times 5 \times \left(\frac{25 \times 5}{1.32 \times 10^{-5}}\right)^{-\frac{1}{5}} = 0.0765 (\mathrm{m}) < \frac{h}{2} = \frac{0.3}{2} = 0.15 (\mathrm{m})$$

由连续性方程,平板入口处流量等于距前缘 5 m 处截面处的流量,故可求得势流区的流速 U,即

$$U_0 h = U(h-2\delta) + 2\int_0^\delta u \mathrm{d}y$$

将数据代入上式,得

$$25 \times 0.3 = U \times (0.3 - 2 \times 0.0765) + 2\int_0^{0.0765} \left(\frac{y}{\delta}\right)^{\frac{1}{7}} U \mathrm{d}y$$

$$= 0.147U + 2\int_0^{0.0765} \left(\frac{y}{0.0765}\right)^{\frac{1}{7}} U \mathrm{d}y$$

$$= 0.147U + 2.887U \times \frac{7}{8} y^{\frac{8}{7}} \bigg|_0^{0.0765} = 0.281U$$

故

$$U = \frac{25 \times 0.3}{0.281} = 26.7 (\mathrm{m/s})$$

在平板中心线处列出入口处 1—1 到距入口 5 m 处 2—2 的伯努利方程,则

$$p_1 - p_2 = \frac{\rho}{2}(V_2^2 - V_1^2) = \frac{1.2}{2} \times (26.7^2 - 25^2) = 52.7 (\mathrm{Pa})$$

5.4.32 有一直立突然扩大水管,如图 5-32 所示。已知 $d_1 = 150$ mm, $d_2 = 300$ mm, $h = 1.5$ m, $v_2 = 3$ m/s。试确定水银压差计中的水银面哪一侧较高,差值 Δh 为多少。(沿程损失略去不计。)

解:由

$$\frac{\pi}{4}d_1^2 v_1 = \frac{\pi}{4}d_2^2 v_2$$

得

$$v_1 = \frac{d_2^2}{d_1^2} v_2 = \frac{0.3^2}{0.15^2} \times 3 = 12 (\mathrm{m/s})$$

由伯努利方程和突然扩大局部损失公式得

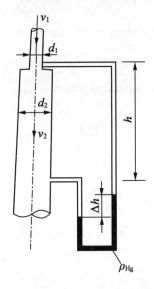

图 5-32 题 5.4.32 示意图

$$z_1+\frac{p_1}{\rho g}+\frac{\alpha_1 v_1^2}{2g}=z_2+\frac{p_2}{\rho g}+\frac{\alpha_2 v_2^2}{2g}+\frac{(v_1-v_2)^2}{2g}$$

$$\frac{p_1}{\rho g}-\frac{p_2}{\rho g}=-h+\frac{v_2^2-v_1^2}{2g}+\frac{(v_1-v_2)^2}{2g}=-h+\frac{2v_2^2-2v_1 v_2}{2g}$$

$$=-1.5+\frac{2\times 3^2-2\times 12\times 3}{2\times 9.8}=-4.26(\text{m})$$

上式说明 $p_1<p_2$，水银压差计右侧水银面高于左侧水银面。

$$p_2+\rho g\Delta h=p_1+\rho gh+\rho_{Hg}g\Delta h$$

$$\frac{p_1}{\rho g}-\frac{p_2}{\rho g}=\frac{\rho g\Delta h-\rho gh-\rho_{Hg}g\Delta h}{\rho g}=-h-12.6\Delta h=-4.26(\text{m})$$

$$\Delta h=\frac{4.26-1.5}{12.6}=0.22(\text{mHg})$$

5.4.33 测定有压圆管流程阻力系数的实验装置倾斜放置，断面 1—1、2—2 间高度差为 $H=1$ m，如图 5-33 所示。已知管径 $d=200$ mm，测试段长度 $l=10$ m，水温 $t=20$ ℃，流量 $Q=0.15$ m²/s，水银压差计读数 $h=0.1$ m。试求沿程阻力系数 λ。

解：对过流断面 1—1、2—2 列伯努利方程，得

$$z_1+\frac{p_1}{\rho g}+\frac{\alpha_1 v_1^2}{2g}=z_2+\frac{p_2}{\rho g}+\frac{\alpha_2 v_2^2}{2g}+h_f$$

$$z_1-z_2=H$$

$$v_1=v_2$$

$$\frac{p_1}{\rho g}-\frac{p_2}{\rho g}-H=\lambda\frac{l}{d}\frac{v^2}{2g}$$

第 5 章 黏性流体运动及其阻力计算

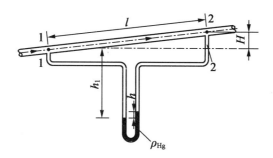

图 5-33 题 5.4.33 示意图

由压差计读数得

$$p_1 + \rho g h_1 = p_2 + \rho g H + \rho g h_1 - \rho g h + \rho_{Hg} g h$$

$$\frac{p_1}{\rho g} - \frac{p_2}{\rho g} - H = \frac{\rho_{Hg} g - \rho g}{\rho g} h = 12.6h$$

由

$$v = \frac{Q}{A} = \frac{4Q}{\pi d^2} = \frac{4 \times 0.15}{\pi \times (0.2)^2} = 4.78 \,(\text{m/s})$$

可得

$$\lambda \frac{l}{d} \frac{v^2}{2g} = 12.6h$$

$$\lambda = \frac{12.6h \times d \times 2g}{l v^2} = \frac{12.6 \times 0.1 \times 0.2 \times 2 \times 9.8}{10 \times (4.78)^2} = 0.0216$$

5.4.34 已知如图 5-34 所示消防水龙带的直径 $D = 20$ mm,长度 $l = 20$ m,末端管嘴直径 $d = 10$ mm,沿程阻力系数 $\lambda = 0.03$。局部阻力系数:进口 $\zeta_1 = 0.5$,阀门 $\zeta_2 = 3.5$,弯道 $\zeta_3 = 0.1$(相对于喷嘴出口速度)。水箱表压强 $p_0 = 400$ kPa,水箱液面及喷嘴出口距地面分别为 $H = 3$ m 和 $h = 1$ m,试求喷嘴出口速度 v_2。

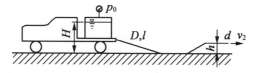

图 5-34 题 5.4.34 示意图

解:根据连续性方程有

$$\frac{v_1}{v_2} = \left(\frac{d}{D}\right)^2 = \left(\frac{10}{20}\right)^2 = \frac{1}{4}$$

以地面为基准面,列水箱液面及喷嘴出口断面的伯努利方程

$$H + \frac{p_0}{\rho g} = h + \frac{v_2^2}{2g} + \lambda \frac{l}{D} \frac{v_1^2}{2g} + (\zeta_1 + \zeta_2) \frac{v_1^2}{2g} + \zeta_3 \frac{v_2^2}{2g}$$

$$H + \frac{p_0}{\rho g} = h + \frac{v_2^2}{2g} + \lambda \frac{l}{D} \frac{v_2^2}{2g} \times \frac{1}{16} + (\zeta_1 + \zeta_2) \frac{v_2^2}{2g} \times \frac{1}{16} + \zeta_3 \frac{v_2^2}{2g}$$

$$3+\frac{400}{1\times 9.8}=1+\frac{v_2^2}{2g}+0.03\times\frac{20}{0.02}\frac{v_2^2}{2g}\times\frac{1}{16}+(0.5+3.5)\frac{v_2^2}{2g}\times\frac{1}{16}+0.3\frac{v_2^2}{2g}$$

$$v_2=16.13 \text{ m/s}$$

5.4.35 图 5-35 所示为内径 20 mm 的倾斜放置的圆管，其中流过密度 $\rho=815.7\text{ kg/m}^3$、黏度 $\mu=0.04\text{ Pa}\cdot\text{s}$ 的流体，已知截面 1 处的压强 $p_1=9.806\times 10^4\text{ Pa}$，截面 2 处的压强 $p_2=19.612\times 10^4\text{ Pa}$。试确定流体在管中的流动方向，并计算流量和雷诺数。

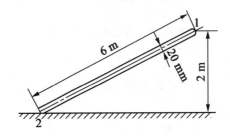

图 5-35 题 5.4.35 示意图

解：为了确定流动方向，需要计算截面 1 和 2 处流体总机械能的大小。由于等截面的管道在 1 和 2 处的流速相等，即它们的动能相等，因此流动的方向决定于该两处压强势能与位势能之和的大小。

在截面 1 处
$$(p+\rho gh)_1=9.806\times 10^4+815.7\times 9.807\times 2=114.06(\text{Pa})$$

在截面 2 处
$$(p+\rho gh)_2=19.612\times 10^4+0=196.12\times 10^3(\text{Pa})$$

由于 $(p+\rho gh)_2>(p+\rho gh)_1$，故流体自截面 2 流向截面 1。

假设流动为层流，根据

$$q_V=\int_0^{r_0}2\pi r v_l \text{d}r=\pi r_0^2 v=-\frac{\pi r_0^4}{8\mu}\frac{\text{d}}{\text{d}l}(p+\rho gh)$$

流量为

$$q_V=\frac{\pi\times 0.01^4}{8\times 0.04}\left[-\frac{114\,060-196\,120}{6}\right]=0.001\,34(\text{m}^3/\text{s})$$

平均流速为

$$v=\frac{0.001\,34}{\pi\times 0.01^2}=4.25(\text{m/s})$$

雷诺数为

$$Re=\frac{\rho vd}{\mu}=\frac{815.7\times 4.25\times 0.02}{0.04}=1\,735$$

由于 $Re<2\,000$，以上计算成立。倘若 $Re>2\,000$，流动为紊流，以上计算不成立。

5.4.36 图 5-36 所示为水轮机工作轮与蜗壳间的密封装置纵剖面示意图。密封装置中线处的直径 $d=4$ m，径向间隙 $b=2$ mm，间隙的纵长均为 $l_2=50$ mm，各间隙之间有等长的扩大沟槽。假设密封装置进口与出口的压差 p_1-p_2 = 264.2 kPa,密封油的密度 ρ = 896 kg/m³。取进口局部损失系数 ξ_i = 0.5,出口局部损失系数 ξ_o = 1,沿程损失系数 λ = 0.03,试求密封装置的漏损流量。如果密封装置的扩大沟槽也改成同样的间隙,其漏损流量又为多少?

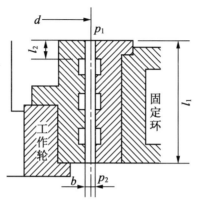

图 5-36 题 5.4.36 示意图

解:间隙为环形通道,当量直径为
$$D = d_2 - d_1 = 2b$$
对间隙的进口与出口列伯努利方程,得
$$z_1 + \frac{p_1}{\rho g} + \frac{v^2}{2g} = z_2 + \frac{p_2}{\rho g} + \frac{v^2}{2g} + \left(4\lambda \frac{l_2}{D} + 4\xi_i + 4\xi_o\right)\frac{v^2}{2g}$$

对于有扩大沟槽的装置,漏流速度为
$$v = \left\{\frac{2g\left[\frac{(p_1-p_2)}{(\rho g)} + (z_1-z_2)\right]}{\frac{7\lambda l_2}{D} + \xi_i + \xi_o}\right\}^{\frac{1}{2}}$$

$$= \left[\frac{2\times 9.807\times(30+0.35)}{4\times 0.03\times \frac{0.05}{0.004} + 4\times 0.5 + 4\times 1}\right]^{\frac{1}{2}} = 8.9 \text{(m/s)}$$

漏损流量为
$$q_V = \pi d b v = \pi \times 4 \times 0.002 \times 8.9 = 0.223 \text{(m}^3/\text{s)}$$

对于无扩大沟槽的装置,漏流速度为
$$v = \left\{\frac{2g\left[\frac{(p_1-p_2)}{(\rho g)} + (z_1-z_2)\right]}{\frac{7\lambda l_2}{D} + \xi_i + \xi_o}\right\}^{\frac{1}{2}} + \left[\frac{2\times 9.807\times(30+0.35)}{7\times 0.03\times \frac{0.05}{0.004} + 0.5 + 1}\right]^{\frac{1}{2}} = 12 \text{(m/s)}$$

漏损流量为
$$q_V = \pi \times 4 \times 0.002 \times 12 = 0.302 \text{(m}^3/\text{s)}$$

可见，有扩大沟槽的装置的漏损流量比无扩大沟槽的装置小，即利用局部阻力减小了漏损流量。

5.4.37 水以速度 V 在直径为 D 的管道中流经一直径为 d 的小通道后继续流动，在小通道上、下游的缓变流断面 1、2 处接出两个测压管，如图 5-37 所示。测得汞柱的液面差为 h，试确定流经小通道的水头损失。

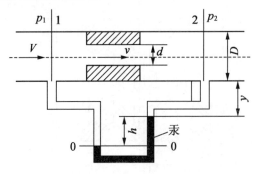

图 5-37 题 5.4.37 示意图

解：自截面 1 到截面 2 列伯努利方程，设动能修正系数均为 1，考虑到 1、2 两截面的面积相等、流速相同，由

$$\frac{\alpha_1 V_1^2}{2g}+\frac{p_1}{\rho g}+z_1 = \frac{\alpha_2 V_2^2}{2g}+\frac{p_2}{\rho g}+z_2+h_f$$

得

$$\frac{V^2}{2g}+\frac{p_1}{\rho g} = \frac{V^2}{2g}+\frac{p_2}{\rho g}+h_f$$

$$h_f = \frac{p_1-p_2}{\rho g}$$

由于 0—0 面为等压面，由静力学关系式，有

$$p_1+\rho g(y+h) = p_2+\rho g y+\rho_G g h$$

$$\frac{p_1-p_2}{\rho g} = \frac{\rho_G-\rho}{\rho}h$$

式中，ρ_G 为汞的密度。最后得到水流流过小通道的能量损失为

$$h_f = \frac{p_1-p_2}{\rho g} = \frac{\rho_G-\rho}{\rho}h$$

5.4.38 一根异径弯头用来将水平管道中流量为 14 kg/s 的水向上偏转 30°并加速（图 5-38）。管道的水排出到大气中，入口横截面面积为 113 cm²，出口横截面面积为 7 cm²，入口中心和出口中心竖直高度差为 30 cm。管道和水的重力忽略不计。试确定：

（1）管道入口处的表压；

（2）固定管道所需的力。

第 5 章 黏性流体运动及其阻力计算

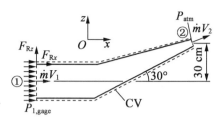

图 5-38 题 5.4.38 示意图

解:(1)取弯头作为控制体,入口标记为 1,出口标记为 2,取 x 轴和 z 轴方向如图 5-38 所示。对于该单入口、单出口定常流系统,连续性方程为

$$\dot{m}_1 = \dot{m}_2 = \dot{m} = 14 \text{ kg/s}$$

注意:$\dot{m} = \rho A V$,入口和出口水流速度分别为

$$V_1 = \frac{\dot{m}}{\rho A_1} = \frac{14 \text{ kg/s}}{(1\,000 \text{ kg/m}^3)(0.0113 \text{ m}^2)} = 1.24 \text{ m/s}$$

$$V_2 = \frac{\dot{m}}{\rho A_2} = \frac{14 \text{ kg/s}}{(1\,000 \text{ kg/m}^3)(7 \times 10^{-4} \text{ m}^2)} = 20.0 \text{ m/s}$$

利用伯努利方程作为压强计算的初步近似。取入口横截面中心作为参考平面($z_1 = 0$),注意 $P_2 = P_{\text{atm}}$,经过管道中心流线的伯努利方程为

$$\frac{P_1}{\rho g} + \frac{V_1^2}{2g} + z_1 = \frac{P_2}{\rho g} + \frac{V_2^2}{2g} + z_2$$

$$P_1 - P_2 = \rho g \left(\frac{V_2^2 - V_1^2}{2g} + z_2 - z_1 \right)$$

$$P_1 - P_{\text{atm}} = (1\,000 \text{ kg/m}^3)(9.81 \text{ m/s}^2) \times$$

$$\left[\frac{(20 \text{ m/s})^2 - (1.24 \text{ m/s})^2}{2(9.81 \text{ m/s}^2)} + 3 - 0 \right] \left(\frac{1 \text{ kN}}{1\,000 \text{ kg} \cdot \text{m/s}^2} \right)$$

$$P_{1,\text{gage}} = 202.2 \text{ kN/m}^2 = 202.2 \text{ kPa}(\text{表压})$$

(2)定常流动的动量方程为

$$\sum \boldsymbol{F} = \sum_{\text{out}} \beta \dot{m} \boldsymbol{V} - \sum_{\text{in}} \beta \dot{m} \boldsymbol{V}$$

x 和 z 方向力的分量分别记为 F_{Rx} 和 F_{Rz},假定方向都为正方向。因为大气压强作用在整个控制体上,所以使用表压。于是 x 和 z 方向的动量方程分别为

$$F_{Rx} + P_{1,\text{gage}} A_1 = \beta \dot{m} V_2 \cos\theta - \beta \dot{m} V_1$$

$$F_{Rz} = \beta \dot{m} V_2 \sin\theta$$

式中,取 $\beta = \beta_1 = \beta_2$,解出 F_{Rx} 和 F_{Rz},代入数值可得

$$F_{Rx} = \beta \dot{m} (V_2 \cos\theta - V_1) - P_{1,\text{gage}} A_1$$

$$= 1.03(14 \text{ kg/s})[(20\cos 30° - 1.24) \text{ m/s}] \left(\frac{1 \text{ N}}{1 \text{ kg} \cdot \text{m/s}^2} \right) -$$

$$(202\,200 \text{ N/m}^2)(0.0113 \text{ m}^2)$$

$$= 2\,053 \text{ N}$$

$$F_{Rz} = \beta \dot{m} V_2 \sin\theta = (1.03)(14 \text{ kg/s})(20\sin 30° \text{m/s})\left(\frac{1 \text{ N}}{1 \text{ kg}\cdot\text{m/s}^2}\right) = 144 \text{ N}$$

F_{Rx} 为负值说明假定的力方向是错误的,实际方向和假定的相反。因此,F_{Rx} 的方向为 x 轴的负方向。

5.4.39 将题 5.4.38 中异径弯头用一根回流管代替,该回流管可以将水流做 180°的拐弯,如图 5-39 所示。入口中心和出口中心的竖直高度差仍为 0.3 m。试确定固定该回流管道所需的力。

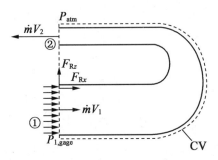

图 5-39 题 5.4.39 示意图

解:入口和出口的速度和压强都保持不变,但是在这种情况下,竖直方向固定力的分量为零($F_{Rz}=0$),因为在竖直方向上没有其他的力或动量(忽略管道和水的重力)。水平方向的固定力由 x 方向的动量方程来确定。注意,出口流动方向为 x 轴负方向,因此出口速度为负。由

$$F_{Rx} + P_{1,\text{gage}} A_1 = \beta_2 \dot{m}(-V_2) - \beta_1 \dot{m} V_1 = -\beta \dot{m}(V_2 + V_1)$$

解出 F_{Rx},代入数值可得

$$\begin{aligned}F_{Rx} &= -\beta \dot{m}(V_2+V_1) - P_{1,\text{gage}} A_1 \\ &= -(1.03)(14 \text{ kg/s})[(20+1.24)\text{m/s}]\left(\frac{1 \text{ N}}{1 \text{ kg}\cdot\text{m/s}^2}\right) - \\ &\quad (202\,200 \text{ N/m}^2)(0.011\,3 \text{ m}^2) \\ &= -306 \text{ N} - 2\,285 \text{ N} = -2\,591 \text{ N}\end{aligned}$$

因此法兰水平方向受力为 2 591 N,方向为 x 负方向(回流管有和管道脱离的趋势)。这个力和质量为 260 kg 的物体重力相同,因此连接件(螺栓等)要足够牢靠来承受这样的力。

因为将水流方向转过了更大的角度,因此 x 方向的反作用力比题 5.4.38 中的力大得多,如果回流管由一个直喷管代替,水流流出方向为 x 正方向,则 x 方向的动量方程为

$$F_{Rx} + P_{1,\text{gage}} A_1 = \beta \dot{m} V_2 - \beta \dot{m} V_1 \rightarrow F_{Rx} = \beta \dot{m}(V_2 - V_1) - P_{1,\text{gage}} A_1$$

5.4.40 由喷嘴加速至 35 m/s 的水流,冲击在以 10 m/s 的恒定速度水平移动的手推车的垂直背板上(图 5-40),流经静止喷嘴的水的质量流量为 30 kg/s。冲击后,水流在车背板上飞溅。

(1)确定为阻止车加速,手推车制动器需要施加的力。

第 5 章 黏性流体运动及其阻力计算

（2）如果将这个力用来产生功率，而不是浪费在刹车上，确定理想情况下能产生的最大功率。

（3）如果手推车的质量为 400 kg 并且制动器失灵，确定当水刚冲击手推车时，它的加速度。假设润湿车背板的水的质量可以忽略不计。

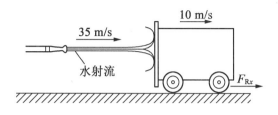

图 5-40　题 5.4.40 示意图

解：以手推车为控制体，流动方向为 x 轴正方向。手推车和射流之间的相对速度为

$$V_r = V_{jet} - V_{cart} = 35 - 10 = 25 \text{ (m/s)}$$

因此，可以把手推车看成静止的，射流以 25 m/s 的速度运动。水以 35 m/s 的速度离开喷嘴，相对于喷嘴出口的质量流量为 30 kg/s，因此与相对于喷嘴出口水射流速度为 25 m/s 相对应的水射流质量流量为

$$\dot{m}_r = \frac{V_r}{V_{jet}} \dot{m}_{jet} = \frac{25 \text{ m/s}}{35 \text{ m/s}} (30 \text{ kg/s}) = 21.43 \text{ kg/s}$$

在这种情况下，在 x（流动）方向上的定常流动的动量方程可简化为

$$\sum F = \sum_{\text{out}} \beta \dot{m} V - \sum_{\text{in}} \beta \dot{m} V \rightarrow F_{Rx} = -\dot{m}_i V_i \rightarrow F_{\text{brake}} = -\dot{m}_r V_r$$

可注意到制动力与水流的方向相反，因此力和速度的方向为 x 轴的负方向，其值应为负。将给定的值代入，得

$$F_{\text{brake}} = -\dot{m}_r V_r = -(21.43 \text{ kg/s})(+25 \text{ m/s})\left(\frac{1 \text{ N}}{1 \text{ kg} \cdot \text{m/s}^2}\right) = -535.8 \text{ N} \approx -536 \text{ N}$$

负号表示制动力的作用方向与运动方向相反。就像这里的水射流给手推车施加力一样，直升机的气流（下洗流）给水面施加一个力（图 5-41）。功是力乘距离，并且单位时间小车行驶的距离是车的速度，制动浪费的功率为

$$\dot{W} = F_{\text{brake}} V_{\text{cart}} = (535.8 \text{ N})(10 \text{ m/s})\left(\frac{1 \text{ W}}{1 \text{ N} \cdot \text{m/s}}\right) = 5\,358 \text{ W} \approx 5.36 \text{ kW}$$

图 5-41　题 5.4.40 解答图

请注意,当手推车速度保持不变时,所浪费的能量相当于所能产生的最大能量。

当制动器失灵时,制动力将推动小车前进,加速度为

$$a = \frac{F}{m_{\text{cart}}} = \frac{535.8 \text{ N}}{400 \text{ kg}} \left(\frac{1 \text{ kg} \cdot \text{m/s}^2}{1 \text{N}}\right) = 1.34 \text{ m/s}^2$$

5.4.41 图 5-42 所示为引射混合器,其中高速流体的中心管以速度 $v_0 = 30$ m/s 喷出,周围同种流体以速度 $v_1 = 10$ m/s 流动,两股流体混合均匀到达截面 2—2 后的平均速度为 v_m;已知中心管口直径 $d_0 = 50$ mm(面积 A_0),大管直径 $d = 150$ mm(面积 A),流体密度 $\rho = 1.2$ kg/m³。设流体不可压缩,1—1 截面压力 p_1 和速度 v_0、v_1 均匀分布,2—2 截面动能修正系数 $\alpha = 1$。

(1)试确定混合后平均流速 v_m 的表达式、1—1 截面动能修正系数 α 的表达式,并计算数值。

(2)分别应用动量守恒和能量守恒导出压差 $p_2 - p_1$ 的表达式;其中壁面摩擦力用 F_τ 表示,1、2 截面之间的摩擦压降用 Δp_f 表示,局部阻力压降用 $\Delta p_f'$ 表示。

(3)根据以上两个压差表达式,并近似认为 $\frac{F_\tau}{A} = \Delta p_f$,证明局部阻力损失可表示为

$$h_f' = \beta \frac{v_0}{v_m} \frac{(v_0 - v_m)^2}{2g} + (1-\beta) \frac{v_1}{v_m} \frac{(v_1 - v_m)^2}{2g}$$

式中,$\beta = \frac{A_0}{A} = \frac{d_0^2}{d^2}$。

(4)讨论局部阻力损失 h_f' 表达式对 $v_1 = 0$、$v_0 = 0$、$v_0 = v_1$ 三种特殊情况的适应性。

(5)代入数据,计算局部阻力压降 $\Delta p_f'$;同时设 1、2 截面之间的距离 $L = 2$ m,按 Blasius 阻力系数公式计算 1、2 截面之间的摩擦压降 Δp_f。比较二者大小可说明什么问题?

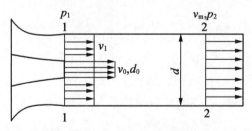

图 5-42 题 5.4.41 示意图

解:(1)在截面 1、2 之间应用质量守恒方程可得平均流速表达式,即

$$A \rho v_m = A_0 \rho v_0 + (A - A_0) \rho v_1$$

或

$$v_m = \beta v_0 + (1-\beta) v_1$$

根据动量修正系数定义,1—1 截面的动能修正系数 α 为

$$\alpha = \frac{1}{v_m^3 A} \iint_A v^3 \mathrm{d}A = \frac{1}{v_m^3 A} \left(\int_0^{A_0} v_0^3 \mathrm{d}A + \int_{A_0}^{A} v_1^3 \mathrm{d}A \right) = \frac{v_0^3 A_0 + v_1^3 (A - A_0)}{v_m^3 A}$$

引入 β 可得
$$\alpha = \frac{1}{v_m^3}[\beta v_0^3 + (1-\beta) v_1^3]$$

代入数据得
$$\beta = \left(\frac{d_0}{d}\right)^2 = \frac{1}{9}$$
$$v_m = 12.22 \text{ m/s}$$
$$\alpha = 2.131$$

(2) 在截面1、2之间应用动量守恒方程,并用 F_τ 表示壁面总摩擦力,可得
$$(p_1 - p_2)A - F_\tau = \rho v_m^2 A - [v_0^2 \rho A_0 + v_1^2 \rho (A - A_0)]$$
即
$$p_2 - p_1 = \rho[\beta v_0^2 + (1-\beta) v_1^2 - v_m^2] - \frac{F_\tau}{A}$$

在截面1、2之间应用引申的伯努利方程,并将总的阻力压降分为壁面摩擦压降 Δp_f 及内部涡流耗散和混合产生的局部阻力压降 $\Delta p_f'$,则有
$$p_2 - p_1 = \frac{(\alpha-1)\rho v_m^2}{2} - (\Delta p_f + \Delta p_f')$$

(3) 根据以上两个压差方程,并近似认为 $\frac{F_\tau}{A} = \Delta p_f$,局部阻力压降可表示为
$$\Delta p_f' = \frac{(\alpha-1)\rho v_m^2}{2} - \rho[\beta v_0^2 + (1-\beta) v_1^2 - v_m^2]$$

进一步将 α 的表达式代入,并考虑 $\Delta p_f' = \rho g h_f'$,可得局部阻力损失的表达式为
$$h_f' = \beta \frac{v_0}{v_m} \frac{(v_0 - v_m)^2}{2g} + (1-\beta) \frac{v_1}{v_m} \frac{(v_1 - v_m)^2}{2g}$$

(4) 局部阻力损失 h_f' 表达式对 $v_1 = 0$、$v_0 = 0$、$v_0 = v_1$ 三种特殊情况的适应性如下。

① $v_1 = 0$ 时,系统简化为图5-43(b)所示的中心突扩管流动,此时 v_m 和 h_f' 分别简化为
$$v_m = \beta v_0 + (1-\beta) v_1 = \beta v_0$$
$$h_f'\big|_{v_1=0} = \frac{(v_0 - v_m)^2}{2g} = (1-\beta)^2 \frac{v_0^2}{2g}$$

这正是中心管突然扩大后的平均速度和局部阻力损失的表达式。

② $v_0 = 0$ 时,系统简化为图5-43(c)所示的环隙突扩管流动,此时 v_m 和 h_f' 分别简化为
$$v_m = \beta v_0 + (1-\beta) v_1 = (1-\beta) v_1$$
$$h_f'\big|_{v_0=0} = \frac{(v_1 - v_m)^2}{2g} = (1-\beta)^2 \frac{v_1^2}{2g}$$

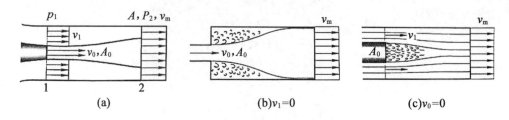

图 5-43 题 5.4.41 解答图

这正是环隙管突然扩大后的平均速度和局部阻力损失的表达式。

③ $v_0 = v_1$ 时,不存在速度差,流动类似于直管内的流动,此时 v_m 和 h'_f 分别简化为

$$v_m = v_0 = v_1$$
$$h'_f \big|_{v_0 = v_1} = 0$$

即直管流动没有局部阻力损失。

结果表明:引射混合器的局部阻力损失表达式适应以上三种特殊情况。

讨论:若以 q_{V_0}、q_{V_1}、q_V 分别表示中心管、环隙管和总管的体积流量,并注意

$$q_{V_0} = A_0 v_0 = A\beta v_0$$
$$q_{V_1} = (A - A_0) v_1 = A(1-\beta) v_1$$
$$q_V = A v_m$$

则局部阻力压降表达式又可改写为

$$q_V \Delta p'_f = q_V \rho g h'_f = q v_0 \frac{\rho(v_0 - v_m)^2}{2} + q_{V_1} \frac{\rho(v_1 - v_m)^2}{2}$$

式中,$q_V \Delta p'_f$ 为局部阻力压降单位时间消耗的机械能。因此,上式的意义可表述为:引射混合器单位时间消耗的机械能等于中心管突然扩大消耗的机械能加上将环隙管流体由 v_1 加速到 v_m 所消耗的机械能。对于 $v_1 > v_0$ 的情况也可作类似的解释。

(5) 代入数据,可得局部阻力压降为

$$\Delta p'_f = \rho g h'_f = 53.86 \text{ Pa}$$

按充分发展流动以 v_m 计算摩擦压降时,流动雷诺数及摩擦阻力系数分别为

$$Re = \frac{\rho v_m d}{\mu} = \frac{1.2 \times 12.22 \times 0.15}{1.86 \times 10^{-5}} = 118\,258$$

$$\lambda = \frac{0.3164}{Re^{0.25}} = 0.0171$$

设 1、2 截面之间的距离 $L = 2$ m,则该距离内的摩擦压降为

$$\Delta p_f = \lambda \frac{L}{d} \frac{\rho v_m^2}{2} = 0.0171 \times \frac{2}{0.15} \times \frac{1.2 \times 12.22^2}{2} = 20.43 (\text{Pa})$$

对比可见:相对于 $\Delta p'_f$,局部阻力区的壁面摩擦压降 Δp_f 并不小,这说明节流元件局部阻力分析中通常所做的假设"局部阻力区壁面摩擦可以忽略"不一定都合适。这种假设下得到的局部阻力结果之所以合理,是因为壁面摩擦项的影响在动量守恒和能量守恒方程中是相当的,由此导出局部阻力时壁面摩擦项相互抵消,故考不考虑壁面摩擦结果

一样。

5.4.42 图 5-44 所示为气体引射混合器,其中中心喷管直径 $d_0 = 50$ mm,大管直径 $d = 150$ mm,喷管与环隙管气体均为空气(视为理想气体,其中比定压热容 $c_p = 1\,005$ J/(kg·K),绝热指数 $k = 1.4$,气体常数 $R = 287$ J/(kg·K))。已知喷管气流温度 T_0、压力 p_0、流速 v_0,环隙管气流温度 T_1、压力 p_1、流速 v_1。设系统绝热,壁面摩擦力及气体位能可忽略不计,速度按均匀分布考虑。

(1)试确定混合均匀后的截面上气体的温度 T、压力 p 和流速 v;

(2)计算下列两种条件下的 T、p、v。

条件 A:$T_0 = 800$ K,$T_1 = 300$ K,$p_0 = 3$ bar,$p_1 = 1$ bar,$v_0 = 120$ m/s,$v_1 = 50$ m/s。

条件 B:$T_0 = T_1 = 800$ K,$p_0 = p_1 = 3$ bar,$v_0 = 120$ m/s,$v_1 = 50$ m/s。

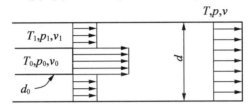

图 5-44 题 5.4.42 示意图

解:(1)在两股气体的进口截面与混合均匀后的截面之间应用守恒方程。

质量守恒:
$$\rho v A = \rho_0 v_0 A_0 + \rho_1 v_1 A_1$$

或
$$q_m = q_{m0} + q_{m1}$$

式中,A、ρ 为总管截面积及混合密度,中心和环隙管相应参数分别标注下标 0 和 1。

动量守恒:
$$p_0 A_0 + p_1 A_1 - p A = \rho v^2 A - (\rho_0 v_0^2 A_0 + \rho_1 v_1^2 A_1)$$

或
$$A(p + \rho v^2) = P$$
$$P = A_0(p_0 + \rho_0 v_0^2) + A_1(p_1 + \rho_1 v_1^2)$$

式中,P 为进口的静压与动压总力。进口条件给定,P 为定值。

能量守恒:
$$\left(i + \frac{v^2}{2}\right) q_m = \left(i_0 + \frac{v_0^2}{2}\right) q_{m0} + \left(i_1 + \frac{v_1^2}{2}\right) q_{m1}$$

在此以绝对零度为焓的参比温度(参比温度选择不影响结果),则 $i = c_p T$,因此有
$$\left(c_p T + \frac{v^2}{2}\right) q_m = E$$

式中,
$$E = \left(c_p T_0 + \frac{v_0^2}{2}\right) q_{m0} + \left(c_p T_1 + \frac{v_1^2}{2}\right) q_{m1}$$

此处求解以上方程中涉及的 4 个未知量 T、p、ρ、v，可首先根据理想气体状态方程将动量方程中的 p 用 ρRT 表示，并注意 $\rho vA = q_m$，可得

$$v^2 - v\left(\frac{P}{q_m}\right) + RT = 0$$

此方程与能量方程联立消去 T，可得关于 v 的二次方程，从中可解出混合气流速度为

$$v = \frac{k}{k+1}\frac{P}{q_m}\left(1 \pm \sqrt{1 - 2\frac{k^2-1}{k^2} \times \frac{Eq_m}{P^2}}\right)$$

式中，$k = 1 + \dfrac{R}{c_p}$，为气体绝热指数。速度 v 的取值条件是 $v>0$ 且小于声速。一旦速度确定，则可根据能量方程、动量方程和气体状态方程得到 T、p、ρ，即

$$T = \frac{1}{c_p}\left(\frac{E}{q_m} - \frac{v^2}{2}\right)$$

$$p = \frac{P/A}{1 + \dfrac{v^2}{RT}}$$

$$\rho = \frac{p}{RT}$$

(2) 给定条件下 T、p、v 的计算。

条件 A 的计算结果为

$\rho_0 = 1.3066\ \text{kg/m}^3, \rho_1 = 1.1614\ \text{kg/m}^3, q_{m0} = 0.3079\ \text{kg/s}, q_{m1} = 0.9122\ \text{kg/s}$

$v = 69.244\ \text{m/s}, T = 426.5\ \text{K}, p = 1.2211\ \text{bar}, \rho = 0.9975\ \text{kg/m}^3$

条件 B 的计算结果为

$\rho_0 = \rho_1 = 1.3066\ \text{kg/m}^3, q_{m0} = 0.3079\ \text{kg/s}, q_{m1} = 1.0262\ \text{kg/s}$

$v = 57.753\ \text{m/s}, T = 800.9\ \text{K}, p = 3.0063\ \text{bar}, \rho = 1.3078\ \text{kg/m}^3$

说明 1：对于非等温气体的混合或合流，只要进口流速不是太高（比如 $<100\ \text{m/s}$），能量方程中的动能项可以忽略，此时 $iq_m = i_0 q_{m0} + i_1 q_{m1}$，混合温度 T 也可由此直接确定。

说明 2：能量方程中的焓 i 按理应表示为 $i = c_p(T - T_{\text{ref}})$，其中 T_{ref} 为焓的参比温度，但联系质量守恒方程会发现 T_{ref} 项将自动消除，故直接将 i 表示为 $i = c_p T$ 不影响结果。

说明 3：对于可压缩流体的混合，按以上方法计算处混合截面的流速与压力后，可另作机械能衡算，确定混合后机械能的损失，该损失包括局部阻力损失和膨胀功损失。

5.4.43 图 5-45 所示是一个设计用来对热线风速仪进行标定的小型低速风洞。室温为 19 ℃。风洞试验段直径为 30 cm，长 30 cm。可以将试验段中的流动视为均匀流。风洞速度范围为 1~8 m/s，试验段的设计速度是 4 m/s。

(1) 若试验段入口为 4 m/s 的均匀流，求试验段出口处中心线上的速度。

(2) 提出一个可以使试验段流场更加均匀的设计。

第 5 章 黏性流体运动及其阻力计算

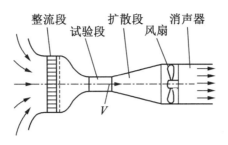

图 5-45 题 5.4.43 示意图

解：(1) 试验段末端的雷诺数近似为

$$Re_x = \frac{Vx}{\nu} = \frac{(4.0 \text{ m/s})(0.30 \text{ m})}{1.507 \times 10^{-5} \text{ m}^2/\text{s}} = 7.96 \times 10^4$$

因为 Re_x 不仅小于工程临界雷诺数 $Re_{x,\text{cr}} = 5 \times 10^5$，而且小于转捩雷诺数 $Re_{x,\text{critical}} = 1 \times 10^5$，并且壁面是光滑的，所以可以假设在整个试验段边界层内的流动保持为层流。随着风洞试验段内沿壁面方向的边界层不断增长，在试验段中心处的无旋流如图 5-46 所示不断加速以保证质量守恒。根据 $\dfrac{\delta^*}{x} = \dfrac{1.72}{\sqrt{Re_x}}$ 估算试验段尾部的位移厚度，

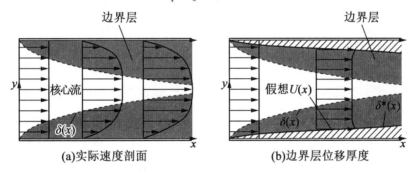

图 5-46 边界层对二维通道流动的影响：使上下边界层之间的无旋流动加速，
实际速度剖面和边界层位移厚度的存在使中心流场区域发生变化
（为了清楚起见，本图中边界层被夸大了）

$$\delta^* \approx \frac{1.72x}{\sqrt{Re_x}} = \frac{1.72(0.30 \text{ m})}{\sqrt{7.96 \times 10^4}} = 1.83 \times 10^{-3} \text{ m} = 1.83 \text{ mm} \tag{1}$$

试验段的两个横截面如图 5-47 所示，一个在试验段的头部，另一个在试验段的尾部。试验段尾部横截面上减小的有效半径等于根据式(1)得出的 δ^*。用质量守恒定律可以求出试验段尾部的平均空气流速：

$$V_{\text{end}} A_{\text{end}} = V_{\text{beginning}} A_{\text{beginning}} \tag{2}$$

可得

$$V_{end} = V_{beginning} \frac{\pi R^2}{\pi (R-\delta^*)^2} V_{end} \tag{3}$$

$$= (4.0 \text{ m/s}) \frac{(0.15 \text{ m})^2}{(0.15 \text{ m} - 1.83 \times 10^{-3} \text{ m})^2} = 4.10 \text{ m/s}$$

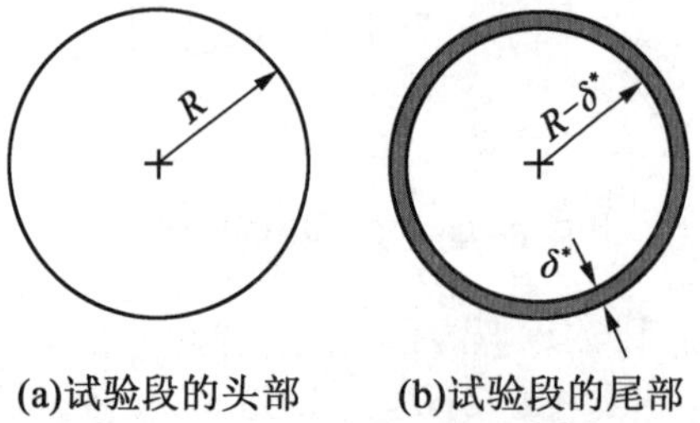

(a) 试验段的头部　　(b) 试验段的尾部

图 5-47　风洞试验段的横截面

因此,由于位移厚度的影响,空气经过试验段后速度增大了约 2.5%。

(2) 那么,如何设计一个更好的试验段? 一种可行的办法是将试验段设计成一个缓慢扩张的管道,而非一个等直圆管(图 5-48)。如果沿试验段尾部方向的半径设计为随 δ^* 增大而增大,则可以消除边界层位移厚度的影响,并且试验段内的空气流速会保持为常数。注意:此时仍然存在增长的壁面边界层,如图 5-48 所示。但是,边界层外的核心流速度保持为常数,不像图 5-46 所示的核心流会加速。在设计速度为 4.0 m/s 时,扩张管道可以得到非常均匀的流场,而且在其他流速时也能取得不错的效果。另一个可行的办法是对壁面边界层进行抽吸,除去沿壁面的空气。这种抽吸方法的好处就是可以很好地适应风洞速度的变化,确保在风洞的任意工况下,试验段内的流速保持为常数。但是吹除附面层方法更加复杂和昂贵。

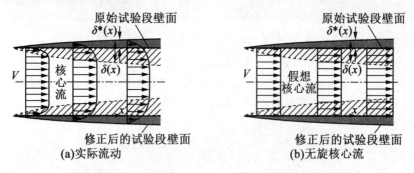

(a) 实际流动　　(b) 无旋核心流

图 5-48　扩张段会消除边界层位移厚度对流速的影响

5.4.44　沿矩形风洞的壁面,边界层逐渐发展。空气温度为 20°,压强同大气压。边界层从上游的收缩段开始形成,在试验段中发展(图 5-49)。到试验段的入口处,边界层已经完全转捩为湍流边界层。试验段起始位置 ($x = x_1$) 和终了位置 ($x = x_2$) 风洞下壁面处的边界层分布和厚度测量结果为

$$\delta_1 = 4.2 \text{ cm}, \quad \delta_2 = 7.7 \text{ cm}, \quad V = 10.0 \text{ m/s} \tag{1}$$

在两个位置处八分之一幂次律比标准的七分之一幂次律更适合对边界层分布的描

绘,且

$$\begin{cases} \dfrac{u}{U} \approx \left(\dfrac{y}{\delta}\right)^{1/8}, & y \leq \delta \\ \dfrac{u}{U} \approx 1, & y > \delta \end{cases} \quad (2)$$

估算作用在风洞试验段下壁面上的总的摩擦阻力 F_D。

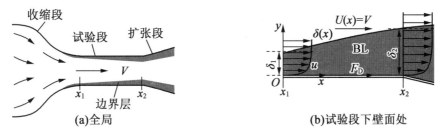

(a)全局　　　　　　　　　(b)试验段下壁面处

图 5-49　沿风洞壁面发展的边界层的示意图(边界层厚度在一定程度上被放大)

解:首先将式(2)代入 $\theta = \int_0^\infty \dfrac{u}{U}\left(1-\dfrac{u}{U}\right)\mathrm{d}y$ 中并求积分可得动量厚度为

$$\theta = \int_0^\infty \dfrac{u}{U}\left(1-\dfrac{u}{U}\right)\mathrm{d}y = \int_0^\delta \left(\dfrac{y}{\delta}\right)^{1/8}\left[1-\left(\dfrac{y}{\delta}\right)^{1/8}\right]\mathrm{d}y = \dfrac{4}{45}\delta \quad (3)$$

平板边界层对应的卡门积分方程为 $H = \dfrac{\delta^*}{\theta}$。可以根据 $H = \dfrac{\delta^*}{\theta}$ 导出壁面切应力表达式为

$$\tau_w = \dfrac{1}{2}\rho U^2 C_{f,x} = \rho U^2 \dfrac{\mathrm{d}\theta}{\mathrm{d}x} \quad (4)$$

对式(4)从 $x=x_1$ 到 $x=x_2$ 求积分得到摩擦阻力为

$$F_D = w\int_{x_1}^{x_2}\tau_w\mathrm{d}x = w\rho U^2\int_{x_1}^{x_2}\dfrac{\mathrm{d}\theta}{\mathrm{d}x}\mathrm{d}x = w\rho U^2(\theta_2 - \theta_1) \quad (5)$$

式中,w 为图 5-49 中风洞的宽度,将式(3)代入式(5),得

$$F_D = w\rho U^2 \dfrac{4}{45}(\delta_2 - \delta_1) \quad (6)$$

最后,将已知条件代入式(6)得摩擦阻力为

$$F_D = (0.50\ \mathrm{m})(1.204\ \mathrm{kg/m^3})(10.0\ \mathrm{m/s})^2 \dfrac{4}{45}(0.077-0.042)\mathrm{m}\left(\dfrac{\mathrm{s^2 \cdot N}}{\mathrm{kg \cdot m}}\right) = 0.19\ \mathrm{N}$$

5.4.45　在 1 atm,20 ℃,95 km/h 的设计状态下,在大型风洞中通过全尺寸试验来测量汽车的阻力系数(图 5-50)。汽车的迎风面积为 2.07 m²。如果流动方向上作用在汽车上的力为 300 N,求汽车的阻力系数。

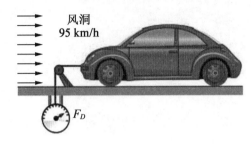

图 5-50　题 5.4.45 示意图

解:作用在物体上的阻力和阻力系数为

$$F_D = C_D A \frac{\rho V^2}{2}$$

$$C_D = \frac{2F_D}{\rho A V^2}$$

式中,A 为迎风面积。

1 m/s = 3.6 km/h。汽车的阻力系数为

$$C_D = \frac{2 \times (300 \text{ N})}{(1.204 \text{ kg/m}^3)(2.07 \text{ m}^2)[95/3.6 \text{ m/s}]^2} \left(\frac{1 \text{ kg} \cdot \text{m/s}^2}{1 \text{ N}} \right) = 0.35$$

5.4.46　提高汽车燃油效率的两个最常见方法是减小汽车的阻力系数和迎风面积。如图 5-51 所示,汽车的宽 W 和高 H 分别为 1.85 m 和 1.70 m,阻力系数为 0.30。若将汽车的高度减为 1.55 m 而保持宽度不变,计算每年可以节省的汽油和费用。假设这辆汽车每年以平均时速 95 km/h 行驶 18 000 km。汽油的密度和价格分别是 0.74 kg/L 和 0.95 \$/L。空气密度为 1.20 kg/m^3,汽油的热值为 44 000 kJ/kg,汽车行驶时的总效率为 30%。

图 5-51　题 5.4.46 示意图

解:作用在汽车上的阻力为

$$F_D = C_D A \frac{\rho V^2}{2}$$

式中,A 为汽车的迎风面积。

汽车没有改变高度之前的阻力为

$$F_D = 0.3(1.85 \times 1.70 \text{ m}^2) \frac{(1.20 \text{ kg/m}^3)(95 \text{ km/h})^2}{2} \left(\frac{1 \text{ m/s}}{3.6 \text{ km/h}} \right)^2 \left(\frac{1 \text{ N}}{1 \text{ kg} \cdot \text{m/s}^2} \right)$$

$$= 394 \text{ N}$$

功等于力乘距离,克服阻力所做的功和行驶 18 000 km 所需要的能量输入分别为

$$W_{\text{drag}} = F_D L = (394 \text{ N})(18\ 000 \text{ km/年})\left(\frac{1\ 000 \text{ m}}{1 \text{ km}}\right)\left(\frac{1 \text{ kJ}}{1\ 000 \text{ N} \cdot \text{m}}\right)$$

$$= 7.092 \times 10^6 \text{ kJ/年}$$

$$E_{\text{in}} = \frac{W_{\text{drag}}}{\eta_{\text{car}}} = \frac{7.092 \times 10^6 \text{ kJ/年}}{0.30} = 2.364 \times 10^7 \text{ kJ/年}$$

这么多的能量需要的汽油量和费用分别为

$$汽油量 = \frac{m_{\text{fuel}}}{\rho_{\text{fuel}}} = \frac{\dfrac{E_{\text{in}}}{\text{HV}}}{\rho_{\text{fuel}}} = \frac{(2.364 \times 10^7 \text{ kJ/年})/(44\ 000 \text{ kJ/kg})}{0.74 \text{ kg/L}}$$

$$= 726 \text{ L/年}$$

$$费用 = 汽油量 \times 单价 = (726 \text{ L/年})(0.95\ \$/\text{L}) = 690\ \$/年$$

也就是说汽车每年需要 730 L 的汽油,花费大约 690 \$ 来克服阻力。阻力和克服阻力做的功是与迎风面积成正比的。由于迎风面积减小引起的汽油减少百分比与迎风面积减小百分比是相等的,可列式:

$$迎风面积减少百分比 = \frac{A - A_{\text{new}}}{A} = \frac{H - H_{\text{new}}}{H} = \frac{1.70 - 1.55}{1.70} = 0.088\ 2$$

$$汽油量减少 = 0.088\ 2(726 \text{ L/年}) = 64 \text{ L/年}$$

$$费用减少 = 0.088\ 2(690\ \$/年) = 61\ \$/年$$

因此,由于汽车高度的减小,减少的油耗约为 9%。

5.4.47 如图 5-52 所示,一辆载客火车以 95 km/h 的速度向前行驶,其一节车厢顶部表面宽为 2.1 m,长为 8 m。若外界空气温度为 25 ℃,压强为一个大气压,试确定火车一节车厢顶部表面受到的阻力大小。忽略它前方车厢的上游边界层效应,也就是说,使边界层从每节车厢顶部的前缘开始。

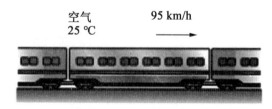

图 5-52 题 5.4.47 示意图

解:雷诺数为

$$Re_L = \frac{VL}{\nu} = \frac{\left[\left(\dfrac{95}{3.6}\right) \text{m/s}\right](8 \text{ m})}{1.562 \times 10^{-5} \text{ m}^2/\text{s}} = 1.352 \times 10^7$$

由于该数值大于临界雷诺数,因此综合考虑层流和湍流,可得出平均摩擦阻力系数为

$$C_f = \frac{0.074}{Re_L^{1/5}} - \frac{1742}{Re_L} = \frac{0.074}{(1.352 \times 10^7)^{1/5}} - \frac{1742}{1.352 \times 10^7} = 0.002645$$

单位宽度平板上的阻力为

$$F_D = C_f A \frac{\rho V^2}{2}$$

$$= (0.002645)[(8 \times 2.1) \text{m}^2] \frac{(1.184 \text{ kg/m}^3)\left[\left(\frac{95}{3.6}\right)\text{m/s}\right]^2}{2} \left(\frac{1 \text{ N}}{1 \text{ kg} \cdot \text{m/s}^2}\right)$$

$$= 18.3 \text{ N}$$

5.4.48 如图 5-53 所示,外径为 2.2 cm 的管道横穿在一条 30 m 宽的河流中,管道完全沉浸在水里。河水的平均流速为 4 m/s,水温为 15 ℃。求出作用在管道上的阻力大小。

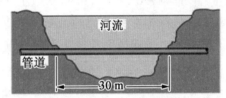

图 5-53 题 5.4.48 示意图

解:由外径 $D = 0.022$ m,雷诺数为

$$Re = \frac{VD}{v} = \frac{\rho VD}{\mu} = \frac{(999.1 \text{ kg/m}^3)(4 \text{ m/s})(0.022 \text{ m})}{1.138 \times 10^{-3} \text{ kg/m} \cdot \text{s}} = 7.73 \times 10^4$$

由图 5-54 可以得出在这个雷诺数下的阻力系数 $C_D = 1.0$。流经圆柱体的迎风面积 $A = LD$。得出作用在管道上的阻力为

$$F_D = C_D A \frac{\rho V^2}{2} = 1.0(30 \times 0.022 \text{ m}^2) \frac{(999.1 \text{ kg/m}^3)(4 \text{ m/s})^2}{2} \left(\frac{1 \text{ N}}{1 \text{ kg} \cdot \text{m/s}^2}\right)$$

$$= 5275 \text{ N} \approx 5300 \text{ N}$$

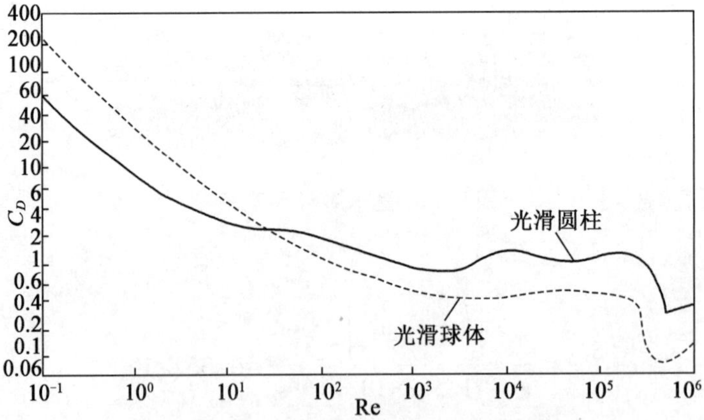

图 5-54 流体分别横向流经一个光滑圆柱和光滑球体的平均阻力系数

第5章 黏性流体运动及其阻力计算

5.4.49 铝制独木舟以 3.5 mile/h 的速度在湖面上水平移动(图 5-55),湖水温度为 50 °F,独木舟的底部是平的,长 20 ft。判断独木舟底部的边界层是层流还是湍流。

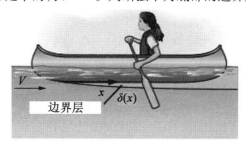

图 5-55 题 5.4.49 示意图

解:首先,计算独木舟尾部的雷诺数

$$Re_x = \frac{Vx}{v} = \frac{(3.5\ \text{mile/h})(20\ \text{ft})}{1.407 \times 10^{-5}\ \text{ft}^2/\text{s}} \left(\frac{5\ 280\ \text{ft}}{1\ \text{mile}}\right)\left(\frac{1\ \text{h}}{3\ 600\ \text{s}}\right) = 7.30 \times 10^6$$

由于本题中 Re_x 的值超过了 $Re_{x,\text{cr}}(5 \times 10^5)$,并且也超过了 $Re_{x,\text{transition}}(50 \times 10^5)$,因此在独木舟后的边界层肯定是湍流。

5.4.50 证明边界层是非常薄的。如图 5-56 所示,汽车在炎热天气里以 32 km/h 的速度行驶,空气流经汽车引擎罩。空气的运动黏度 $v = 1.7 \times 10^{-5}\ \text{m}^2/\text{s}$。近似将引擎罩看作一个长为 1.1 m、以水平速度 $V = 32$ km/h 运动的平板。

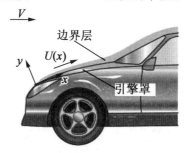

图 5-56 题 5.4.50 示意图

解:首先,根据 $Re_x = \frac{\rho Vx}{\mu} = \frac{Vx}{v}$ 近似预测引擎罩尾部的雷诺数:

$$Re_x = \frac{Vx}{v} = \frac{(32\ \text{km/h})(1.1\ \text{m})}{1.7 \times 10^{-5}\ \text{m}^2/\text{s}}\left(\frac{1\ 000\ \text{m}}{\text{km}}\right)\left(\frac{\text{h}}{3\ 600\ \text{s}}\right) = 5.8 \times 10^5$$

由于 Re_x 非常接近临界雷诺数 $Re_{x,\text{cr}} = 5 \times 10^5$,层流假设可能正确也可能不正确。尽管如此,仍假设边界层内的流动为层流,通过 $\eta = 4.91 = \sqrt{\frac{U}{vx}}\delta \rightarrow \frac{\delta}{x} = \frac{4.91}{\sqrt{Re_x}}$ 计算边界层的厚度:

$$\delta = \frac{4.91x}{\sqrt{Re_x}} = \frac{4.91(1.1\ \text{m})}{\sqrt{5.8 \times 10^5}}\left(\frac{100\ \text{cm}}{\text{m}}\right) = 0.71\ \text{cm}$$

引擎罩尾部的边界层厚度大约是四分之一英寸,证实了边界层是非常薄的这一假设。

5.5 知识拓展

5.5.1 旋转的球为什么会拐弯?

在棒球、足球、排球和网球等运动中,当给球施加了旋转后球的运动轨迹就会有拐弯。为什么旋转的球在飞行时会拐弯呢?其原因在于作用在球上的升力。如图5-57所示,对于旋转的球,根据球表面的旋转速度可以将球表面分成与来流方向相同的区域及与来流方向相反的区域。球旋转速度与来流同向的区域中,气流被加速,根据伯努利定理可知,其压力会下降。另一方面,球旋转速度与来流反向的区域气流被减速,压力上升。两者的压力差垂直于流动方向而作用在球上。也就是说,其以升力的形式对球产生作用,于是球会向该方向偏转。像这样的旋转物体中升力的产生机制被称作马格纳斯效应(Magnus effect)。

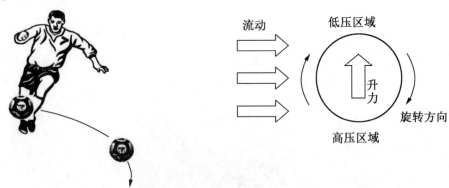

图 5-57 题 5.5.1 示意图

5.5.2 卡门涡的由来。

卡门(Karman)于1881年出生于匈牙利,自1906年在普朗特教授的指导下在德国的哥廷根大学留学。当时,卡门的同事希门茨在进行圆柱的流体分离实验,尽管十分小心地进行了实验,但是由于圆柱振动的缘故,还是没有能够得到良好的数据。普朗特教授认为在圆柱的制作精度上有问题,但卡门思考后认为这种振动可能是伴随着流体分离所特有的现象,并尝试利用势流理论进行了理论分析。结果发现,圆柱放出的涡列若要稳定地存在,必须保持 $l/h=0.2806$(其中,l 为旋涡中心在流动方向上的间隔,h 为垂直于流动方向上的间隔)的交互式分布。

卡门涡正是为了纪念上述卡门的研究成绩而得其名。另外,卡门推导出的涡列,也被随后进行的许多实验证明是正确的。

5.5.3 湍流边界层的紊乱是随机的吗?

在湍流边界层中,存在着各种不同尺度的涡,这些涡的尺度从边界层厚度大小到

0.1 mm 程度,各种各样尺度的涡混杂在一起并且杂乱运动着。这些涡(也就是紊乱),乍看起来好像是随机地运动着。但是,克兰 1967 年通过可视化实验发现湍流边界层中的紊乱具有某种结构,即并非是完全随机的。随后的研究表明 ejection(壁面附近的低速流体团离开壁面向外的上升运动)、sweep(主流附近的高速流体团由边界层外面向壁面冲击的下降运动)、strip(在壁面附近生成的具有与主流方向平行的旋转轴的横向运动)等结构在湍流紊乱的生成中起着重要的作用。上述这些结构被称为大涡结构、拟序结构或 correlation 结构。

5.5.4 其他的边界层控制方法。

控制边界层,除了上述的抑制边界分离的方法之外,还有许多减小摩擦阻力的方法。例如,在边界层内加入高分子溶液或直径很小的气泡(微型气泡),在壁面上粘贴微小高度的鱼鳞波板状(liplate)衬垫或绒毛纤维,对壁面进行超疏水加工等。这些方法通过减弱边界层内的流动紊乱,尤其是壁面附近产生的强烈紊乱,减小壁面上的速度梯度,从而降低摩擦阻力。由于采用的方法不同,摩擦阻力的降低效果也不同,例如,微型气泡可以降低 80%阻力,鱼鳞状衬垫可以获得 10%的减阻效果,鱼鳞状衬垫已经应用于游泳比赛的泳衣、速度滑冰的服装上等。

5.5.5 作用在汽车上的流体阻力。

一般的汽车在以时速 100 km 行驶时,在受到的总阻力中,摩擦阻力占 6%,形状阻力占 48%,诱导阻力占 6%,波动阻力约为 0,干涉阻力占 12%(只是大概值)。剩余的阻力,分别来自轮胎转动的摩擦和轴承的摩擦。所以,最有效的减小汽车阻力的途径是改善车体的形状来减小形状阻力。实际上,为了尽量不让流体产生分离,汽车的形状常常被设计成流线形,并将棱角做得圆滑。

5.5.6 阻力和升力的计算方法。

计算放置在流体中的物体受到的阻力与升力的方法包括以下几种。

(1) $D_f = \int_\tau^A \sin\theta dA$,$D_p = \int_p^A \cos\theta dA$、$L = \frac{1}{2}C_L\rho U^2 S$ 和 $L = \int_p^A \sin\theta dA$,即根据物体周围流动的状态(速度及压力的分布)进行积分计算。

(2) 利用四分量测力计和六分量测力计等直接测量作用在物体上的力。(图 5-58 给出了测量方法的示意图。而且,采用该测量法也可以得到作用在物体上的力矩)

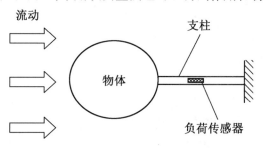

图 5-58 题 5.5.6 示意图

(3)计算物体的下游某断面处的流动状态,根据动量定理,由动量变化可求得作用在物体上的力。

方法(1)需要知道物体周围流动的详细信息,不适合进行实验,所以主要在数值计算(计算机模拟)中使用。相比之下,方法(2)和(3)可以通过实验手段简单地进行测算,在实际的实验测量中经常被用到。但是,在进行实验时,需要在流体中设置支撑物体的支柱或者钢丝,要注意这些支撑物对流体的影响。

5.5.7 激波/边界层干扰

激波和边界层是自然界中最不能相容的两种现象。当存在强逆压强梯度时,在气动表面上就会发生边界层的流动分离,而激波前后可以产生非常强的逆压强梯度。因此,当边界层内存在激波时会形成复杂的流场,并且边界层会在与激波贴附的近壁面处发生分离。

在高速飞行和风洞测试实验中,这样的问题有时候是不可避免的。例如,商用喷气式运输机做跨声速巡航飞行时,流经机翼的空气流实际上是超声速的,然后经过一道正激波降为亚声速(图5-59)。若飞机飞行速度显著大于其设计巡航马赫数,就会由于激波与边界层的相互干扰造成机翼上的流动分离,产生严重的气动干扰现象。这种干扰现象限制了全球商用飞机的飞行速度。在超声速军用飞机的设计中就尽可能地避免了这种现象的发生,但进气道入口处的激波与边界层的相互干扰仍是限制飞行速度的主要因素。

图 5-59　商用喷气式飞机跨声速飞行时机翼上方产生的正激波,太平洋上空低云的背景畸变使其可见

激波与边界层的相互干扰实际上是有黏与无黏相互作用的结果,也就是边界层内的有黏流动遇到自由来流中产生的无黏激波。由于激波的作用,边界层内的流速降低,边界层的厚度变大,并且可能发生流动分离。另一方面,当流动分离发生时,激波会分叉(图5-60)。由鳍(在图像顶部)产生的斜激波分叉成 λ 形,在 λ 形下,边界层分离并向上卷起。气流穿过分离区上方的 λ 形激波后形成超声速射流向下冲击壁面。这种三维相互作用现象需要一种称为圆锥阴影术的特殊光学技术来使流动可视化。激波和边界层的相互作用一直持续至一个平衡状态,而这个平衡状态主要取决于边界条件,激波和边界层的相互作用在二维和三维流动或定常和非定常流动中都是不一样的。

图 5-60 马赫数为 3.5 时平板上安装的鳍产生的扫掠干扰作用的纹影图

这样的流动分析起来非常困难,而且没有简单的求解方法。再者,在实际遇到的大多数问题中,边界层内通常为湍流流动。现代计算方法能够通过超级计算机对雷诺平均 N-S 方程进行求解来预测这些流动的许多特征。风洞实验在指导和验证这些计算中起着关键作用。总之,激波与边界层的干扰问题已经成为现代流体动力学的热点研究的前沿问题之一。

5.5.8 减阻技术

作用在飞行器、水面舰艇或水下航行器上的阻力减小几个百分点,就会带来燃油质量或运行成本的大幅降低,或大大增加航程和有效载荷。要想实现这样的减阻,一个方法就是有效地控制物体表面边界层内黏性底层上出现的流向涡。在任何湍流边界层底部的薄黏性底层都是个强大的非线性体系,能够将微激励器引起的小扰动放大,使得阻力大大减小。大量的实验、计算分析和理论研究都表明:通过有效地控制黏性底层,能够实现减小 15%~25% 的壁面切应力。在黏性底层上安装大量密集排列的微激励器,通过控制这些结构可以有效地降低实用飞行器和水下交通工具的阻力(图 5-61)。这个底层结构通常为几百微米大小,因此与微机电系统(MEMS)的尺度非常匹配。

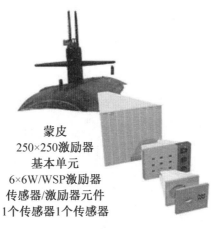

图 5-61 潜艇壳身的减阻微激励器阵列(包含了传感器和激励器单元的系统架构)

图 5-62 给出了一个基于电动原理的这类微激励器的示例,它可以对实际交通工具进行有效的边界层底层控制。电动流可以在很短时间内使少量的流体通过微型装置。激励器将壁面与黏性底层之间的固定体积流体排掉,在一定程度上中和了黏性底层涡对流场的影响。这种基于独立单元分布的系统架构,很适合微型激励器的大型阵列,能够

极大地减少只包含少量传感器和激励器的独立单元控制过程。控制电流流动的缩放原理、底层结构和动力学,以及微加工技术已经用在了生产开发全尺寸电动微激励器阵列上,这样可以满足真实条件下控制湍流边界层底层的要求。

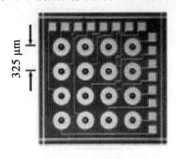
(a)单个单元特写图

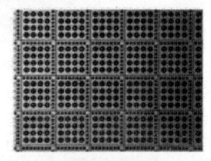
(b)全阵列的局部视图

图 5-62 用于全尺寸水力减阻的 25 600 个间距 325 μm 的微电动激励器(MEKA-5)阵列

这样的微电动激励器阵列,当利用基于微机电系统加工的壁面切应力传感器制造时,在将来或许会使工程师们可以显著降低作用在实际飞行器和潜水器上的阻力。

第6章 相似原理与量纲分析

6.1 基 本 定 义

几何相似：指原型与模型系统形状相同且每一对应边的长度之比都为同一比值。
运动相似：指几何相似的两个系统中，对应空间点的同向速度之比都为同一比值。
动力相似：指运动相似的两个系统中，对应空间点的同名作用力方向一致，大小之比为同一比值。
Re **准则**：即**雷诺准则**，是**黏性力准则**。凡黏性摩擦力显著的流动过程，两系统动力相似必须满足该准则。
Fr **准则**：即**弗劳德准则**，是**重力相似准则**。凡重力作用显著的流动过程(特别是有自由液面运动)，其动力相似必须满足该准则。
Eu **准则**：即**欧拉准则**，是**压力相似准则**。凡涉及压力升降或表面阻力的流动过程，两系统动力相似必须满足该准则。
Ma **准则**：即**马赫准则**，是**弹性力相似准则**。凡可压缩性显著的过程应满足该准则。
We **准则**：即**韦伯准则**，是**表面张力相似准则**。凡表面力显著的过程(如毛细管流动、液滴运动)应满足该准则。

6.2 思 考 题

6.2.1 量纲分析有何作用？
答：推导各物理量的量纲；简化物理方程；检验物理方程、经验公式的正确性与完善性，为科学地组织实验过程、整理实验成果提供理论指导。

6.2.2 为什么每个相似准则都要表征惯性力？
答：作用在流体上的力除惯性力是企图维持流体原来运动状态的力外，其他力都是企图改变流体运动状态的力。如果把作用在流体上的各力组成一个力多边形，那么惯性力是这个力多边形的合力，即牛顿定律 $\sum \boldsymbol{F} = m\boldsymbol{a}$。流动的变化就是惯性力与其他上述各种力相互作用的结果。因此各种力之间的比例关系应以惯性力为一方来相互比较。

6.2.3 管径突变的管道，当其他条件相同时，若改变流向，在突变处所产生的局部水头损失是否相等？为什么？
答：不等；固体边界不同，如突扩与突缩。

6.2.4 在工程流体力学或水力学中，学习量纲分析和相似理论有何实际意义？这套理论对其他学科也适用吗？

答：量纲分析和相似理论为科学地组织实验过程、整理实验成果提供了理论指导。对复杂的流动问题，还可借助量纲分析和相似理论来建立物理量之间的联系。显然，量纲分析和相似理论是发展工程流体力学理论，解决实际工程问题的有力工具。量纲分析和相似理论对其他学科也适用。

6.2.5 一般情况下，作用在水流上的力有重力、压力、阻力等多个力，为什么在进行实验设计时，有时只考虑单个力相似？这能保证水流流动相似吗？

答：作用在水流上的力在进行实验设计时无法满足所有力都相似，但是只要保证我们关心的流动过程对应的力相似，就能够保证相应的流动相似。

6.3 计 算 题

6.3.1 转速为 n、直径为 d 的转盘浸没于密度为 ρ、动力黏度为 μ 的液体中，试用量纲分析法推证其功率 $N = f\left(\dfrac{\rho n d^2}{\mu}\right) \rho n^3 d^5$。

解：设 $F(n, d, \rho, \mu, N) = 0$。

选定 d, n, ρ 为基本物理量，则上述方程可表示为 $\varphi(\pi_1, \pi_2) = 0$。

$$\pi_1 = d^{x_1} n^{y_1} \rho^{z_1} \mu$$
$$\pi_2 = d^{x_2} n^{y_2} \rho^{z_2} N$$

表示成量纲形式为

$$\pi_1 = L^{x_1}(T^{-1})^{y_1}(ML^{-3})^{z_1} ML^{-1}T^{-1}$$
$$\pi_2 = L^{x_2}(T^{-1})^{y_2}(ML^{-3})^{z_2} ML^2T^{-3}$$

则

$$\pi_1 = \frac{\mu}{d^2 n \rho}$$

$$\pi_2 = \frac{N}{d^5 n^3 \rho}$$

故

$$\varphi\left(\frac{\mu}{d^2 n \rho}, \frac{N}{d^5 n^3 \rho}\right) = 0$$

则

$$\frac{N}{d^5 n^3 \rho} = \varphi\left(\frac{\mu}{d^2 n \rho}\right)$$

即

$$N = d^5 n^3 \rho \varphi\left(\frac{\mu}{d^2 n \rho}\right) = \varphi\left(\frac{\rho n d^2}{\mu}\right) \rho n^3 d^5$$

6.3.2 为了决定吸风口附近的流速分布，取长度比例为 10 进行模型设计。横型吸风口的流速为 13 m/s，轴线上距风口 0.2 m 处测得流速为 0.5 m/s。若实际风口速度为

18 m/s,怎样换算为原型流动的流速?

解:模型与原型流动是相似的。根据相似定义,模型与原型任何对应点 A_m 和 A_n 上的流速比等于常数:

$$\frac{v_n(A_n)}{v_m(A_m)} = \lambda_v = \text{const}$$

那么

$$\lambda_v = \frac{v_n(风口)}{v_m(风口)} = \frac{18}{13} \tag{1}$$

由题意

$$\lambda_L = \frac{L_n}{L_m} = 10$$

$$L_n = 10 L_m$$

因此,与模型轴线上距风口 0.2 m 处(A'_m点)对应的点是原型轴线上距风口 $L_n = 10 \times 0.2 = 2(\text{m})$ 处的点 A'_n。

由式(1)得

$$v_n(A'_n) = \lambda_v v_m(A'_m) = \frac{18}{13} \times 0.5 = 0.69(\text{m/s})$$

因此,原型轴线上距风口 2 m 处的风速为 0.69 m/s。

6.3.3 弦长为 3 m 的飞机机翼以 300 km/h 的速度,在温度为 20 ℃,压强为 1 atm 的静止空气中飞行,用比例为 20 的模型在风洞中进行试验,要求实现动力相似。

(1)如果风洞中空气的温度、压强和飞行中的相同,风洞中空气的速度应当怎样?

(2)如果在可变密度的风洞中进行试验,温度仍为 20°,而压强为 30 atm,则速度应为多少?

(3)如果模型在水中实验,水温为 20 ℃,则水流速度应是多少?

解:将坐标系固连在飞机上,则来流速度为

$$v_n = 300 \text{ km/h} = 83.33 \text{ m/s}$$

$$M_n = \frac{v_n}{c_n} = \frac{v_n}{\sqrt{KRT}} = \frac{83.33}{\sqrt{1.4 \times 287 \times 293}}$$

$$= \frac{83.33}{343.1} = 0.24$$

$$\frac{L_m}{L_n} = \lambda_L = 20$$

(1)模型律:$Re_m = Re_n$,$M_m = M_n$。

$$\left(\frac{vL}{\nu}\right)_m = \left(\frac{vL}{\nu}\right)_n$$

因为模型和原型的流动介质和温度、压强相同,所以 $\nu_m = \nu_n$。

$$v_m = \frac{L_n}{L_m} v_n = 20 \times 83.33 = 1\ 666.6(\text{m/s}) = 6\ 000(\text{km/h})$$

$$M_\mathrm{m} = \frac{v_\mathrm{m}}{\sqrt{KRT_\mathrm{n}}} = \frac{1\,666.6}{\sqrt{1.4\times287\times293}} = 4.86$$

这样,
$$M_\mathrm{m} = 4.86 \gg M_\mathrm{n} = 0.24$$

原型流动尚可近似地看成不可压缩流动,而模型则是很高速度的可压缩流体超音速流动,不属于同类流动现象,不可能保持相似;从技术上来看,要达到 $M_\mathrm{m}=4.86$ 也不是普通的试验条件能达到的。因而不可能实现。

(2) 模型律: $Re_\mathrm{m} = Re_\mathrm{n}$, $M_\mathrm{m} = M_\mathrm{n}$。

由 $Re_\mathrm{m} = Re_\mathrm{n}$, 即

$$\left(vL\cdot\frac{\rho}{\mu}\right)_\mathrm{m} = \left(vL\cdot\frac{\rho}{\mu}\right)_\mathrm{n}$$

$$v_\mathrm{m} = \left(\frac{L_\mathrm{n}}{L_\mathrm{m}}\cdot\frac{\mu_\mathrm{m}}{\mu_\mathrm{n}}\cdot\frac{\rho_\mathrm{n}}{\rho_\mathrm{m}}\right)v_\mathrm{n} \tag{1}$$

及
$$T_\mathrm{m} = T_\mathrm{n}$$
$$\mu_\mathrm{m}(T) = \mu_\mathrm{n}(T)$$

由状态方程 $\dfrac{p}{\rho}=RT$,

$$\frac{\rho_\mathrm{m}}{\rho_\mathrm{n}} = \left(\frac{p_\mathrm{m}}{p_\mathrm{n}}\right)\left(\frac{T_\mathrm{n}}{T_\mathrm{m}}\right) = \frac{p_\mathrm{m}}{p_\mathrm{n}} = 30 \tag{3}$$

将式(2)和式(3)代入式(1),得

$$v_\mathrm{m} = 20\times\frac{1}{30}\times83.33 = 55.55(\mathrm{m/s}) = 200(\mathrm{km/h})$$

$$M_\mathrm{m} = \frac{v_\mathrm{m}}{c_\mathrm{n}} = \frac{55.55}{343.1} = 0.16$$

由于 $M_\mathrm{n}=0.24$, $M_\mathrm{m}=0.16$, 均不大, 原型和模型流动均可近似看成不可压缩流动, 不再考虑马赫模型律。

(3) 模型律: $Re_\mathrm{m}=Re_\mathrm{n}$。

查表得在 $t=20\ ℃$ 时, 水的运动黏度 $\nu_\mathrm{m}=1.007\times10^{-6}\ \mathrm{m^2/s}$; 在 $t=20\ ℃$, $p_\infty=p_\mathrm{a}=1\ \mathrm{atm}$ 时, 空气的运动黏度 $\nu_\mathrm{n}=15.7\times10^{-6}\ \mathrm{m^2/s}$。

$$v_\mathrm{m} = \left(\frac{L_\mathrm{n}}{L_\mathrm{m}}\cdot\frac{\nu_\mathrm{m}}{\nu_\mathrm{n}}\right)\cdot v_\mathrm{n} = \left(20\times\frac{1.007\times10^{-6}}{15.7\times10^{-6}}\right)\times83.33$$
$$= 106.9(\mathrm{m/s}) = 384.8(\mathrm{km/h})$$

几何比尺 $\lambda_L=20$, 弦长 3 m 的机翼, 模型弦长 15 cm, 在水中进行试验, 要达到水流速度 $v_\mathrm{m}=384.8$ km/h 也不是件易事。

答: (1) 不可能实现; (2) 200 km/h; (3) 384.8 km/h。

6.3.4 月球表面的重力加速度是地球表面的 1/6。一位宇航员在月球表面以初速

度 21.0 m/s 扔出一个棒球(图 6-1),初速度与水平方向的夹角为 5°,初始时刻棒球距离月球表面高度为 2 m。

(1)利用无量纲参数估算小球落到地面所需要的时间。

(2)进行精确的计算,并将结果和(1)中的结果进行对比。

图 6-1 在月球上扔棒球

解:(1)利用月球表面的重力加速度值 g_{moon} 和竖直方向初速度分量来计算弗劳德数。

$$w_0 = (21.0 \text{ m/s}) \sin(5°) = 1.830 \text{ m/s}$$

$$Fr^2 = \frac{w_0^2}{g_{moon} z_0} = \frac{(1.830 \text{ m/s})^2}{(1.63 \text{ m/s}^2)(2.0 \text{ m})} = 1.03$$

Fr^2 的值接近图 6-2 中的最大值。根据图 6-2 可得棒球落到地面的无量纲时间为 $t^* \approx 2.75$,代入 $z^* = \dfrac{z}{z_0}$, $t^* = \dfrac{w_0 t}{z_0}$ 可以得到有量纲变量。

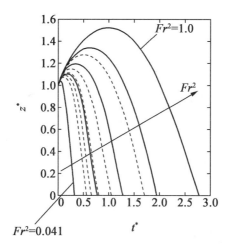

图 6-2 真空中小球的运动曲线

落到地面时间的估算值:

$$t = \frac{t^* z_0}{w_0} = \frac{2.75(2.0 \text{ m})}{1.830 \text{ m/s}} = 3.01 \text{ s}$$

（2）将 $z=z_0+w_0t-\frac{1}{2}gt^2$ 中的 z 取为 0 来计算准确的时间 t（利用一元二次方程求根公式）。

落到地面的准确时间：

$$t=\frac{w_0+\sqrt{w_0^2+2z_0g}}{g}$$

$$=\frac{1.830 \text{ m/s}+\sqrt{(1.830 \text{ m/s})^2+2(2.0 \text{ m})(1.63 \text{ m/s}^2)}}{1.63 \text{ m/s}^2}=3.05 \text{ s}$$

6.3.5 欲用一文丘里流量计测量的空气（$\nu=1.57\times10^{-5}$ m^2/s）流量为 $q_{v_t}=2.78$ m^3/s，该流量计的尺寸为 $D_t=450$ mm，$d_t=225$ mm（图 6-3）。现设计模型文丘里流量计，用 $t_m=10$ ℃的水做实验，测得流量 $q_{V_m}=0.1028$ m^3/s，这时水与空气的流动动力相似。试确定文丘里流量计模型的尺寸。

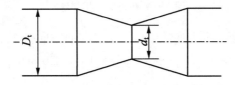

图 6-3 题 6.3.5 示意图

解：影响这一流动的主要作用力是黏性阻力，因此，为使所设计的模型和实物中的流体力学相似，决定性相似准数是雷诺数，即应有

$$Re=\frac{v_t d_t}{\nu_t}=\frac{v_m d_m}{\nu_m}$$

或

$$\frac{q_{v_t}}{\nu_t d_t}=\frac{q_m}{\nu_m d_m}$$

查表得 10 ℃水的运动黏度 $\nu_m=1.31\times10^{-6}$ m^2/s，所以模型尺寸为

$$d_m=d_t\frac{\nu_t}{\nu_m}\frac{q_{V_m}}{q_{v_t}}\approx 99.7 \text{ mm}$$

相似的模型和实物对应线性尺寸成同一比例，即

$$C_l=\frac{D_t}{D_m}=\frac{d_t}{d_m}$$

故

$$D_m=\frac{D_t d_m}{d_t}\approx 199.4 \text{ mm}$$

6.3.6 在管道内以 $v=20$ m/s 的速度输送密度 $\rho=1.86$ kg/m^3，运动黏度 $\nu=1.3\times10^{-5}$ m^2/s 的天然气，为了预测沿管道的压强降，采用水模型试验。取长度比例尺 $k_l=1/10$，已知水的密度 $\rho'=998$ kg/m^3，运动黏度 $\nu=1.007\times10^{-6}$ m^2/s。为保证流动相似，模

第6章 相似原理与量纲分析

型内水的流速应等于多少？已经测得模型每 0.1 m 管长的压降 $\Delta p' = 1\,000$ Pa，天然气管道每米的压强降等于多少？

解：黏滞力作用 $Re' = Re$，

$$\frac{v'l'}{\nu'} = \frac{vl}{\nu}$$

$$v' = \frac{k_\nu}{k_l}v = \frac{1.007\times 10^{-6}}{1.3\times 10^{-5}}\times 10\times 20 = 15.49\,(\text{m/s})$$

由欧拉准则得

$$p = \frac{p'}{k_\rho k_v^2} = \frac{1\,000}{\dfrac{998}{1.86}\times\left(\dfrac{15.49}{20}\right)^2} = 3.107\,(\text{Pa})$$

6.3.7 低压轴流风机的叶轮直径 $d = 0.4$ m，转速 $n = 1\,400$ r/min，流量 $q_v = 1.39$ m³/s，全压 $P_{te} = 128$ Pa，效率 $\eta = 70\%$，空气密度 $\rho = 1.20$ kg/m³。消耗的功率 P 等于多少？在保证流动相似和假定风机效率不变的情况下，试确定做下列三种变动情况下的 $q_{V'}$、P'_{te} 和 P' 值。

(1) n 变为 2 800 r/min；
(2) 风机相似放大，d' 变为 0.8 m；
(3) ρ' 变为 1.29 kg/m³。

解：输出功率 $P = \dfrac{q_V P_{te}}{\eta} = \dfrac{1.39\times 128}{0.7} = 254.171\,(\text{W})$。

(1) $K_v = K_n = \dfrac{2\,800}{1\,400} = 2$

$$K_{q_V} = K_v K_l^2 = 2, \quad q'_V = K_{q_V}q_V = 2\times 1.39 = 2.78\,(\text{m}^3/\text{s})$$

$$K_{P_{te.}} = K_\rho K_v^2 = 4, \quad P'_{te} = K_{P_{te}}P_{te} = 4\times 128 = 512\,(\text{Pa})$$

$$K_P = K_\rho K_l^2 K_v^3 = 8, \quad P' = K_P P = 8\times 254.17 = 2\,033.36\,(\text{W})$$

(2) $K_l = \dfrac{0.8}{0.2} = 2$。

$$K_{q_V} = K_v K_l^2 = 4, \quad q''_V = K_{q_V}q'_V = 4\times 2.78 = 11.12\,(\text{m}^3/\text{s})$$

$$K_{P_{te.}} = K_\rho K_v^2 = 1, \quad P''_{te} = K_{P_{te}}P'_{te} = 1\times 512 = 512\,(\text{Pa})$$

$$K_P = K_\rho K_l^2 K_v^3 = 4, \quad P'' = K_P P' = 4\times 2\,033.36 = 8\,133.44\,(\text{W})$$

$$K_\rho = \frac{1.29}{1.20} = 1.075$$

$$K_{q_V} = K_v K_l^2 = 1, \quad q'_V = K_{q_V}q_V = 1\times 1.39 = 1.39\,(\text{m}^3/\text{s})$$

$$K_{P_{te.}} = K_\rho K_v^2 = 1.075, \quad P'_{te} = K_{P_{te}}P_{te} = 1.075\times 128 = 137.6\,(\text{Pa})$$

$$K_P = K_\rho K_l^2 K_v^3 = 1.075, \quad P' = K_P P = 1.075\times 254.17 = 273.23\,(\text{W})$$

6.3.8 流体通过孔板流量计的流量 q_v 与孔板前后的压差 Δp，管道的内径 d_1，管内流速 v，孔板的孔径 d，流体的密度 ρ，动力黏度 μ 有关。试导出流量 q_V 的表达式。

解：流量的物理方程为 $F(q_V, \Delta p, d_1, v, d, \rho, \mu)$。

Δp、d_1、ρ 三种量的量纲组成的行列式值为 $\begin{vmatrix} -1 & 1 & -3 \\ -2 & 0 & 0 \\ 1 & 0 & 1 \end{vmatrix} = 2 \neq 0$，所以选取 Δp、d_1、ρ 三种量为基本量，组成 4 个无量纲量为

$$\pi_1 = \frac{q_V}{d^{a_1} \Delta p^{b_1} \rho^{c_1}}$$

$$\pi_2 = \frac{v}{d^{a_2} \Delta p^{b_2} \rho^{c_2}}$$

$$\pi_3 = \frac{d}{d^{a_3} \Delta p^{b_3} \rho^{c_3}}$$

$$\pi_4 = \frac{\mu}{d^{a_4} \Delta p^{b_4} \rho^{c_4}}$$

根据物理方程量纲一致性原则，对 4 个无量纲量有

$$L^3 T^{-1} = (ML^{-1}T^{-2})^{a_1} (L)^{b_1} (ML^{-3})^{c_1}$$

$$LT^{-1} = (ML^{-1}T^{-2})^{a_2} (L)^{b_2} (ML^{-3})^{c_2}$$

$$LT^{-1} = (ML^{-1}T^{-2})^{a_3} (L)^{b_3} (ML^{-3})^{c_3}$$

$$ML^{-1}T^{-1} = (ML^{-1}T^{-2})^{a_4} (L)^{b_4} (ML^{-3})^{c_4}$$

所以有

$$\begin{cases} 3 = -a_1 + b_1 - 3c_1 \\ -1 = -2a_1 \\ 0 = a_1 + c_1 \end{cases}$$

$$\begin{cases} 1 = -a_2 + b_2 - 3c_2 \\ -1 = -2a_2 \\ 0 = a_2 + c_2 \end{cases}$$

$$\begin{cases} 1 = -a_3 + b_3 - 3c_3 \\ 0 = -2a_3 \\ 0 = a_3 + c_3 \end{cases}$$

$$\begin{cases} -1 = -a_4 + b_4 - 3c_4 \\ -1 = -2a_4 \\ 1 = a_4 + c_4 \end{cases}$$

解得

$$\begin{cases} a_1 = \dfrac{1}{2} \\ b_1 = 2 \\ c_1 = -\dfrac{1}{2} \end{cases}$$

$$\begin{cases} a_2 = \dfrac{1}{2} \\ b_2 = 0 \\ c_2 = -\dfrac{1}{2} \end{cases}$$

$$\begin{cases} a_3 = 0 \\ b_3 = 1 \\ c_3 = 0 \end{cases}$$

$$\begin{cases} a_4 = \dfrac{1}{2} \\ b_4 = -2 \\ c_4 = -\dfrac{1}{2} \end{cases}$$

所以无量纲量为

$$\pi_1 = \frac{q_V}{\Delta p^{1/2} d_1^2 \rho^{-1/2}}$$

$$\pi_2 = \frac{v}{\Delta p^{1/2} \rho^{-1/2}}$$

$$\pi_3 = \frac{d}{d_1}$$

$$\pi_4 = \frac{\mu}{\Delta p^{1/2} d_1^{-2} \rho^{-1/2}} = \frac{1}{Re}$$

流量的表达式为

$$q_V = \pi_1 \sqrt{\frac{\Delta p}{\rho}} d_1^2 v = f\left[\frac{1}{v}\sqrt{\frac{\Delta p}{\rho}}, \frac{d}{d_1}, \mu d_1^2 \sqrt{\frac{\rho}{\Delta p}}\right] d_1^2 \sqrt{\frac{\Delta p}{\rho}}$$

$$= f\left[\frac{1}{v}\sqrt{\frac{\Delta p}{\rho}}, \frac{d}{d_1}, Re\right] \frac{\pi}{4} d_1^2 \sqrt{\frac{2\Delta p}{\rho}}$$

6.3.9 如图 6-4 所示,润滑系统的油泵在温度 $t = 20$ ℃时,供给 $q_V = 60$ L/min 的机油,机油运动黏度 $\nu = 2c$ m^2/s,相对密度为 0.9,机油管直径 $d = 35$ mm,长度 $l = 5$ m,泵入口断面在液面下 $h = 1$ m。泵入口断面上的压强是多少? 如果油温升高为 80 ℃, $y = 0.2$ cm^2/s,相对密度为 0.85,泵入口断面压强又是多少?

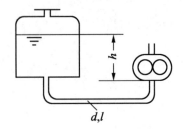

图 6-4 题 6.3.9 示意图

解:先判断这两种情况下的流动状态。

$$Re_1 = \frac{4q_v}{\pi d \nu_1} = \frac{4 \times 0.06}{60\pi \times 0.035 \times 2 \times 10^{-4}} = 182 < 2\,320$$

$$Re_2 = \frac{4q_v}{\pi d \nu_2} = \frac{4 \times 0.06}{60\pi \times 0.035 \times 0.2 \times 10^{-4}} = 1\,820 < 2\,320$$

二者都是层流,沿程阻力系数 $\lambda = \dfrac{64}{Re}$,忽略局部阻力和油箱中的液面变化,对油箱液面和泵入口前断面列伯努利方程,得

$$h = \frac{v^2}{2g} + \frac{p}{\rho g} + \frac{64}{Re} \frac{l}{d} \frac{v^2}{2g}$$

解得

$$p = \rho g h - \left(1 + \frac{64l}{Red}\right) \frac{16q_v^2}{2\pi^2 d^4}$$

式中,h、l、d、q_v 都是已知数值,但两种不同温度时,油液的密度 ρ、黏度 ν(影响到雷诺数 Re)发生变化。

当 $t_1 = 20$ ℃,$\rho_1 = 900$ kg/m³,$Re_1 = 182$ 时,油泵入口压强为

$$p_1 = 900 \times 9.81 \times 1 - \left(1 + \frac{64 \times 5}{182 \times 0.035}\right) \times \frac{16 \times 0.06^2}{2\pi^2 \times 0.035^4 \times 60^2} = -16\,000(\text{Pa}) = -16(\text{kPa})$$

当 $t_1 = 80$ ℃,$\rho_1 = 850$ kg/m³,$Re_1 = 1\,820$

$$p_2 = 850 \times 9.81 \times 1 - \left(1 + \frac{64 \times 5}{1\,820 \times 0.035}\right) \times \frac{16 \times 0.06^2}{2\pi^2 \times 0.035^4 \times 60^2} = 5\,676(\text{Pa}) = 5.676(\text{kPa})$$

6.3.10 如图 6-5 所示,风冷式四缸发动机的冷却气流,0→1 为进口段,1→2 为进气管段,2→3 为风扇增压段,3→4 为机前段,4→5 为冷却段,5→6 为机后段。整个气流的压强水头 $\dfrac{p}{\rho g}$ 的变化如图中下部折线所示。进口和出口处的气流速度相等。已知空气密度 $\rho = 1.2$ kg/m³,空气运动黏度 $\nu = 1.5$ cm²/s,空气流量 $q_v = 1.944$ m³/s,发动机功率 $P = 73.5$ kW。

(1)如果进气管段 1→2 的直径为 $D = 35$ cm,长度 $l = 1$ m。绝对粗糙度 $\Delta = 0.2$ mm,试确定进气管段中的气流速度 v,并确定其流动状态,求沿程损失 $\dfrac{\Delta p_{12}}{\rho g}$;

(2) 如果各段的阻力系数分别为 $\zeta_{01}=0.5, \zeta_{34}=1.5, \zeta_{45}=6.5, \zeta_{56}=1.5$,试求风扇应提高的压强水头 $\dfrac{\Delta p_{23}}{\rho g}$;

(3) 如果风扇效率为 $\eta=0.8$,试求风扇的消耗功率 P_{23}。

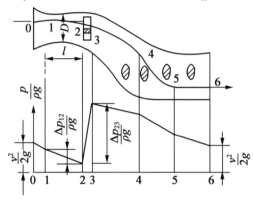

图 6-5 题 6.3.10 示意图

解:(1)求雷诺数判断流动状态。

$$v=\frac{4q_v}{\pi D^2}=\frac{4\times 1.944}{\pi\times 0.35^2}=20.2(\mathrm{m/s})$$

动能水头:

$$\frac{v^2}{2g}=\frac{20.2^2}{2\times 9.81}=20.82(\mathrm{m})$$

$$Re=\frac{vD}{\nu}=\frac{20.2\times 0.35}{1.5\times 10^{-4}}=47\ 157=4.715\ 7\times 10^4$$

流动是湍流,Re 再继续与过渡区的下限进行比较:

$$22.2\left(\frac{D}{\Delta}\right)^{\frac{8}{7}}=22.2\times\left(\frac{0.35}{0.2\times 10^{-3}}\right)^{\frac{8}{7}}=1.129\times 10^5$$

可知属于光滑湍流管,于是可用布拉休斯公式 $\lambda=\dfrac{0.316\ 4}{Re^{0.25}}=0.021\ 5$,因此进气管段的损失为

$$\frac{\Delta p_{12}}{\rho g}=\lambda\frac{l}{D}\frac{v^2}{2g}=0.021\ 5\times\frac{1}{0.35}\times 20.82=1.28(\mathrm{m})$$

(2)由损失求风扇的压强水头:

$$\frac{\Delta p_{23}}{\rho g}=\frac{\Delta p_{12}}{\rho g}+(\zeta_{01}+\zeta_{34}+\zeta_{45}+\zeta_{56})\frac{v^2}{2g}$$

$$=1.28+(0.5+1.5+6.5+1.5)\times 20.82=209.3(\mathrm{m})$$

(3)风扇的消耗功率:

$$P_{23}=\frac{\Delta p_{23}q_v}{\eta}=\frac{209.3\times 1.944\times 1.2\times 9.81}{0.8}=5\ 975(\mathrm{W})=5.975(\mathrm{kW})$$

6.3.11 如图 6-6 所示,用一个 U 形压差计测量一个垂直放置弯管的局部损失系数 ζ,已知弯管的管径为 $d=0.25$ m,水流量 $q=0.04$ m^3/s,U 形压差计的工作液体是四氯化碳,其密度为 $\rho_1=1\,600$ kg/m^3,测得 U 形管左右两侧管内的液面高度差为 $\Delta h=70$ mm,求局部阻力系数 ζ(不计沿程损失)。

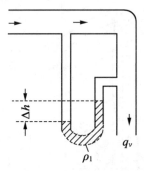

图 6-6 题 6.3.11 示意图

解:对入口截面及出口截面列能量方程:

$$\frac{v_1^2}{2g}+\frac{p_1}{\rho g}=\frac{v_2^2}{2g}+\frac{p_2}{\rho g}+h_j \qquad (1)$$

又由质量守恒定律得

$$q_v=Av \qquad (2)$$

联立式(1)和式(2),可得

$$v_1=v_2=\frac{q_v}{\frac{1}{4}\pi d^2}=0.815 \text{ m/s}$$

所以

$$h_j=\frac{p_1-p_2}{\rho g}$$

由 U 形管测压计可知 $p_1-p_2=\rho_1 g\Delta h=1\,600\times9.81\times0.07=1\,098.72$(Pa),所以

$$h_j=\frac{p_1-p_2}{\rho g}=\frac{1\,098.72}{1\,000\times9.81}=0.112\text{(m)}$$

因此有局部阻力系数

$$\zeta=\frac{h_j\cdot 2g}{v^2}=3.3$$

6.3.12 水平风速随高度 z 的分布为

$$\frac{v}{v_0}=\left(\frac{z}{h_0}\right)^{0.18}$$

在一次大风中,气象台在高度为 $h_0=10$ m 的观察点测得的风速为 $v_0=12$ m/s,空气的密度为 $\rho=1.24$ kg/m^3,有一条工业烟囱,高度 $h=60$ m,截面半径 $R=3$ m。试计算在这次大风中,烟囱底端受到的剪力及弯矩。

解:烟囱受到的剪力和弯矩都是由风荷载引起的,风荷载就是圆柱绕流的阻力,阻力系数查表得 $C_D = 1.2$,风速随高度变化,风载荷也随高度而变。设烟囱的一个微段 dz 距离地面的高度为 z,则该微段烟囱受到的阻力为

$$dF = C_D \frac{1}{2} \rho v^2 2R dz$$

合力及力矩用积分求出:

$$F = \int_0^h C_D \frac{1}{2} \rho v^2 2R dz = C_D \rho v_0^2 R h_0 \int_0^h \left(\frac{v}{v_0}\right)^2 d\left(\frac{z}{h_0}\right)$$

$$T = \int_0^h C_D \frac{1}{2} \rho v^2 2R z dz = C_D \rho v_0^2 R h_0^2 \int_0^h \left(\frac{v}{v_0}\right)^2 \left(\frac{z}{h_0}\right) d\left(\frac{z}{h_0}\right)$$

代入 $\dfrac{v}{v_0}$ 的表达式,积分得

$$F = C_D \rho v_0^2 R h_0 \frac{\left(\dfrac{h}{h_0}\right)^{1.36}}{1.36} = 54\ 403\ \text{N}$$

$$T = C_D \rho v_0^2 R h_0^2 \frac{\left(\dfrac{h}{h_0}\right)^{2.36}}{2.36} = 1\ 881\ 068\ \text{N}\cdot\text{m}$$

6.3.13 对于一般黏性不可压缩流体的流动问题,N-S 方程是其共同遵守的流动微分方程,由此导出的相似准则即这类问题流动相似的基本准则。为简明起见,试以 x-y 二维平面流动的 N-S 方程为例,应用相似原理导出黏性不可压缩流动问题的相似准则。设质量力仅有重力。

解:黏性不可压缩流体 x-y 平面流动的 N-S 方程有 x、y 两个方向的分量式。由于两个方向的分量式形式一样,都表示动量变化率(惯性力)=重力+压力+黏性力,因此仅对 x 方向分量式进行分析即可。根据 x-y 平面的 N-S 方程,原型与模型 x 方向的流动微分方程分别为

$$\frac{\partial v_{x,p}}{\partial t_p} + v_{x,p}\frac{\partial v_{x,p}}{\partial x_p} + v_{y,p}\frac{\partial v_{x,p}}{\partial y_p} = -g_{x,p} - \frac{1}{\rho_p}\frac{\partial p_p}{\partial x_p} + \frac{\mu_p}{\rho_p}\left(\frac{\partial^2 v_{x,p}}{\partial x_p^2} + \frac{\partial^2 v_{x,p}}{\partial y_p^2}\right)$$

$$\frac{\partial v_{x,m}}{\partial t_m} + v_{x,m}\frac{\partial v_{x,m}}{\partial x_m} + v_{y,m}\frac{\partial v_{x,m}}{\partial y_m} = -g_{x,m} - \frac{1}{\rho_m}\frac{\partial p_m}{\partial x_m} + \frac{\mu_m}{\rho_m}\left(\frac{\partial^2 v_{x,m}}{\partial x_m^2} + \frac{\partial^2 v_{x,m}}{\partial y_m^2}\right)$$

若模型与原型几何相似、运动相似,且两系统长度、速度、时间比尺分别为 C_L、C_V、C_t,则原型与模型对应点的空间坐标关系、时间坐标关系和速度关系分别为

$$x_p = C_L x_m, y_p = C_L y_m$$
$$t_p = C_t t_m$$
$$v_{x,p} = C_V v_{x,m}, v_{y,p} = C_V v_{y,m}$$

若模型与原型动力相似,且压力比尺为 C_p,重力加速度比尺为 C_g,流体密度比尺为 C_ρ,黏度比尺为 C_μ,则两系统对应空间点的压力、重力加速度、密度和黏度的关系分别为

$$p_p = C_p p_m$$
$$g_{x,p} = C_g g_{x,m}$$
$$\rho_p = C_\rho \rho_m$$
$$\mu_p = C_\mu \mu_m$$

将以上比例关系代入原型方程,可得关于模型变量$(v_{x,m}, v_{y,m0}, p_m)$的新方程,即

$$\frac{C_V}{C_t}\frac{\partial v_{x,m}}{\partial t_m} + \frac{C_V^2}{C_L}\left(v_{x,m}\frac{\partial v_{x,m}}{\partial x_m} + v_{y,m}\frac{\partial v_{x,m}}{\partial y_m}\right) = -C_g g_{x,m} - \frac{C_p}{C_\rho C_L}\frac{1}{\rho_m}\frac{\partial p_m}{\partial x_m} + \frac{C_\mu C_V}{C_\rho C_L^2}\frac{\mu_m}{\rho_m}\left(\frac{\partial^2 v_{x,m}}{\partial x_m^2} + \frac{\partial^2 v_{x,m}}{\partial y_m^2}\right)$$

这一结果表明,模型与原型流动相似的条件下,模型变量$(v_{x,m}, v_{y,m0}, p_m)$应同时满足原方程和新方程。很显然,满足这一要求的条件是新方程中各比尺组合项相等,即

$$\frac{C_V}{C_t} = \frac{C_V^2}{C_L} = C_g = \frac{C_p}{C_\rho C_L} = \frac{C_\mu C_V}{C_\rho C_L^2}$$

因为满足该条件,新方程将与原模型方程完全一样,模型变量自然同时满足两方程。

该条件实际就是两系统单位质量流体的"惯性力之比=重力之比=压力之比=黏性力之比",这显然与动力相似定义一致,同时也表明了微分方程导出相似准则的原理。

根据该相似比尺等式条件,由$\frac{C_V^2}{C_L}$遍除其他各项,可得4个独立的比尺方程,即

$$\frac{C_L}{C_V C_t} = 1$$

$$\frac{C_g C_L}{C_V^2} = 1$$

$$\frac{C_p}{C_\rho C_V^2} = 1$$

$$\frac{C_\mu}{C_\rho C_V C_L} = 1$$

此即以比尺关系表示的黏性不可压缩流动问题的相似准则。进一步将定义各比尺的参数代入,并以V为定性速度,L为定性尺寸,又可得对应以上准则的相似数关系,即

$$\frac{L_p}{V_p t_p} = \frac{L_m}{V_m t_m} \rightarrow St_p = St_m$$

$$\frac{V_p^2}{g_p L_p} = \frac{V_m^2}{g_m L_m} \rightarrow Fr_p = Fr_m$$

$$\frac{\Delta p_p}{\rho_p V_p^2} = \frac{\Delta p_m}{\rho_m V_m^2} \rightarrow Eu_p = Eu_m$$

$$\frac{\rho_p V_p L_p}{\mu_p} = \frac{\rho_m V_m L_m}{\mu_m} \rightarrow Re_p = Re_m$$

其中,St准则即运动相似时间准则(非定常流动),Fr准则、Eu准则、Re准则则是与N-S方程中涉及的重力、压差力、黏性力一一对应的动力相似准则。

由微分方程可导出相似准则的几点说明如下。

第6章 相似原理与量纲分析

①由微分方程导出的相似数的数目 $n=m-1$,其中 m 是微分方程中非同类项的数目。例如,在以上 N-S 方程中,非同类项有 5 项(局部加速度、对流加速度、质量力、压差力、黏性力),即 $m=5$,因此相似数数目 $n=5-1=4$,即 St、Fr、Eu、Re。由此同时可知,用三维 N-S 方程进行分析,并不增加非同类项数目,得到的仍是以上 4 个相似数。

②由以上结果不难发现,微分方程与最终的相似比尺等式条件有一一对应关系,即

$$\frac{\partial v_x}{\partial t}+\left(v_x\frac{\partial v_x}{\partial x}+v_y\frac{\partial v_{x,p}}{\partial y_p}\right)=-g_x-\frac{1}{\rho}\frac{\partial p}{\partial x}+\frac{\mu}{\rho}\left(\frac{\partial^2 v_x}{\partial x^2}+\frac{\partial^2 v_x}{\partial y^2}\right)$$

$$\frac{C_V}{C_t}=\frac{C_V^2}{C_L}=C_g=\frac{C_p}{C_\rho C_L}=\frac{C_\mu C_V}{C_\rho C_L^2}$$

换言之,由微分方程导出相似准则时,可免除中间过程,直接将方程中每一非同类项的变量用相应比尺代替,即可写出相似比尺等式条件(由此可得相似准则)

③由微分方程得到的相似数数目不变,但形式可以不同。实践中,相似数形式的选择最好能使其独立反映各动力因素的影响。例如,本问题中的 St、Fr、Eu、Re 就是独立反映时间、重力、压力、黏性力影响的相似数,不仅意义明确,且便于单独忽略某一相似数(如重力不重要时忽略 Fr,不影响剩余相似数)。反之,若本问题中以 C_g 遍除其他各项,则相似数仍为 4 个,但其中 3 个将不再具备以上特点。

6.3.14 实践表明,流体通过输送机械如离心泵、风机等的压力增量 Δp(单位体积流体的机械能增量)取决于叶轮直径 D 与转速 n,流体的密度 ρ、黏度 μ 与体积流量 q_V,壁面粗糙度 e 及相关结构尺寸 $l_1,l_2,\cdots,l_k$。

(1)试证明

$$\frac{\Delta p}{\rho n^2 D^2}=f\left(\frac{q_V}{nD^3},\frac{\rho nD^2}{\mu},\frac{e}{D},\frac{l_1}{D},\frac{l_2}{D},\cdots,\frac{l_k}{D}\right)$$

(2)证明:以 D 为定性尺寸,$V=nD$ 为定性速度,$t=\dfrac{D^3}{q_V}$ 为特征时间,则上述关系又可用欧拉数 Eu、斯特劳哈尔数 St 和雷诺数 Re 等价表示为

$$Eu=f\left(St,Re,\frac{e}{D},\frac{l_1}{D},\frac{l_2}{D},\cdots,\frac{l_k}{D}\right)$$

解:(1)根据题意,叶轮机械压力增量 Δp 及影响因素的一般关系可表述为

$$f_1(\Delta p,D,n,\rho,\mu,q_V,e,l_1,l_2,\cdots l_k)=0$$

以上关系中,变量数 $n=7+k$,所涉及的基本量纲有 L、M、T,即量纲数 $r=3$,因此根据 π 定律,该问题可用 $n-r=4+k$ 个 π 项(无因次数)描述,即

$$f_2(\pi_1,\pi_2,\pi_3,\pi_4,\pi_5,\pi_6,\cdots,\pi_{4+k})=0$$

因为 $r=3$,所以核心组参数有 3 个;在此按要求取 ρ、q_V、D 作为核心组参数,其量纲涵盖 L、M、T,且自身不构成无因次数。核心组参数与剩余变量 $\Delta p,n,\mu,e,l_1,l_2,\cdots,l_k$ 构成的 $4+k$ 个 π 项(无因次数)分别为

$$\pi_1=\Delta p\rho^{a_1}q_V^{b_1}D^{c_1},\ \pi_2=n\rho^{a_2}q_V^{b_2}D^{c_2},\ \pi_3=\mu\rho^{a_3}q_V^{b_3}D^{c_3},\ \pi_4=e\rho^{a_4}q_V^{b_4}D^{c_4},$$
$$\pi_5=l_1\rho^{a_5}q_V^{b_5}D^{c_5},\ \pi_6=l_2\rho^{a_6}q_V^{b_6}D^{c_6},\cdots,\pi_{4+k}=l_k\rho^{a_{4+k}}q_V^{b_{4+k}}D^{c_{4+k}}$$

因为 $e, l_1, l_2, \cdots, l_k$ 均为长度量,量纲均为 L,所以根据量纲和谐原理可以判定,π_4, $\pi_5, \pi_6, \cdots, \pi_{4+k}$ 中核心参数 ρ、q_V 的幂指数必然为零,D 的幂指数均为 -1,因此这些 π 项的具体形式都是类似的,且

$$\pi_4 = \frac{e}{D}, \pi_5 = \frac{l_1}{D}, \pi_6 = \frac{l_2}{D}, \cdots, \pi_{4+k} = \frac{l_k}{D}$$

为确定 π_1、π_2、π_3 的具体形式,将相关变量的量纲代入可得各 π 项的量纲方程为

$$[\pi_1] = (M^1 L^{-1} T^{-2})(M^{a_1} L^{-3a_1})(L^{3b_1} T^{-b_1})(L^{c_1})$$

$$[\pi_2] = (T^{-1})(M^{a_2} L^{-3a_2})(L^{3b_2} T^{-b_2})(L^{c_2})$$

$$[\pi_3] = (M^1 L^{-1} T^{-1})(M^{a_3} L^{-3a_3})(L^{3b_3} T^{-b_3})(L^{c_3})$$

令每一方程中 L、M、T 的幂指数之和分别为零,可得各 π 项的幂指数方程组为

$$\begin{cases} 0 = -1 - 3a_1 + 3b_1 + c_1 \\ 0 = 1 + a_1 \\ 0 = -2 - b_1 \end{cases}$$

$$\begin{cases} 0 = -3a_2 + 3b_2 + c_2 \\ 0 = a_2 \\ 0 = -1 - b_2 \end{cases}$$

$$\begin{cases} 0 = -1 - 3a_3 + 3b_3 + c_3 \\ 0 = 1 + a_3 \\ 0 = -1 - b_3 \end{cases}$$

方程组的解为

$$\begin{cases} a_1 = -1 \\ b_1 = -2 \\ c_1 = 4 \end{cases}$$

$$\begin{cases} a_2 = 0 \\ b_2 = -1 \\ c_2 = 3 \end{cases}$$

$$\begin{cases} a_3 = -1 \\ b_3 = -1 \\ c_3 = 1 \end{cases}$$

由此可确定 π_1、π_2、π_3 的具体形式分别为

$$\pi_1 = \frac{\Delta p D^4}{\rho q_V^2}$$

$$\pi_2 = \frac{n D^3}{q_V}$$

$$\pi_3 = \frac{\mu D}{\rho q_V}$$

为了与题中给定的无因次数形式相同,可用 π_1、π_2、π_3 组合构成 3 个新的独立 π 项。其中,π_1 的新 π 项必须包括 π_1 自身,π_2、π_3 的新 π 项也类似,即

$$\pi_1' = \frac{\pi_1}{\pi_2^2} = \frac{\Delta p}{\rho n^2 D^2}$$

$$\pi_2' = \frac{1}{\pi_2} = \frac{q_V}{nD^3}$$

$$\pi_3' = \frac{\pi_2}{\pi_3} = \frac{\rho n D^2}{\mu}$$

注:若直接选取 ρ、n、D 为核心参数,则 π_1、π_2、π_3 的形式将与以上新 π 项相同。

根据以上结果可知,压力增量与其影响因素的无因次数关系可表示为

$$\frac{\Delta p}{\rho n^2 D^2} = f\left(\frac{q_V}{nD^3}, \frac{\rho n D^2}{\mu}, \frac{e}{D}, \frac{l_1}{D}, \frac{l_2}{D}, \cdots, \frac{l_k}{D}\right)$$

(2)若以 D 为定性尺寸,$V = nD$ 为定性速度,$t = \frac{D^3}{q_V}$ 为特征时间,则有

$$\frac{\Delta p}{\rho n^2 D^2} = \frac{\Delta p}{\rho V^2} = Eu$$

$$\frac{q_V}{nD^3} = \frac{D}{nDt} = \frac{D}{Vt} = St$$

$$\frac{\rho n D^2}{\mu} = \frac{\rho V D}{\mu} = Re$$

即

$$Eu = f\left(St, Re, \frac{e}{D}, \frac{l_1}{D}, \frac{l_2}{D}, \cdots, \frac{l_k}{D}\right)$$

该结果表明:几何相似的水泵或风机内,其流动相似一般满足 Eu、St、Re 准则,其中 Eu 和 Re 准则为动力相似准则,St 准则是运动相似时间准则(通过转动叶轮的流动属周期性非稳态问题,所以其相似准则中会出现反映时间特性的 St 准则)。

6.3.15 水轮机靠水流冲击叶轮输出动力。已知水轮机输出转矩 M 的影响因素包括:水轮机叶轮直径 D、转速 n、工作水头 H(水轮机进出口单位质量流体的能量差)、水流流量 q_V、密度 ρ 和水轮机效率 η。试用因次分析确定输出转矩 M 与其影响因素的无因次数关系,及输出功率 P 与其影响因素的无因次数关系。

解:根据题意,水轮机输出转矩 M 及影响因素的一般关系可表述为

$$f_1(M, D, n, \rho, q_V, H, \eta) = 0$$

以上关系中,变量数 $n = 7$,所涉及的基本量纲有 L、M、T,即量纲数 $r = 3$,因此根据 π 定律,该问题可用 $n - r = 4$ 个 π 项(无因次数)描述,即

$$f_2(\pi_1, \pi_2, \pi_3, \pi_4) = 0$$

核心参数的选择与 π 项的构成:因为 $r=3$,所以核心组参数有 3 个;在此取 ρ、n、D 构成核心组参数,其量纲涵盖 L、M、T,且自身不构成无因次数。由核心组参数与剩余变量 M、q_V、H、η 构成 4 个 π 项(无因次数)分别为

$$\pi_1 = M\rho^{a_1} n^{b_1} D^{c_1}$$

$$\pi_2 = q_V \rho^{a_2} n^{b_2} D^{c_2}$$

$$\pi_3 = H\rho^{a_3} n^{b_3} D^{c_3}$$

$$\pi_4 = \eta\rho^{a_4} n^{b_4} D^{c_4}$$

因效率 η 的无量纲、水头 H 具有长度量纲,且核心组参数本身不构成无因次数,故根据量纲和谐原理可知

$$\pi_3 = \frac{H}{D}$$

$$\pi_4 = \eta$$

为确定 π_1、π_2 的具体形式,将相关变量的量纲代入可得

$$[\pi_1] = (M^1 L^2 T^{-2})(M^{a_1} L^{-3a_1})(T^{-b_1})(L^{c_1})$$

$$[\pi_2] = (L^3 T^{-1})(M^{a_2} L^{-3a_2})(T^{-b_2})(L^{c_2})$$

令每一 π 项中 L、M、T 的幂指数之和分别为零,可得 π_1、π_2 的幂指数方程及其解为

$$\begin{cases} 0 = 2 - 3a_1 + c_1 \\ 0 = 1 + a_1 \\ 0 = -2 - b_1 \end{cases} \rightarrow \begin{cases} a_1 = -1 \\ b_1 = -2 \\ c_1 = -5 \end{cases}$$

$$\begin{cases} 0 = 3 - 3a_2 + c_2 \\ 0 = a_2 \\ 0 = -1 - b_2 \end{cases} \rightarrow \begin{cases} a_2 = 0 \\ b_2 = -1 \\ c_2 = -3 \end{cases}$$

由此可知

$$\pi_1 = \frac{M}{\rho n^2 D^5}$$

$$\pi_2 = \frac{q_V}{nD^3}$$

综上,水轮机输出转矩与其影响因素的无因次数关系为

$$\frac{M}{\rho n^2 D^5} = f\left(\frac{q_V}{nD^3}, \frac{H}{D}, \eta\right) = f\left(St, \frac{H}{D}, \eta\right)$$

其中,St 的定性尺寸 $L = D$,定性速度 $V = nD$,特征时间为 $t = D^3/q_V$,即

$$St = \frac{L}{Vt} = \frac{D}{nD\left(\frac{D^3}{q_V}\right)} = \frac{q_V}{nD^3}$$

因为输出功率 $P = M\omega = M\left(\dfrac{n\pi}{30}\right)$,故 P 与其影响因素的无因次数关系可表示为

$$\frac{P}{\rho n^3 D^5} = f\left(\frac{q_V}{nD^3}, \frac{H}{D}, \eta\right)$$

或

$$N_p = f\left(St, \frac{H}{D}, \eta\right)$$

此处 N_p 称为功率准数，即

$$N_p = \frac{P}{\rho V^3 L^2} = \frac{P}{\rho n^3 D^5}$$

以上关系表明，效率相等时水轮机流动过程的相似数为 N_p、St 和比值 $\frac{H}{D}$。

此外，因 $H = \frac{\Delta p}{\rho g}$（$\Delta p$ 是水轮机进出口单位体积流体的能量差）且功率 $P = \Delta p q_V$，故 $\frac{H}{D}$ 实际是 Fr 与 Eu 构成的无因次数，N_p 则是 Eu 与 St 构成的无因次数，即

$$\frac{H}{D} = \frac{H}{L} = \frac{H}{L} \frac{\rho g V^2}{\rho g V^2} = \frac{V^2}{gL} \frac{\rho g H}{\rho V^2} = \frac{V^2}{gL} \frac{\Delta p}{\rho V^2} = FrEu$$

$$N_p = \frac{P}{\rho n^3 D^5} = \frac{\Delta p q_V}{\rho n^3 D^5} = \frac{\Delta p}{\rho n^2 D^2} \frac{q_V}{nD^3} = \frac{\Delta p}{\rho V^2} \frac{q_V}{nD^3} = EuSt$$

即效率相等时水轮机流动过程的相似数也可 Eu、St 和 Fr 等价替换，或

$$Eu = f(St, Fr, \eta)$$

综上，本问题有以下几点值得注意：

(1) 从分析过程可见，影响因素为无因次量时，该因素即为一个 π 项；

(2) 通过水轮机的流动属周期性非稳态问题，故会出现反映时间特性的 St；

(3) 水轮机流动相似既可用 Np、St、$\frac{H}{D}$ 为相似数，也可用 Eu、St、Fr 为相似数。

6.3.16 某通风系统拟安装于高海拔地区，该地区空气密度 $\rho_p = 0.92 \text{ kg/m}^3$，通风系统轴流风扇转速 $n_p = 1\,400 \text{ r/min}$，要求风扇的体积流量 $q_{V,p} \geq 2 \text{ m}^3/\text{s}$、输入功率 $P_p \leq 400 \text{ W}$。为确定该风扇是否达到要求，拟在低海拔地区（制造厂）对其进行实验。已知实验空气密度 $\rho_m = 1.30 \text{ kg/m}^3$，试确定风扇实验转速及符合要求的体积流量和输入功率。设风扇效率不变，两地区空气动力黏度近似相等，且空气近似为不可压缩流体。

解：要以实验预测高海拔地区的风扇性能，实验必须在动力相似工况下进行（相似工况下两泵参数才可相互换算），且实验测试的体积流量大于相似工况流量、输入功率小于相似工况功率，则满足高海拔地区工作要求。

风扇内的流动属不可压缩黏性流体强制流动，重力影响可忽略不计，故该问题的动力相似准则是 Re 准则和 Eu 准则；因风扇为转动机械，故其转速比同时应满足 St 准则。

本问题相当于等尺寸模型实验，即 $C_L = 1$。

根据给定条件可知，原型与模型的空气密度比值和动力黏度比值分别为

$$C_\rho = \frac{\rho_p}{\rho_m} = \frac{0.92}{1.30} = 0.707\,7$$

$$C_\mu = \frac{\mu_p}{\mu_m} = 1$$

根据 Re 准则,并将 $C_L=1$、$C_\mu=1$ 代入,可得相似工况的速度比尺为

$$Re = \frac{\rho V D}{\mu} \to \frac{C_\rho C_V C_L}{C_\mu} = 1 \to C_V = \frac{C_\mu}{C_\rho C_L} = \frac{1}{C_\rho}$$

相似工况下速度比尺 C_V 亦可由风扇叶轮边缘线速度 $V = n\pi D$ 之比确定,即

$$C_V = \frac{V_p}{V_m} = \frac{n_p(\pi D_p)}{n_m(\pi D_m)} = \frac{n_p}{n_m} C_L$$

或

$$n_m = \frac{C_L}{C_V} n_p$$

注:因叶轮转动一周的时间 $t = \frac{1}{n}$,故 $\frac{n_m}{n_p} = \frac{t_p}{t_m} = C_t$。对比可见,以上转速关系实际就是 St 准则,即转速比同时应满足 St 准则。

将 $C_L=1$、$C_V=\frac{1}{C_\rho}$ 代入,可得相似工况下的实验转速为

$$n_m = \frac{C_L}{C_V} n_p = C_\rho n_p = 0.7077 \times 1\,400 = 991(\text{r/min})$$

将 $C_L=1$、$C_V=\frac{1}{C_\rho}$ 代入相似工况的体积流量比关系,可得相似工况的体积流量为

$$C_{q_V} = C_V C_L^2 = \frac{1}{C_\rho} \to q_{V,m} = C_\rho q_{V,p} = 0.7077 \times 2 = 1.415(\text{m}^3/\text{s})$$

根据 Eu 准则可建立相似工况下风扇前后的压差关系为

$$Eu = \frac{\Delta p}{\rho V^2} \to \frac{C_{\Delta p}}{C_\rho C_V^2} = 1 \to \frac{\Delta p_p}{\Delta p_m} = C_\rho C_V^2$$

因为风扇输入功率 $P = q_V \Delta p / \eta$,且效率 η 不变,故相似工况的输入功率之比为

$$\frac{P_p}{P_m} = \frac{q_{V,p} \Delta p_p}{q_{V,m} \Delta p_m} = C_{q_V} C_{\Delta p} = (C_V C_L^2)(C_\rho C_V^2) = C_\rho C_L^2 C_V^3$$

因此,将 Re 准则确定的 $C_V = \frac{1}{C_\rho}$ 和已知数据代入,可得相似工况的输入功率为

$$P_m = \frac{P_p}{C_\rho C_L^2 C_V^3} = P_p C_\rho^2 = 400 \times 0.7077^2 = 200.3(\text{W})$$

综上,实验应在 $n_m = 991$ r/min 的转速下进行,其中测试流量大于 1.415 m³/s,输入功率小于 200.3 W,则该风扇符合高海拔地区的性能要求。

6.4 知 识 拓 展

6.4.1 气动工程师们设计了一种机翼,希望能预测出这种新型机翼的升力(图 6-7)。机翼的弦长 L_c 为 1.12 m,平面形状面积 A(机翼为 0°攻角,从上往下看的面积)等于 10.7 m²。原始模型的飞行速度 $V=52.0$ m/s,温度 $T=25$ ℃。利用一个 1/10 的缩小模型在风洞中进行实验。风洞的最大压强可达 5 atm。若要满足动力相似,试确定风洞的风速和压强。

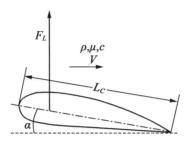

图 6-7 题 6.4.1 示意图

图 6-7 中机翼的弦长为 L_c,攻角为 α,自由来流速度为 V(密度为 ρ,黏度为 μ),流体中的声速为 c,攻角是相对自由来流方向的,升力为 F_L。

解:首先利用重复变量法一步一步得到无量纲参数,然后得到实验模型和原始模型之间非独立的 Π。

第一步:本题中包含 7 个参数(变量和常数),$n=7$。将它们列成函数的形式,将非独立参数表示成独立参数的函数。

列出相关参数:$F_L=f(V,L_c,\rho,\mu,c,\alpha)$,$n=7$。

第二步:列出每个参数的量纲,其中攻角 α 没有量纲。

$$\begin{array}{ccccccc} F_L & V & L_c & \rho & \mu & c & \alpha \\ \{m^1 \cdot L^1 \cdot t^{-2}\} & \{L^1 \cdot t^{-1}\} & \{L^1\} & \{m^1 \cdot L^{-3}\} & \{m^1 \cdot L^{-1} \cdot t^{-1}\} & \{L^1 \cdot t^{-1}\} & \{1\} \end{array}$$

第三步:正如一开始猜想的,本问题中基本量纲的个数 j 的值取为 3,即问题中主要量纲的数量(m、L 和 t)。

简化:$j=3$。

如果猜想的 j 值是正确的,则对应的无量纲参数 Π 的个数 $k=n-j=7-3=4$。

第四步:因为 $j=3$,所以需要选择三个重复参数。不能选择非独立参数 F_L。也不能选择攻角 α,因为它已经无量纲化。又因为 V 和 c 的量纲是相同的,所以不能同时选择这两个参数。当然,μ 出现在无量纲参数 Π 中也不是我们想看到的。因此最好的选择是 V、L_c 和 ρ。

重复参数:V、L_c 和 ρ。

在重复变量法的使用过程中,最难的部分是重复参数的选择。但是经过有效的练习我们可以快速地进行选择。

第五步:生成非独立的Π。

$$\Pi_1 = F_L V^{a_1} L_c^{b_1} \rho^{c_1} \to \{\Pi_1\} = \{(m^1 \cdot L^1 \cdot t^{-2})(L^1 \cdot t^{-1})^{a_1}(L^1)^{b_1}(m^1 \cdot L^{-3})^{c_1}\}$$

通过指数使得Π变为无量纲参数(代数过程未显示),解得$a_1 = -2, b_1 = -2, c_1 = -1$。因此,非独立参数Π为

$$\Pi_1 = \frac{F_L}{\rho V^2 L_c^2}$$

在已经建立的无量纲参数中,与Π_1类似的是升力系数,不同的是升力系数的表达式分母中是面积而不是弦长的二次方,同时升力系数的分母中还有系数$\frac{1}{2}$。因此,可以将Π按照表中的步骤进行操作。

修正的Π_1:

$$\Pi_{1,\text{modified}} = \frac{F_L}{\frac{1}{2}\rho V^2 A} = 升力系数 = C_L$$

类似地,第一个独立的无量纲参数Π为

$$\Pi_2 = \mu V^{a_2} L_c^{b_2} \rho^{c_2} \to \{\Pi_2\} = \{(m^1 \cdot L^{-1} \cdot t^{-1})(L^1 \cdot t^{-1})^{a_2}(L^1)^{b_2}(m^1 \cdot L^{-3})^{c_2}\}$$

可以解出$a_1 = -1, b_1 = -1, c_1 = -1$,因此

$$\Pi_2 = \frac{\mu}{\rho V L_c}$$

由上式可以看出Π为雷诺数的倒数,因此修正之后的Π_2为

$$\Pi_{2,\text{modified}} = \frac{\rho V L_c}{\mu} = 雷诺数 = Re$$

第三个Π由声速组成,操作的细节留给大家自己进行。最终的结果是

$$\Pi_3 = \frac{V}{c} = 马赫数 = Ma$$

最后,由于攻角α已经无量纲化,因此自身构成无量纲参数Π。如果进行代数运算会发现所有的指数都为零,因此

$$\Pi_4 = \alpha = 攻角$$

第六步:写出最终的函数表达式。

$$C_L = \frac{F_L}{\frac{1}{2}\rho V^2 A} = f(Re, Ma, \alpha) \tag{1}$$

为了得到动力相似,式$\Pi_{1,m} = \Pi_{1,p}$要求式(1)中三个非独立的无量纲参数在实验模型和原始模型之间保证完全相同。满足攻角相同是十分容易的,但保证雷诺数和马赫数同时相同则比较困难。例如,如果风洞运行的温度和压强与原始模型所处的空气温度和压强相同,风洞中实验模型周围空气的ρ、μ、c与原始模型所在大气的ρ、μ、c相同,若将风洞的空气流速运行到原始模型的十倍,则雷诺数就满足相似(因为实验模型是原始模型

的 1/10)。但是马赫数就会相差十倍,当环境温度为 25 ℃时,c 大约为 346 m/s,此时原始机翼模型的马赫数为 Ma_p=52.0/346=0.150,为亚声速流动。若以风洞中的空气流速来计算的话,马赫数将会为 1.5,此时为超声速流动!显然这么做不合适,因为亚声速流场和超声速流场之间的物理差别非常大。另一方面,如果满足马赫数相同,实验模型的雷诺数将会是原始模型的十倍。

该怎么办呢?常用的准则是当马赫数小于 0.3 时,正如我们所遇到的情况,流体的可压缩性就可以忽略,因此没有必要满足马赫数相同,在一定程度上,当马赫数保持在 0.3 以下,通过让雷诺数相同可以达到动力相似。现在的问题是当马赫数较低时,如何使雷诺数相同。这就是采用加压风洞的原因。在温度一定的情况下,密度和压强成正比,然而黏度和声速受压强的影响非常小。如果风洞的压强能达到 10 atm,可以将风洞的速度加到和原始模型一样,这样就能同时满足马赫数和雷诺数相同。然而,最大的风洞压强只能到 5 atm,所需的风速是原始模型的两倍,或 104 m/s。风洞的马赫数将会变为Ma_m=104/346=0.301,大约是可压缩气体的上限,因此风洞的风速应该要达到大约 100 m/s,压强为 5 atm,温度为 25 ℃。

讨论:这个例题说明了量纲分析的局限性,换句话说,我们常常不能让模型内部所有的无量纲参数都相同。在实际中常用的解决方法是折中处理,让影响最大的无量纲参数保证相同。在许多实际的流体力学问题中,如果雷诺数足大的话,动力相似对雷诺数的要求不是很严格。如果实际模型的马赫数比 0.3 大得多,为了确保合理的结果最好使马赫数相同而不是雷诺数相同。此外,当实验采用的流体和实际流体不一样时,同样也需要满足比热比(k)相同,因为可压缩流动表现出与 k 很强的相关性。

6.4.2 应用展示:果蝇如何飞行。

图 6-8 (a)所示为果蝇,黑腹果蝇每秒前后扇动翅膀 200 次,形成了一幅扇动平面的模糊图像。图 6-8(b)所示为动态缩比模型机器蝇在 2 t 的矿物油中每 5 s 扇动一次翅膀。翅膀尾部带有传感器记录气动力,利用细小的气泡进行流场可视化。机器蝇的大小和速度,以及矿物油的参数都进行了仔细的选择,使其与真实果蝇的飞行雷诺数相同。

(a)

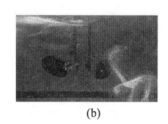
(b)

图 6-8 题 6.4.2 示意图

解:量纲分析的一个有趣应用是研究昆虫的飞行问题。以果蝇的翅膀为例,它翅膀很小且扇动的速度很快,因此直接测量翅膀产生的力或者对周围空气远动进行可视化都十分困难。然而,采用量纲分析这一方法,我们可以通过一个放大的缓慢运动的机械翅膀模型来研究昆虫飞行的空气动力学问题。当满足雷诺数相同时,悬停的果蝇和拍动的机械翅膀满足动力相似。对于拍动的翅膀,雷诺数为 $2\Phi RL_c\omega/v$。其中,Φ 为翅膀的角振幅;R 为翅膀的长度;L_c 为翅膀的平均宽度;ω 为扇动的角频率;v 为周围流体的运动黏度。果蝇的翅膀长度为 2.5 mm,宽度为 0.7 mm,扇动的速度为 200 次/s,幅度为 2.8 rad,周围空气的运动黏度为 1.5×10^{-5} m²/s。计算出来的雷诺数约为 130。实验中通过选择油作为介质来满足雷诺数相同,油的运动黏度为 1.15×10^{-5} m²/s,机械翅膀的大小为实际果蝇翅膀的 100 倍,拍动的速度只有实际的 1/1 000,如果果蝇不是静止的,而是相对空气在运动,为了满足动力相似,有必要使另外一个无量纲参数相同,即减缩频率:$\sigma = \dfrac{2\Phi R\omega}{V}$。它表征的是翅膀拍动的速度($2\Phi R\omega$)和向前运动的速度($V$)之比。为了模拟向前的运动,通过动力装置带动机械翅膀在油中以一定的速度运动。

  采用机械翅膀可以清楚地展示昆虫在飞行时使用各种不同的机制来产生力。在每次前后振动时,昆虫的翅膀攻角都很大,产生明显的边缘涡。涡的低压使得翅膀受到向上的力。昆虫还可以通过每次扇动后旋转它们的翅膀来增强前缘涡的强度。翅膀的方向改变后,同时也可以通过之前产生的涡来产生作用力。

  图 6-8(a)所示是真实的果蝇扇动翅膀的图片;图 6-8(b)所示是机械翅膀扇动时的图片。由于尺寸加大,拍动速度减缓,相关测量和流场可视化得以实现。采用动力比例模型的昆虫实验将继续告诉研究人员昆虫如何通过控制翅膀来实现转向和机动。

参 考 文 献

[1] 赵萌. 流体力学及其土木工程应用[M]. 北京:中国水利水电出版社,2020.
[2] 苏蕊. 工程流体力学(水力学)(第三版·上册)同步辅导及习题全解[M]. 北京:中国水利水电出版社,2014.
[3] 闻德荪. 工程流体力学(水力学)[M]. 2版. 北京:高等教育出版社,2022.
[4] 张鸣远. 高等工程流体力学(少学时)[M]. 西安:西安交通大学出版社,2008.
[5] 黄卫星. 流体流动问题解析与计算[M]. 北京:化学工业出版社,2021.
[6] 王世明,宋秋红,兰雅梅,等. 工程流体力学习题解析[M]. 2版. 上海:上海交通大学出版社,2014.
[7] 禹华谦. 工程流体力学新型习题集[M]. 天津:天津大学出版社,2006.
[8] 陈卓如,王洪杰,刘全忠. 工程流体力学[M]. 3版. 北京:高等教育出版社,2013.
[9] 陈洁,袁铁江. 工程流体力学学习指导及习题解答[M]. 北京:清华大学出版社,2015.
[10] 沙毅. 流体力学学习指导与习题解析[M]. 合肥:中国科学技术大学出版社,2019.
[11] 孔珑. 工程流体力学[M]. 4版. 北京:中国电力出版社,2014.
[12] 王洪伟. 我所理解的流体力学[M]. 2版. 北京:国防工业出版社,2019.
[13] 陈大达,王斌武. 工程流体力学基础[M]. 成都:西南交通大学出版社,2020.
[14] 陈懋章. 粘性流体动力学基础[M]. 北京:高等教育出版社,2002.
[15] 张兆顺,崔桂香. 流体力学[M]. 3版. 北京:清华大学出版社,2015.
[16] 高殿荣,张伟. 工程流体力学[M]. 北京:化学工业出版社,2014.
[17] 龙天渝,蔡增基. 流体力学[M]. 3版. 北京:中国建筑工业出版社,2019.
[18] 韩占忠,王国玉,黄彪. 工程流体力学基础[M]. 3版. 北京:北京理工大学出版社,2020.
[19] 吴望一. 流体力学[M]. 2版. 北京:北京大学出版社,2021.
[20] 森哲尔,辛巴拉. 流体力学基础及其工程应用:翻译版:原书第4版. 上册[M]. 北京:机械工业出版社,2019.
[21] 森哲尔,辛巴拉. 流体力学基础及其工程应用:翻译版:原书第4版. 下册[M]. 北京:机械工业出版社,2020.
[22] 黄卫星,伍勇. 工程流体力学[M]. 3版. 北京:化学工业出版社,2018.
[23] 艾翠玲,江平. 工程流体力学习题集[M]. 北京:中国建筑工业出版社,2018.